李永樂的
神奇數學

簡單破解數學密碼
輕鬆建立數學邏輯

李永樂 著

目錄

第一章 統計問題

如何找到真命天子？/ 012
　　一、蘇格拉底（Socrates）的麥穗 / 012
　　二、祕書問題 / 013
　　三、尋找最佳伴侶 / 014
　　四、規律真的有用嗎？ / 019

如何判斷資料造假？ / 021
　　一、首位數字是 1 的機率有多大？ / 021
　　二、班佛定律 / 022
　　三、班佛定律的驗證 / 023
　　四、用班佛定律發現假帳 / 027
　　五、如何證明班佛定律？ / 028

考頂尖大學和中五百萬元哪個難？ / 032
　　一、中五百萬元大獎的機率有多少？ / 032
　　二、考頂尖大學有多大可能？ / 033
　　三、高爾頓釘板 / 034

街頭遊戲：摸珠子 / 040
　　一、總共的情況數 / 042
　　二、中獎的情況數 / 042
　　三、機率和期望 / 044

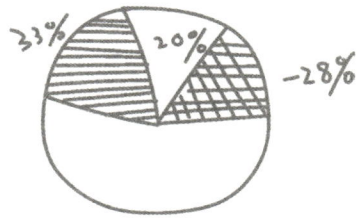

公車為何總不來？/ 047
    一、公車等待時間的悖論 / 047
    二、檢查悖論 / 050
    三、為什麼我們的觀點不同？/ 053

詹姆斯和馬龍誰的投籃命中率更高？/ 055
    一、錄取比例問題 / 055
    二、腎結石的治癒率 / 057
    三、籃球的命中率 / 058
    四、為什麼會出現悖論？/ 059
    五、辛普森悖論的幾何解釋 / 060

寒門為何總出貴子？/ 064
    一、伯克森悖論 / 064
    二、學習愈努力成績愈差？/ 066
    三、寒門才能出貴子？/ 068
    四、長得帥的都是渣男嗎？/ 069

第二章　機率問題

幾個有趣的機率問題 / 072
    一、蒙提霍爾問題 / 072
    二、紅球、藍球問題 / 076
    三、三個囚犯問題 / 079

四隻鴨子的機率問題和伯特蘭悖論 / 081
    一、四隻鴨子 / 081
    二、伯特蘭悖論 / 085

為何我總是這麼倒楣？ / 091

　　一、墨菲定律 / 091

　　二、生活中的墨菲定律 / 093

　　三、為什麼每年都有空難？ / 094

　　四、還有其他的解釋嗎？ / 096

為什麼久賭無贏家？ / 097

　　一、賭場優勢 / 097

　　二、賭徒謬誤 / 099

　　三、輸了就加倍 / 100

　　四、賭徒破產理論 / 102

葫蘆娃救爺爺，為何一個一個上？ / 106

　　一、只救一次 / 106

　　二、可救多次 / 108

第三章　函數問題

那些二進位的有趣問題 / 114

　　一、數學遊戲 / 114

　　二、二進位 / 115

　　三、遊戲揭祕 / 116

　　四、老鼠試毒藥問題 / 118

　　五、八卦和電腦 / 119

100^{99} 和 99^{100} 誰更大？ / 122

　　一、盡量拆 3 / 122

　　二、三進位 / 123

　　三、這是為什麼？ / 125

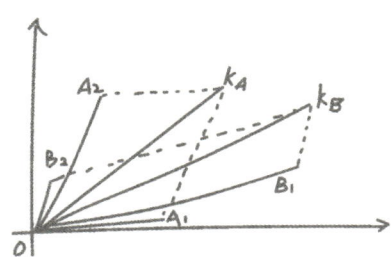

如何證明 3=0？ / 127

一、3=0？ / 127

二、一元二次方程式 / 128

三、複數根 / 129

四、方程式的增根 / 131

x 的 x 次方，圖像長怎樣？ / 134

一、實數乘方的含義 / 134

二、複數的三角形式 / 136

三、乘方概念的拓展 / 138

四、函數圖像 / 142

舉例子能證明數學題嗎？ / 147

一、一元多項式 / 148

二、多元多項式 / 148

三、幾何定理 / 149

冰雹猜想 / 153

一、冰雹猜想 / 153

二、珊瑚樹 / 155

三、「幾乎所有」的證明 / 157

四、數的密度 / 158

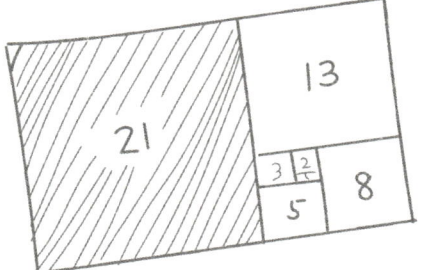

一個西瓜切四刀，最多有幾塊？ / 162

一、切餅問題 / 162

二、切西瓜問題 / 164

第四章 邏輯問題

國王的新衣 / 168
- 一、紅眼睛和藍眼睛 / 168
- 二、共有知識和公共知識 / 170
- 三、吶喊的力量 / 171

如何公平地切蛋糕？ / 173
- 一、兩人分蛋糕：我切你選 / 173
- 二、三人切蛋糕：公平但有嫉妒 / 176
- 三、如何消滅嫉妒心？ / 179

零知識證明 / 185
- 一、零知識證明 / 185
- 二、阿里巴巴與四十大盜 / 186

一百名囚犯問題 / 195
- 一、囚犯的策略 / 196
- 二、閉環 / 198
- 三、這個機率有多大？ / 199
- 四、如果人數更多 / 200
- 五、還能再厲害一點嗎？ / 201

找瑕疵品問題 / 203
- 一、九個球，已知瑕疵品輕重 / 203
- 二、N 個球，已知瑕疵品輕重 / 205
- 三、六個球，不知瑕疵品輕重 / 206
- 四、N 個球，不知瑕疵品輕重 / 209
- 五、課後討論 / 211

雙蛋問題 / 212

　　一、雙蛋問題 / 212
　　二、還能更厲害一點嗎？/ 215

約瑟夫環問題 / 219

　　一、約瑟夫環問題 / 220
　　二、證明約瑟夫環問題的解 / 223
　　三、更加一般的約瑟夫環問題 / 224

第五章　博弈論問題

策梅洛定理 / 228

　　一、遊戲的結局是一定的 / 228
　　二、井字遊戲 / 229
　　三、圍棋 / 231

囚徒困境 / 234

膽小鬼賽局 / 238

　　一、膽小鬼賽局 / 238
　　二、古巴導彈危機 / 241

海盜分金幣問題 / 244

　　一、海盜分金幣問題 / 244
　　二、現實中的海盜分金幣問題 / 247

田忌賽馬 / 249

一、田忌賽馬 / 249

二、國家的合作與對抗 / 253

三個火槍手問題 / 256

一、赤壁之戰 / 256

二、高平陵之變 / 258

三、華容道 / 260

第六章 圖形問題

賽車問題 / 266

一、五次是可行的 / 266

二、四次為什麼不行？/ 269

三、還能再厲害一點嗎？/ 273

不走回頭路的公園 / 275

一、哥尼斯堡七橋問題 / 275

二、奇點和偶點 / 277

馬能走遍棋盤上的所有位置嗎？/ 281

一、漢米爾頓路徑問題 / 281

二、吃飯排座位問題 / 284

三、騎士巡遊問題 / 285

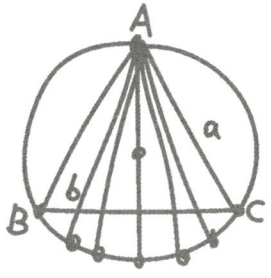

香蕉皮和橘子皮,誰能展成平面? / 288

一、曲率半徑和曲率 / 288

二、主曲率 / 289

三、高斯絕妙定理 / 291

四、什麼樣的曲面才能展成平面? / 294

最速降線問題 / 296

一、白努利家族 / 296

二、什麼是擺線? / 298

三、悲情的約翰 / 300

如何用尺規作出正十七邊形? / 303

一、尺規作圖的基本操作 / 303

二、尺規作圖的代數應用 / 305

三、正十七邊形的尺規作圖 / 308

四、什麼樣的正多邊形可以尺規作圖? / 310

如何三等分任意角? / 313

一、規矩數 / 314

二、古希臘三大幾何難題 / 315

三、天妒英才 / 317

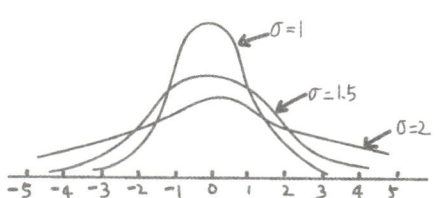

第一章
統計問題

- ▲ 如何找到真命天子？
- ▲ 如何判斷資料造假？
- ▲ 考頂尖大學和中五百萬元哪個難？
- ▲ 街頭遊戲：摸珠子
- ▲ 公車為何總不來？
- ▲ 詹姆斯和馬龍誰的投籃命中率更高？
- ▲ 寒門為何總出貴子？

如何找到真命天子？

每個「一一一一」，總有剛上大一的孩子向我哭訴：和自己的男朋友或女朋友分手了。他們高中相戀三年，上大學卻連第一個「十一」都沒有撐住。其實道理很簡單：上了大學，每個人都會接觸到比高中時更多的人。當發現更優秀的人時，容易產生分手的衝動。

可是身邊優秀的人太多也不見得是好事。我們總得選擇一個人做為終身伴侶，否則就要孤獨終老了。究竟應該在什麼時候做出這個決定呢？

類似這樣的問題生活中非常多，而數學可以提供一些建議。在這本書中，我整理了二十多個有趣的數學問題，有的與生活密切相關，有的是數學史上的經典問題，希望能讓大家喜歡上數學。做為本書的第一個問題，就從愛情講起吧！

 蘇格拉底（Socrates）的麥穗

傳說希臘哲學家蘇格拉底的弟子曾求教老師：「怎樣才能找到理想的伴侶？」蘇格拉底沒有直接回答，而讓他們走進麥田裡。他告訴弟子：「只許前進，不許後退，且只有一次機會，看看誰能摘到最大的麥穗。」第一個弟子沒走幾步就看見一支又大又漂亮的麥穗，便高興地摘下；當他繼續前進，發現前面有許多更大的麥穗時，只得遺憾地走完全程。第二個弟子吸取教訓，每當要摘時，就提醒自己後面還有更大的。快到終點時，他才發現機會全錯過了，空著雙手回到蘇格拉底面前。蘇格拉底說：「這就是愛情。」

據說蘇格拉底的老婆不好惹，所以他經常對人說：「如果你有一個好老婆，會幸福一輩子；如果你有一個壞老婆，會成為一個哲學家。」

尋找伴侶的過程中，每個人都會面臨這樣的情況：過早選定一個人結婚，就好像為了一棵樹放棄整片森林；但如果一直不選擇，隨著時間流逝，我們就變成剩男剩女。當經歷許多次愛情，終於明白誰才是最佳伴侶時，那個人很可能已經結婚了。我們究竟應該採用什麼策略，才能找到合適的伴侶呢？

 祕書問題

我們準備用數學來解決這個問題。

在近代，這個問題稱為「祕書問題」或「最佳停止問題」，是在一九五〇年左右由密西根大學的梅里爾・弗勒德（Merrill M. Flood）提出。一九六〇年，美國著名的科普數學家馬丁・葛登能（Martin Gardner）在《科學》雜誌的專欄「趣味數學」中刊登了這個問題。

「假設一群人申請一個祕書職位，而你是面試官，目標是從這群申請人中遴選出最佳人選。你可以輕鬆地判斷哪一位申請人更加優秀。按照隨機順序，每次面試一名申請人。你隨時可以決定將這份工作交給他，而對方也一定會接受，於是面試工作就此結束，後面的人就沒有機會了。但是，你否決了其中一名申請人，就再也不能改變主意回頭選擇他。如果所有人都篩選完畢，為了避免職位空缺，你只能選定最後一個面試者，無論他優秀與否。那麼，究竟採取什麼策略才能有最大的可能找到最佳人選呢？」

舉個例子，有一百個人應聘祕書，做為面試官，自然不會一上來就把工作給第一個面試者，無論他有多優秀。因為從機率上講，他在一百個人中最優秀的機率只有1%。我們會考察第一個人，但依然會拒絕他，並把他的水準做為參考。

如果考察三十個人，找到最優秀的人的機率為30%，但走到這一步的前提是這30%的人都被拒絕了。考察的人愈多，就愈了解應聘者，

但可供我們選擇的人也愈來愈少。

如果考察完一百人，就有100％的機率知道哪一個人最優秀，但這樣做的代價就是放棄了所有人，我們一無所得（圖1.1-1）。

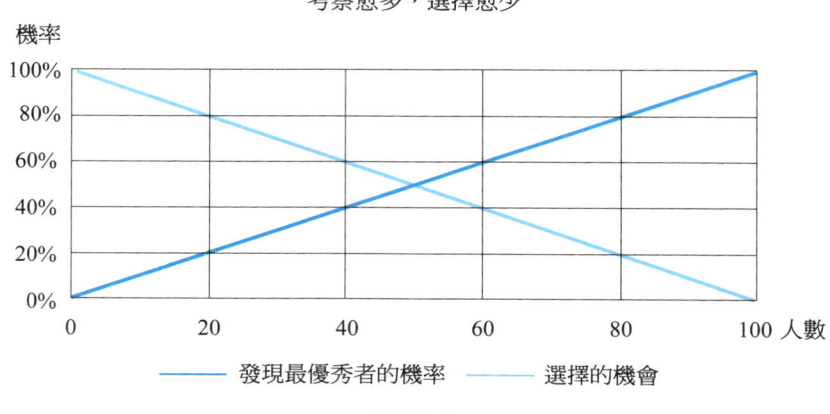

圖 1.1-1

 尋找最佳伴侶

無論是蘇格拉底的麥穗，還是祕書問題，本質都相同。要在有限個對象中找到最優的一個，但一旦放棄就不能回頭，我們究竟該怎麼辦？

馬丁・葛登能提出「應該且只能選擇這樣」的策略：

1. 考察最初幾個人時，無論多優秀都拒絕，他們就構成了樣本區。拒絕了樣本區裡的人，但並非一無所獲——我們已經了解備選者的大體水準。
2. 從樣本區後面的第一個人開始，假如這個人比樣本裡所有人都優秀，就接受他；如果他沒有樣本裡最優秀的人優秀，就拒絕，繼續考察下一個人。
3. 假如所有人都考察完了，那麼我們被迫選擇最後一個。

緊接著的問題就是：考察的樣本應該要多少，才有最大的可能找到最優秀的那個人呢？

回到戀愛的問題上。假如有一個女神面對著許多追求者，她會與追求者談戀愛以**觀察**這個追求者是否足夠優秀。女神非常有原則，不會同時和多人戀愛，而且一旦和某個人分手了，就絕不會再回頭。那麼女神應該和第幾個人結婚呢？

從最簡單的情況開始討論。假如女神一生中只會談一次戀愛，情況就非常簡單了，和這個戀愛對象結婚，否則女神將一無所獲。此時，女神找到真命天子的機率是 100%。

如果女神一生可以談兩次戀愛，她將面臨兩個選擇：與第一個人結婚；或者與第一個人分手，與第二個人結婚。因為這兩個人誰更優秀是隨機的，無論採用哪種策略，女神獲得真命天子的機率都是 50%，這種情況下只能拚運氣。

如果女神一生會戀愛三次，情況就變得有趣了。如果三個戀愛者按順序是 A、B、C，三個人的優秀指數用 1、2、3 表示，指數愈高愈優秀。但戀愛之前，女神不清楚三個人中誰是指數為 3 的人，該怎麼辦呢？

先把三個人的優秀指數可能情況列出來，共有六種可能（表 1.1-1）。

表 1.1-1　三個男孩的優秀指數

A	B	C
1	2	3
1	3	2
2	1	3
2	3	1
3	1	2
3	2	1

按照前面所說的策略，女神應該劃定幾個人做為樣本區，考察他們，並從樣本後面的備選區選擇終身伴侶。

如果女神的樣本個數是零，表示完全不做考察和對比，直接和 A 結婚。全部六種可能之中，第一個人最優秀的可能有兩種，因此女神找到真命天子的機率是 $\frac{2}{6}$，即約 33％（表 1.1-2）。

表 1.1-2　沒有樣本時女神的選擇

A	B	C
1	2	3
1	3	2
2	1	3
2	3	1
3	1	2
3	2	1

■ 選擇　■ 樣本

如果女神的樣本個數是一，表示女神會把男朋友 A 做為樣本，考察並拒絕他，然後在 B 和 C 中選擇終身伴侶，前提是 B 和 C 要比 A 優秀。這種情況下，女神有三次機會找到最優秀的，找到最優秀的人機率為 $\frac{3}{6}$，即 50％（表 1.1-3）。注意最後兩種情況，由於最優秀的人落在了樣本區間，女神被迫選擇最後一個人。

表 1.1-3　把第一個人做為樣本時女神的選擇

A	B	C
1	2	3
1	3	2
2	1	3
2	3	1
3	1	2
3	2	1

■ 選擇　■ 樣本

如果女神的樣本個數為二，就是將 A 和 B 做為樣本，便只能選擇 C。

此時有兩種可能選到最優秀的人，找到最優解的機率為 $\frac{2}{6}$，即約 33％（表 1.1-4）。

表 1.1-4　把前兩個人做為樣本時女神的選擇

A	B	C
1	2	3
1	3	2
2	1	3
2	3	1
3	1	2
3	2	1

■ 選擇
■ 樣本

綜上所述，當女神預計會談三次戀愛時，選擇第一個人做為樣本是最好的方法，她會有 50％的機率找到真命天子──那個最優秀的人。

如果女神會談五次、六次或七次戀愛，情況又是如何呢？可以利用類似的辦法求出樣本個數的最佳解，以及在這樣的策略下找到真命天子的機率（表 1.1-5）。

表 1.1-5

預計戀愛次數	最佳樣本個數	最佳策略下找到真命天子的機率
2	0 或 1	50％
3	1	50％
4	1	45.83％
5	2	43.33％
6	2	42.78％
7	2	41.43％
8	3	40.98％
9	3	40.60％

（續下頁）

（接上頁）

預計戀愛次數	最佳樣本個數	最佳策略下找到真命天子的機率
10	3	39.87%
15	5	38.94%
20	7	38.42%
30	11	37.87%
40	15	37.57%
50	18	37.42%
100	37	37.10%
1000	368	36.82%

我們會發現如果女神預計戀愛十次，應該把前面三個人當作樣本，這樣有39.87％的機率找到最優秀的伴侶；如果女神預計戀愛一百次，應該把前三十七個人當作樣本，找到最佳伴侶的機率為37.1％；如果女神預計戀愛一千次，應該把前面三百六十八個人當作樣本，這樣她有36.82％的機率找到最好的人。在一千個人中找到最優秀的，居然還有$\frac{1}{3}$以上的機率，這個方法簡直太扯了！

更為複雜的計算表明：如果將女神的全部戀愛次數設為單位1，女神取其中前 x 的部分做為樣本，獲得最佳解的機率 P 為

$$P = x \ln x$$

如果把這個函數畫出來，大概長這個樣子（圖1.1-2）：

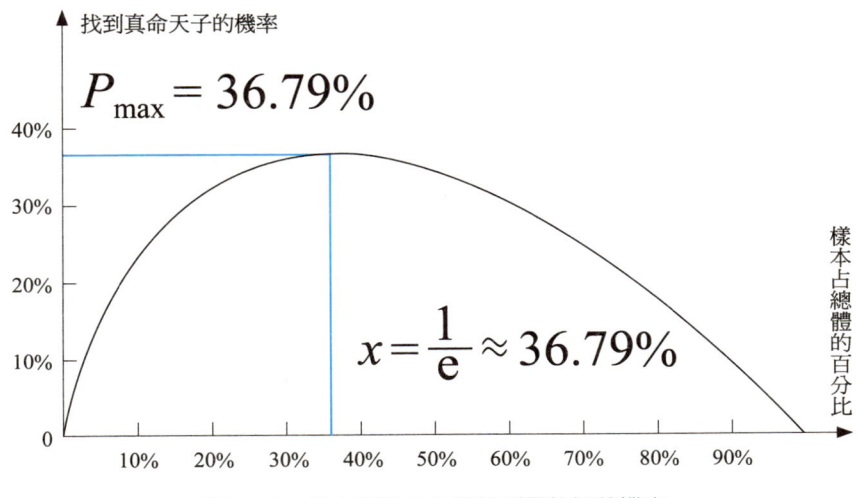

圖 1.1-2　樣本空間大小與找到最佳解的機率

　　圖中橫坐標是樣本占總體的百分比，縱坐標為在該種情況下找到真命天子的機率。我們會發現：如果樣本少於 5％，考察的人不夠多，因此貿然選擇一個人結婚，找到真命天子的機率不高；如果樣本超過 90％，可供選擇的餘地已經不大，獲得真命天子的機率也不到十分之一。

　　最佳解是在樣本大約占總體戀愛次數的 36.79％ 時（這個數其實等於 $\frac{1}{e}$，其中 e 是尤拉數，或者叫自然對數的底，大約等於 2.71828，是數學上非常重要的常數），然後執行選擇策略：比樣本空間的任何一個都優秀，就接受他，否則就拒絕他。這樣獲得真命天子的機率最大，大約 36.79％，無論總人數有多少。

四　規律真的有用嗎？

　　怎樣才能在生活中應用這個策略呢？

　　從女神的角度，首先應該預估自己能夠談的戀愛次數。例如從十八歲上大學開始談第一次戀愛，半年一次，再有半年的空窗期，在二十八歲之前結婚，大約可以談十次戀愛。從邏輯魔人的角度看，應該把前三

次做為樣本，考察並拒絕他們。從第四次開始，只要有人比前三個人優秀，就嫁給他。

從男生的角度，應該如何選擇出現在女神身邊的時機呢？最重要的就是：絕對不要出現在樣本區間，而應該出現在樣本區間後第一個人的位置，這樣只要比樣本區間的人優秀，獲得成功的機率就是最大的。如果很不幸被女神拒絕了，也不要難過，可能只是你出現在她的樣本區間了。

顯然，這個模型與實際的戀愛並不完全相同，因為愛情這東西是沒道理的。如果最佳伴侶出現在樣本區間，被我們放棄掉，就再也找不到比他優秀的人了，將讓我們遺憾終身。再有，我們假設等待是沒有成本的；但實際上，隨著年齡增長，選擇伴侶的區間可能會發生變化：優秀的人會接觸更多優秀的人，從而讓自己有更大的可能找到更好的伴侶，而普通人的圈子僵化了，只能眼看著自己的選擇餘地愈來愈小。畢竟愛情不是考試，沒有標準答案，遇到一個人快樂地走一生就夠了。

儘管如此，這個模型依然有它的意義。例如，買房子時，經常會考慮出手的時機。一旦買了一間房子，就再也沒錢買其他房子了；而我們放棄這套房子，它又可能被其他人買走。此時，我們可以採用這樣的策略。再例如在二手車行賣車，不知道哪個買家出價最高，同樣可以採用這樣的策略。

這本書中，你將會看到許多這樣有趣且燒腦的數學問題，讓我們繼續數學之旅吧！

如何判斷資料造假？

二○一九年「雙十一」當天，有些商城的銷售額就達到上億元！不過網路上有很多人質疑：商城的數據是造假的。面對質疑，高層紛紛回應：我們絕對沒有也毫無必要造假。

在生活中，我們經常接觸各式各樣的資料，有沒有一種方法可以方便地檢驗資料到底是真實的，還是經過人為竄改的呢？這回，再介紹一個有趣的定律給大家：班佛定律。

 首位數字是1的機率有多大？

每天都會面對成千上萬的資料，其中有些資料是非人為規定、雜亂無章的。例如世界上所有國家的人口數量、GDP、國土面積，一張報紙上的經濟資料，彩券在各個城市的銷售額等。

如果我問：這些數的首位數字是1的機率有多大，你會如何回答呢？注意，125公斤、1.76公尺、1024平方公里，都算首位數字是1。

也許很多人會回答：機率是$\frac{1}{9}$。因為首位數字可以是1、2、3、4、5、6、7、8、9，既然這些數毫無規律，是自然產生的，那麼每一個數字充當首位的機率都相等，各占$\frac{1}{9}$。

或者你還會用一個表格印證自己的想法：你可以數出在一位數、二位數、三位數……中，首位數字是1的數，會發現都只占$\frac{1}{9}$（表1.2-1）。

表 1.2-1

	首位數字是 1 的數	所有的數	比例
一位數	1	1、2、…、9，共 9 個	$\frac{1}{9}$
二位數	10、11、…、19，共 10 個	10、11、…、99，共 90 個	$\frac{1}{9}$
三位數	100、101、…、199，共 100 個	100、101、…、999，共 900 個	$\frac{1}{9}$
……	……	……	……

事實真的如此嗎？如果真的拿出一張報紙進行統計，除掉電話號碼、郵遞區號、日期等特定規律的數以外，剩下城市的經濟資料、人口規模、土地面積等，會發現大錯特錯了！首位數字是 1 的數大約占 30％，而首位數字是 9 的數大約只有 5％，這是怎麼回事？

 班佛定律

十九世紀，還沒有電腦的時代，科學家們經常要查找對數表進行計算。一八八一年，天文學家西蒙・紐康（Simon Newcomb）查找對數表時發現：對數表的前幾頁總是被人翻得比較爛，後面的頁面幾乎是全新的。他隱約地感覺到：自然界中的數好像不是均勻分布，許多數都以 1 開頭，所以對數表的前幾頁才經常被人查閱。

一九三八年，物理學家法蘭克・班佛（Frank Benford）也發現這個規律，現在，這個規律被稱為班佛定律：

從自然、生活中產生的資料，在十進位中以數字 n 開頭的機率為

$$P(n) = \lg \frac{n+1}{n}$$

按照這個公式，不同的首位數字的機率如圖 1.2-1 所示：

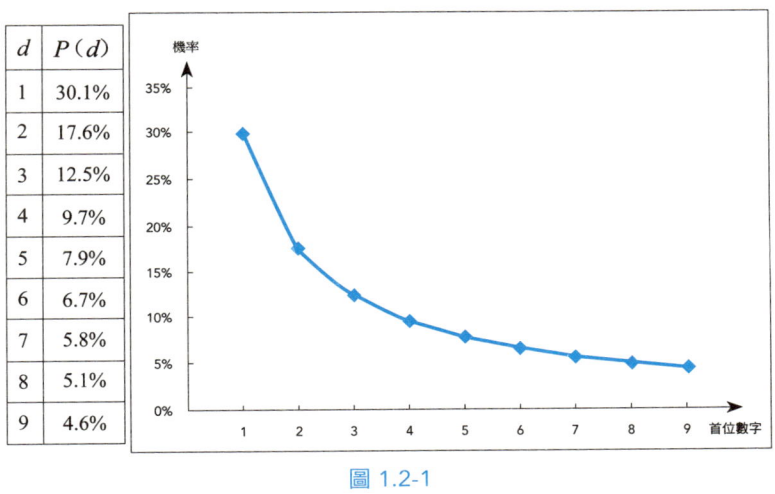

圖 1.2-1

首位數字是 1 的資料居然比首位數字是 9 的資料多出近六倍？真的是這樣嗎？

 班佛定律的驗證

我們需要使用一些資料來驗證班佛定律，必須具有一些特點。第一是產生於生活或自然中的，而不能是人為規定的。例如新生兒數量、死亡人數就滿足這個條件，而電話號碼、郵遞區號、彩券開獎號碼都不滿足這個條件。

第二是資料量要夠大，且跨越幾個數量級。例如不同國家的人口數量從幾百人到十幾億人，跨越七個數量級，就符合條件；而成年人的身高基本都在一公尺到二公尺之間，跨度太小，不滿足這個條件。好了，現在可以進行驗證了。

首先，選擇我的頻道播放量資料來驗證班佛定律。寫本文時，我在某個影音平臺上傳了二百六十六支科普影片，有些比較受歡迎，播放量比較高，例如〈晶片是怎麼回事〉有二百多萬次播放；也有一些影片播放情況不太好，只有一、兩萬次播放。我把所有影片的播放次數統計出

來，找到其中播放量首位數字為1、2、3、⋯、9的影片個數，並計算各自所占的比例，最後的結果如表1.2-2所示：

表 1.2-2

播放量首位數字	影片個數	所占比例（約）	班佛定律
1	78	29.32%	30.10%
2	46	17.29%	17.60%
3	29	10.90%	12.50%
4	35	13.16%	9.70%
5	19	7.14%	7.80%
6	10	3.76%	6.70%
7	22	8.27%	5.80%
8	17	6.39%	5.10%
9	10	3.76%	4.60%

如圖1.2-2所示，如果把影片播放量首位數字的比例和班佛定律預言的比例放在一起，就會發現影片播放量基本符合班佛定律。

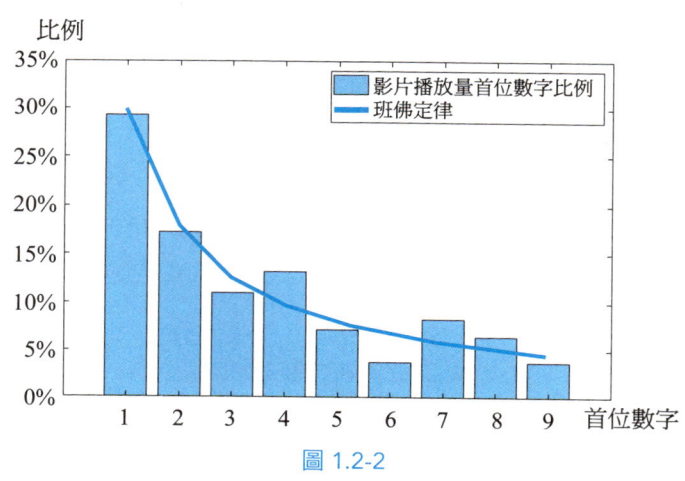

圖 1.2-2

再用國家人口驗證一下。我查找了二〇〇〇年世界上二百三十五個

國家和地區的人口情況，人口數首位數字是 1 的國家有六十七個，占比約 28.51%。具體的首位數字比例如表 1.2-3 所示：

表 1.2-3

人口首位數字	國家或地區數	所占比例（約）
1	67	28.51%
2	38	16.17%
3	30	12.77%
4	25	10.64%
5	21	8.94%
6	19	8.09%
7	12	5.11%
8	14	5.96%
9	9	3.83%

把實際的比例和班佛定律的預言放在一起，就得到圖 1.2-3，是不是更加接近了？

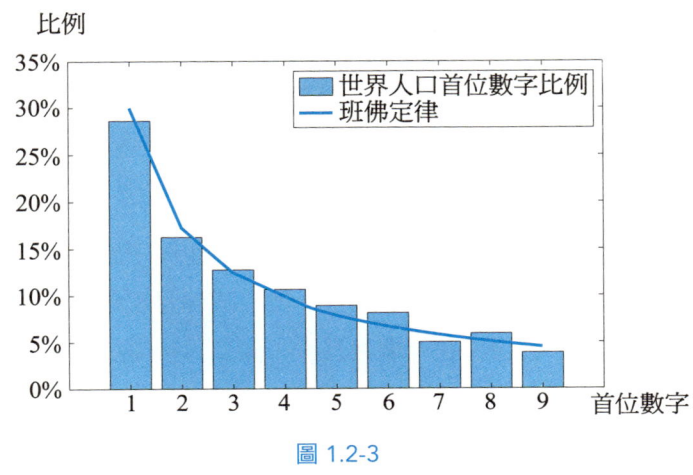

圖 1.2-3

如圖 1.2-4、圖 1.2-5 所示，還可以用類似的方法統計世界上所有國

家的 GDP、領土面積等，也會得出類似的結果。

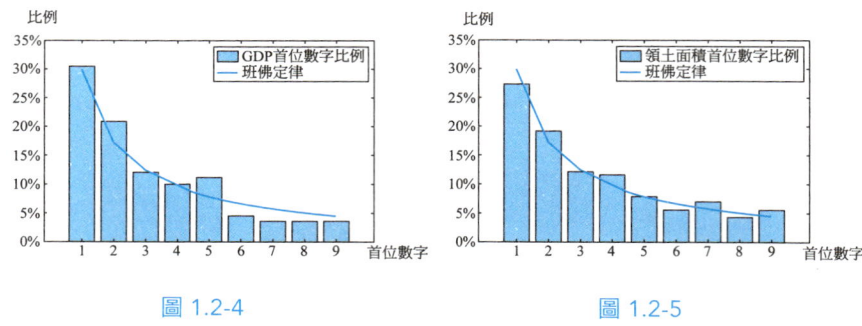

圖 1.2-4　　　　　　　　　　　圖 1.2-5

如果我們認為：無論是影片播放量，還是國家人口、領土面積、GDP 等，或多或少都是人的因素造成的，是否能找到與人無關的資料呢？

當然可以！再舉一例：斐波那契數列（圖 1.2-6）。

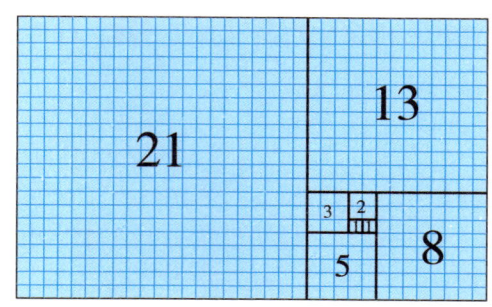

圖 1.2-6　斐波那契數列組成的正方形

斐波那契數列也叫兔子數列，最初是用一隻兔子的故事描述。如果有一對小兔子，第二個月長成大兔子，從第三個月起每個月都生下一對小兔子。而小兔子也會再花一個月長大，兩個月後開始生下小兔子。如果兔子永遠都不死，N 個月後，兔子有多少對？

我相信本書的讀者可以自己解決這個問題，最後的結論是：斐波那契數列前兩個數都是 1，後面每個數都等於前兩個數之和，即

1、1、2、3、5、8、13、21、34、55、89、⋯

我統計了前一百五十四個斐波那契數，它們的大小已經從 1 增長到 10^{31}，其中首位數字是 1 的數有四十五個，占比約 29.22％。其餘首位數字的比例如圖 1.2-7 所示：

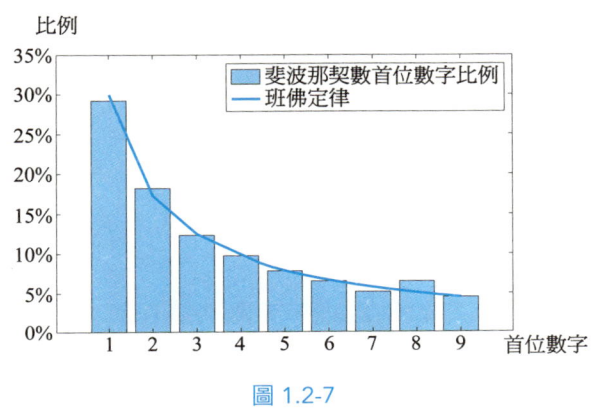

圖 1.2-7

實在是太神奇了！不是嗎？除了斐波那契數列，許多物理、化學常數（例如放射性元素的半衰期）都符合班佛定律的預言。

用班佛定律發現假帳

如果掌握了班佛定律，就可以利用它發現財務造假。因為造假者人為竄改資料，就會與班佛定律產生偏差。最典型的例子是美國安隆公司。

二〇〇一年，美國最大的能源交易商、年收入破千億美元的安隆公司宣布破產，同時傳出公司財務造假的傳聞。於是，有人用班佛定律對安隆公司公布的財務報表進行檢驗：圖 1.2-8 左側是所有上市公司二〇〇〇年到二〇〇一年的財務資料與班佛定律的符合情況——簡直可以用「精準」二字形容；而右側是安隆公司在二〇〇〇年到二〇〇一年的財務資料與班佛定律的偏離情況，我們會發現首位數字 1、8、9 出現的頻率相比班佛定律明顯偏高，而首位數字 2、3、4、5、7 出現的頻率又明顯偏低。說明安隆公司的確有造假嫌疑。

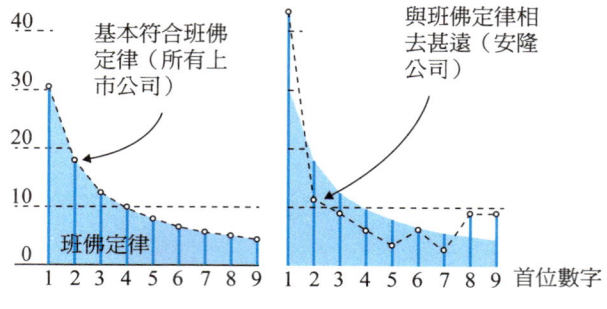

圖 1.2-8

最終，經過深入細緻地調查，美國司法部認定安隆公司財務造假，安隆公司 CEO 傑佛瑞・史基林（Jeffrey Skilling）被判刑二十四年並罰款四千五百萬美元；財務欺詐策劃者安德魯・費斯托（Andrew Fastow）被判六年徒刑並罰款二千三百八十萬美元。有八十九年歷史且位列全球五大會計師事務所的安達信會計師事務所因幫助安隆公司造假，被判妨礙司法公正罪後宣告破產，從此全球五大會計師事務所變成「四大」。

現在班佛定律已成為會計師們判斷銷售資料、財務報表等資料是否造假的依據之一，甚至還有人用來檢驗選舉中是否存在舞弊現象。

如何證明班佛定律？

自然界中為什麼會有這條神奇的定律呢？如何才能證明它？

班佛定律並非嚴格定律，只在特定條件下成立，不存在一般意義上的證明。或許應該說，我們可以研究：究竟什麼樣的資料更加符合班佛定律。

生活中有許多資料滿足這樣的特點：單位時間內的增長量正比於存量。例如，我有一百元，存到銀行裡，年利息 3%，明年就會變成一百零三元。如果我有一百萬元，存到銀行裡，明年就會變成一百零三萬

元,這就是典型的增量正比於存量的情況。

再例如,相似的經濟環境下,人口的自然增長率比較固定,所以一個國家的人口愈多,每年新增的人口也會愈多,符合增量正比於存量。

影片播放量又如何呢?許多影音網站都採用推播影片的方式,一個影片有愈多人觀看、按讚、評論、轉發,系統就會把這個影片推播給更多人,於是新增的觀看次數也會愈多。

如果用**數學語言來描述**,增量 ΔN 與存量 N 和時間 Δt 之間滿足下面的關係:

$$\frac{\Delta N}{N \Delta t} = C \tag{1}$$

表示:單位時間內,增量與存量之比是一個常數。如果最初資料量為 N_0,經過時間 t,資料量就會變為

$$N = N_0 e^{Ct} \tag{2}$$

從(1)式到(2)式,需要使用微積分,暫時不做詳細介紹,大家相信我,這一步驟是沒問題的。而且,(2)式是一個指數函數,隨著時間推移,資料量會按指數規律增長。指數函數有一個特點:資料量從 N_1 增長到 N_2 的時間 t 與資料量擴大的倍數的對數成正比,就是

$$t \propto \lg \frac{N_2}{N_1} \tag{3}$$

例如資料量從 1 增長到 10 所需要花費的時間,與從 10 增長到 100,從 100 增長到 1000 所花費的時間是相同的,因為它們都是擴大至十倍(圖 1.2-9)。

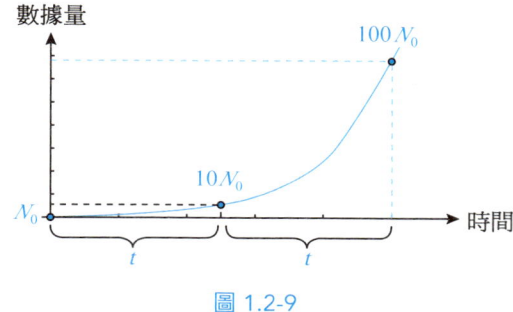

圖 1.2-9

如果資料滿足剛才所說的假設，在大樣本的情況下，就會滿足班佛定律。具體來說：假設資料量是一位數，從 1 增長到 2 的過程中，資料量首位數字都是 1，這段增長所需要花的時間 t 正比於 lg2，即

$$t_1 \propto \lg \frac{2}{1}$$

同樣，資料量從 2 增長到 3 的階段，首位數字是 2，時間正比於 $\lg \frac{3}{2}$。

依此類推：

$$t_2 \propto \lg \frac{3}{2},$$

$$t_3 \propto \lg \frac{4}{3},$$

$$\cdots$$

$$t_9 \propto \lg \frac{10}{9}$$

按照這個規律，資料量在首位數字是 n 的情況下增長時間為

$$t_n \propto \lg \frac{n+1}{n}$$

資料量從 1 增長到 10 所需的總時間又是多少呢？相當於擴大了十倍，而 lg10 = 1，所以資料量從 1 增長到 10，所需的總時間剛好是一份，即

$$t \propto \lg \frac{10}{1} = 1$$

我們已經知道這個增長資料量保持一位數的時間是一份，還知道在增長過程中，不同首位數字的時間。我們用首位數字為 n 的增長時間占總增長時間的比例代表了首位數字為 n 的機率，就會得到公式

$$P_n = \frac{t_n}{t} = \lg \frac{n+1}{n}$$

這就是班佛定律。

我們會發現首位數字是 1 的機率最大，是因為資料增長時，從首位數字為 1 增長為首位數字為 2 所花費的時間最長；而首位數字為 9 的機率最小，因為資料量從 9 增長到 10，所花費的時間最短。

一位數是這樣，二位數、三位數、四位數……同樣如此。每一個資料量首位數字的機率情況如此，那麼當大量資料堆積在一起時，首位數字的機率情況滿足班佛定律，就不足為奇了。

考頂尖大學和中五百萬元哪個難？

有人說他一生有兩大理想：考上頂尖大學，中五百萬元大獎。對大多數人來說兩件事都不容易，但大家有沒有想過哪件更難呢？

 **中五百萬元大獎的機率有多少？**

先計算一下：買一注雙色球，中五百萬元大獎的機率有多大？

雙色球有 1 ～ 33 共三十三個紅球，還有 1 ～ 16 共十六個藍球。下注時，在三十三個紅球中選六個，在十六個藍球中選一個。開獎時，如果開出的六個紅球和一個藍球號碼與下注完全相同，即可中大獎五百萬元！

為了計算中獎機率，首先要討論一個簡單問題：如果要從 1、2、3、4、5、6 這六個數字中選三個，但不計次序，一共有多少種方法？

首先，選擇第一個數字，有六種選擇方法；在餘下的五個數字中再選一個，有五種方法；之後在餘下的四個數字中再選一個，有四種方法；按照這樣的方法，一共有 6×5×4 = 120 種選擇。

但計算出的一百二十種可能，包含大量重複的情況。例如 123、132、213、231、312、321 這六種情況，都是同一種組合。其實，對於任意三個數字都有六種排列，必須將 120 除以 6，才能得到不計次序的組合方式——二十種。所以我們得出結論：從六個數字中選出三個，一共有二十種不同的組合。

類似的，從 n 個數中選擇 m 個數，不計次序，叫做從 n 中選 m 的組合數，用 C_n^m 表示。按照和例子一樣的思路，我們可以得到組合數的

公式

$$C_n^m = \frac{n(n-1)(n-2)\cdots(n-m+1)}{1\times 2\times 3\times\cdots\times m}$$

明白了組合數的含義,就可以計算雙色球中大獎的機率了。首先,要從三十三個紅球中選六個,可能的組合數有

$$C_{33}^6 = \frac{33\times 32\times 31\times 30\times 29\times 28}{1\times 2\times 3\times 4\times 5\times 6} = 1107568$$

然後,還要從十六個藍色球中選一個,顯然有十六種可能結果。

因此,紅球和藍球一共的可能組合數為 $1107568\times 16 = 17721088$。

也就是說,當我買雙色球時,大約有一千七百七十二萬種可能的結果。而且,每一種開獎結果可能的機率都相同。如果花錢買一注,中大獎的機率大約為 $\frac{1}{17720000}$。

這個機率是什麼概念呢?有數據說全球每年約有二十四萬次雷劈人事件。如果平均到全球八十億人,每個人在一年中被雷劈中的機率大約是 $\frac{1}{30000}$。也就是說,如果一個人要中大獎,比一個人被雷劈中還要難上六百倍。

 考頂尖大學有多大可能?

那麼考頂尖大學呢?

假設全國考生有一千二百九十一萬,頂尖大學約招收四千名大學生,錄取的比例大約是

$$P = \frac{4000}{12910000} \approx 0.031\%$$

也就是說,每一萬名考生中大約只有三名同學能夠被錄取,真是萬裡挑一!

然而，考上頂尖大學的機率還是遠超過雙色球中五百萬元的機率，前者大約是後者的五千倍！也就是說，考上頂尖大學比中五百萬元大獎要容易五千倍！有位同學對我說：你算錯了，因為頂尖大學不是抽籤決定錄取的，而是看考試成績。我從小學習就不好，就算頂尖大學招一百萬人，我也考不上啊！

我想這位同學一定沒有學過統計學，如果他了解一點常態分布的知識，就會知道所有人其實都有可能考上頂尖大學。

三 高爾頓釘板

英國生物統計學家法蘭西斯·高爾頓（Francis Galton）提出高爾頓釘板實驗，模型如圖 1.3-1 所示。在一個漏斗中裝有一些小球，漏斗下方有一些水平釘子，小球碰到釘子就會隨機反彈──50%的可能向左落下，50%的可能向右落下。經過一次次碰撞，小球最終掉落到下方的豎直槽中。

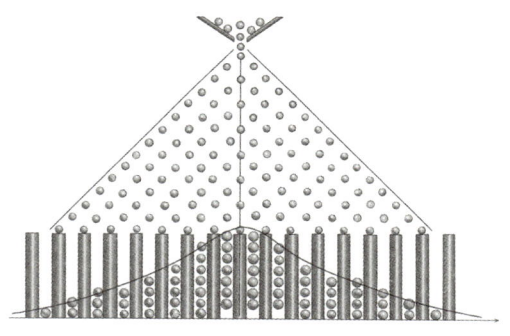

圖 1.3-1　高爾頓釘板實驗

如果只下落一個小球，掉落在哪個槽中是隨機的。但如果一次次讓小球下落，當小球夠多時，就會發現：這些小球落入中央部位的數量多，落到兩端的數量少。球的數量分布滿足一定的統計規律。

不僅是高爾頓釘板，只要一個數量受到許多隨機量影響，它的分布就很有可能會滿足這種「中間多，兩頭少」的規律。例如一個年齡段某地區男性的身高分布（圖 1.3-2）、居民壽命分布、某個班級的考試分數分布等，都近似滿足常態分布。

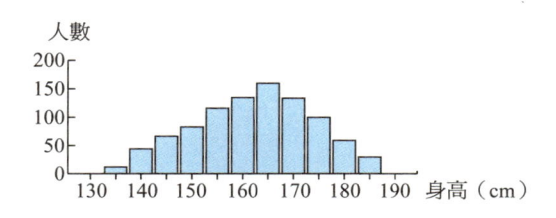

圖 1.3-2 某地區男性的身高分布

被譽為「數學王子」的德國數學家卡爾・弗里德利希・高斯（Carl Friedrich Gauß）對正態分布理論有重大貢獻，因此人們也把正態分布稱為「高斯分布」。以前的德國十馬克紙幣上就印有高斯頭像和他的正態分布曲線。

十馬克紙幣

標準的常態分布曲線，最高的部位剛好在曲線中間，稱為期望 μ，表示隨機量的平均值。比如某次考試中，一個班級的平均分是九十分，且成績滿足常態分布，成績的期望 μ 就是 90；曲線的寬窄用標準差 σ 表示。σ 愈大，曲線愈「矮胖」，表示資料分布範圍愈廣；σ 愈小，曲線愈「瘦高」，表示資料愈集中（圖 1.3-3）。如果這個班級的學生

成績都集中在九十分附近，標準差 σ 就小；如果有的同學成績好，有的同學成績差，分散得很厲害，標準差 σ 就大。

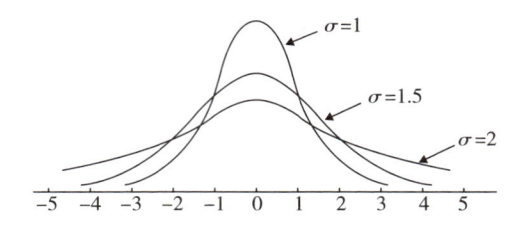

圖 1.3-3　平均數相同（$\mu = 0$）、標準差不同（$\sigma = 1$，$\sigma = 1.5$，$\sigma = 2$）的三條常態分布曲線

而且，如圖 1.3-4，一個滿足常態分布的隨機量，取值是有規律的：愈接近期望，出現的可能性愈大。取值在 $\mu - \sigma$ 到 $\mu + \sigma$ 之間，機率大約是 68.27%；在 $\mu - 2\sigma$ 到 $\mu + 2\sigma$ 之間，機率大約是 95.44%。如果隨機量的大小超過 $\mu + \sigma$，機率只有約 15.87%；超過 $\mu + 2\sigma$，機率只有約 2.28%。說明：大部分同學考試成績在平均分附近，考得特別好的同學和考得特別不好的同學都是少數。

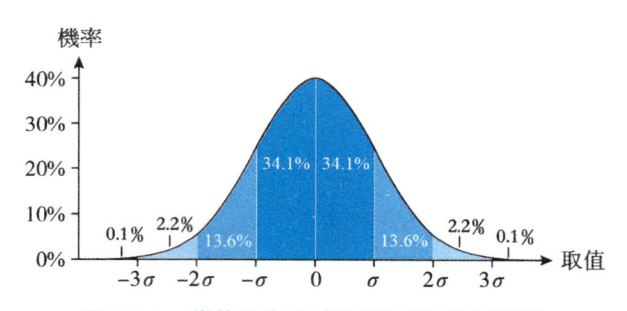

圖 1.3-4　常態分布曲線各個取值範圍的機率

一個班級裡的學生，考試成績滿足常態分布。同樣，一個人多次考試的成績也會受到各種因素的影響，例如學習態度、學習方法、考試當

天的身體狀態、題目的難易程度，甚至是考場上的風吹草動，所以一個人的考試成績也不是一定的，會有波動和起伏。學習好的同學期望 μ 比較高，成績穩定的同學 σ 比較小。雖然我們不知道自己最終的成績如何，但可以透過常態分布假設計算出自己成績在各個區間的機率，從而推測自己是不是能考上頂尖大學。

例如：小明同學在高三參加四次模擬考，成績分別是五百八十分、六百分、六百八十分和六百二十分，而頂尖大學的分數線為六百九十分。請問：小明同學有多大的機率考上頂尖大學呢？

乍看好像完全不可能，他的最高分數與頂尖大學的錄取線還有十分之差。可是當我們考慮常態分布時，結論就不一樣了。

假設小明的每次考試的成績滿足常態分布，根據他幾次類比考試的成績，就能估算出小明成績的期望和標準差。

首先，小明幾次考試的成績平均分就是成績的期望，按照公式為

$$\mu = \frac{1}{n}\sum x_i = \frac{1}{4}(580+600+680+620) = 620，$$

而透過樣本估計標準差的公式是

$$\sigma = \sqrt{\frac{1}{n-1}\sum(x_i-\mu)^2} = \sqrt{\frac{1}{3}(40^2+20^2+60^2+0^2)} \approx 43.2，$$

所以，頂尖大學的分數線六百九十分比這位同學的平均分高了七十分，相當於一‧六二個標準差，即

$$\Delta x = 690-620 = 70 = 1.62\sigma$$

小明同學考試成績超過 $\mu+1.62\sigma$ 的機率有多大呢？畫出常態分布曲線，在 $\mu+1.62\sigma$ 右側部分的面積就是他考上頂尖大學的機率。這個機率可以透過查表 1.3-1 獲得。

表 1.3-1　常態分布機率表

x	0	0.01	0.02	0.03	0.04	0.05	0.06	0.07	0.08	0.09
0	0.500 0	0.504 0	0.508 0	0.512 0	0.516 0	0.519 9	0.523 9	0.527 9	0.531 9	0.535 9
0.1	0.539 8	0.543 8	0.547 8	0.551 7	0.555 7	0.559 6	0.563 6	0.567 5	0.571 4	0.575 3
0.2	0.579 3	0.583 2	0.587 1	0.591 0	0.594 8	0.598 7	0.602 6	0.606 4	0.610 3	0.614 1
0.3	0.617 9	0.621 7	0.625 5	0.629 3	0.633 1	0.636 8	0.640 4	0.644 3	0.648 0	0.651 7
0.4	0.655 4	0.659 1	0.662 8	0.666 4	0.670 0	0.673 6	0.677 2	0.680 8	0.684 4	0.687 9
0.5	0.691 5	0.695 0	0.698 5	0.701 9	0.705 4	0.708 8	0.712 3	0.715 7	0.719 0	0.722 4
0.6	0.725 7	0.729 1	0.732 4	0.735 7	0.738 9	0.742 2	0.745 4	0.748 6	0.751 7	0.754 9
0.7	0.758 0	0.761 1	0.764 2	0.767 3	0.770 3	0.773 4	0.776 4	0.779 4	0.782 3	0.785 2
0.8	0.788 1	0.791 0	0.793 9	0.796 7	0.799 5	0.802 3	0.805 1	0.807 8	0.810 6	0.813 3
0.9	0.815 9	0.818 6	0.821 2	0.823 8	0.826 4	0.828 9	0.835 5	0.834 0	0.836 5	0.838 9
1	0.841 3	0.843 8	0.846 1	0.848 5	0.850 8	0.853 1	0.855 4	0.857 7	0.859 9	0.862 1
1.1	0.864 3	0.866 5	0.868 6	0.870 8	0.872 9	0.874 9	0.877 0	0.879 0	0.881 0	0.883 0
1.2	0.884 9	0.886 9	0.888 8	0.890 7	0.892 5	0.894 4	0.896 2	0.898 0	0.899 7	0.901 5
1.3	0.903 2	0.904 9	0.906 6	0.908 2	0.909 9	0.911 5	0.913 1	0.914 7	0.916 2	0.917 7
1.4	0.919 2	0.920 7	0.922 2	0.923 6	0.925 1	0.926 5	0.927 9	0.929 2	0.930 6	0.931 9
1.5	0.933 2	0.934 5	0.935 7	0.937 0	0.938 2	0.939 4	0.940 6	0.941 8	0.943 0	0.944 1
1.6	0.945 2	0.946 3	0.947 4	0.948 4	0.949 5	0.950 5	0.951 5	0.952 5	0.953 5	0.953 5
1.7	0.955 4	0.956 4	0.957 3	0.958 2	0.959 1	0.959 9	0.960 8	0.961 6	0.962 5	0.963 3
1.8	0.964 1	0.964 8	0.965 6	0.966 4	0.967 2	0.967 8	0.968 6	0.969 3	0.970 0	0.970 6
1.9	0.971 3	0.971 9	0.972 6	0.973 2	0.973 8	0.974 4	0.975 0	0.975 6	0.976 2	0.976 7
2	0.977 2	0.977 8	0.978 3	0.978 8	0.979 3	0.979 8	0.980 3	0.980 8	0.981 2	0.981 7
2.1	0.982 1	0.982 6	0.983 0	0.983 4	0.983 8	0.984 2	0.984 6	0.985 0	0.985 4	0.985 7
2.2	0.986 1	0.986 4	0.986 8	0.987 1	0.987 4	0.987 8	0.988 1	0.988 4	0.988 7	0.989 0
2.3	0.989 3	0.989 6	0.989 8	0.990 1	0.990 4	0.990 6	0.990 9	0.991 1	0.991 3	0.991 6
2.4	0.991 8	0.992 0	0.992 2	0.992 5	0.992 7	0.992 9	0.993 1	0.993 2	0.993 4	0.993 6
2.5	0.993 8	0.994 0	0.994 1	0.994 3	0.994 5	0.994 6	0.994 8	0.994 9	0.995 1	0.995 2
2.6	0.995 3	0.995 5	0.995 6	0.995 7	0.995 9	0.996 0	0.996 1	0.996 2	0.996 3	0.996 4
2.7	0.996 5	0.996 6	0.996 7	0.996 8	0.996 9	0.997 0	0.997 1	0.997 2	0.997 3	0.997 4
2.8	0.997 4	0.997 5	0.997 6	0.997 7	0.997 7	0.997 8	0.997 9	0.997 9	0.998 0	0.998 1
2.9	0.998 1	0.998 2	0.998 2	0.998 3	0.998 4	0.998 4	0.998 5	0.998 6	0.998 6	0.998 6
3	0.998 7	0.999 0	0.999 3	0.999 5	0.999 7	0.999 8	0.999 8	0.999 9	0.999 9	1.000 0

這是一張常態分布機率表，找到 1.6 這一行與 0.02 這一列，交叉點的數是 0.9474，表示在常態分布中，資料小於 $\mu+1.62\sigma$ 的可能占到 94.74%，那麼小明考試成績超過 $\mu+1.62\sigma$ 的可能性就有 1 － 94.74% ＝ 5.26%。

小明在模擬考試中一次都沒有達到頂尖大學的錄取分數線，但按照常態分布規律，依然有 5.26% 的可能性可以考上頂尖大學。實際上，即便一個同學每次考試都在六百分以下，也有一定機率在考試時考到頂

尖大學的錄取分數線——六百九十分，只不過機率可能只有萬分之幾。而即便是這樣，考上的機率還是遠超過雙色球中五百萬元的機率——$\frac{1}{17720000}$。

街頭遊戲：摸珠子

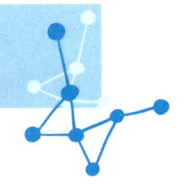

我曾在網路上看到一段影片：一個老闆在街上擺攤，用一個袋子裝了紅、綠、藍各八個珠子。玩家把手伸進口袋摸出十二個珠子，數出不同顏色珠子的個數，就能夠獲得相應的獎金。

例如摸出的十二個珠子裡，顏色最多的珠子有八個，顏色次多的珠子有四個，還有一種顏色沒有，就叫840，玩家會獲得一百元！如果珠子個數是831，就能獲得十元；如果是444，就能獲得一元（圖1.4-1）。

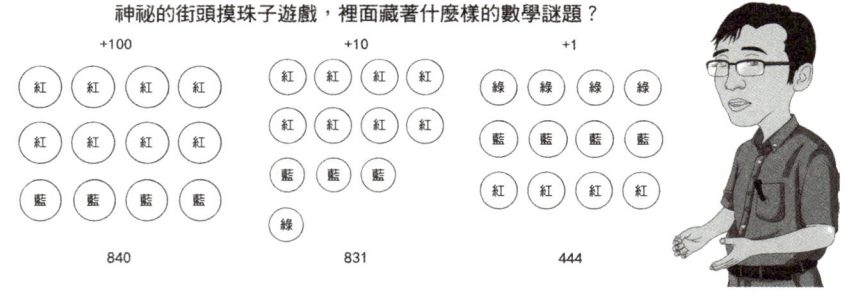

圖 1.4-1

但還有一種情況：如果三種顏色珠子的個數是543，玩家得給老闆十元（圖1.4-2）。

如果三種顏色珠子的各數是 543，
玩家還得再給老闆十元

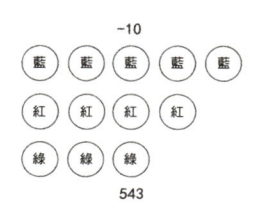

圖 1.4-2

全部的情況和中獎金額如表 1.4-1 所示：

表 1.4-1

情況	中獎金額	情況	中獎金額
840	100 元	651	1 元
831	10 元	642	1 元
822	10 元	633	1 元
750	20 元	552	1 元
741	2 元	444	1 元
732	2 元	543	－10 元
660	20 元		

　　這個遊戲看起來贏面很大——十三種情況中有十二種賺錢，只有一種輸錢。可是這個小朋友玩了好幾次，還把自己的親戚朋友都叫來玩，結果一直輸錢，為什麼呢？

　　很顯然這是一個機率統計遊戲。我們計算摸出每種情況的機率，再乘那種情況下對應的贏輸金額，就能求出玩一把平均能夠贏或輸多少錢了。

第一章　統計問題　041

一 總共的情況數

從 n 個元素裡取出 m 個元素的方法數叫做組合數，數學告訴我們，組合數公式為

$$C_n^m = \frac{n(n-1)(n-2)\cdots(n-m+1)}{1\times 2\times 3\times\cdots\times m}$$

袋子中一共有二十四個球，取出十二個，按照組合數公式結果為

$$C_{24}^{12} = \frac{24!}{12!\times 12!} = 2704156$$

即從袋子中取出的球，不計算先後次序，一共有 2704156 種情況。

二 中獎的情況數

需要把中獎的情況分為三類：三個數字不同、兩個數字相同、三個數字都相同。

1. 三個數字不同

如果取出三種顏色的球數量彼此不同（例如840），首先要區分紅、綠、藍三種顏色的球，誰最多，誰其次，誰最少。對顏色進行排序有六種可能，分別是紅綠藍、紅藍綠、綠紅藍、綠藍紅、藍紅綠、藍綠紅。

然後，在第一種顏色的八個球中取八個，第二種顏色的八個球中取四個，第三種顏色的八個球中取零個，所以摸出 840 的情況總數是

$$6C_8^8 C_8^4 C_8^0 = 420$$

類似的，我們可以計算出其他幾種結果的情況數（表 1.4-2）：

表 1.4-2

摸球結果	情況數
840	420
831	2688
750	2688
741	26880
732	75264
651	75264
642	329280
543	1317120

2. 兩個數字相同

如果取出的球，有兩種球個數一樣多，例如822，又該怎麼計算呢？首先要在三種顏色中選出一種，讓它的個數與另外兩種不同，例如紅色、綠色、藍色哪種顏色有八個球？有三種情況。確定了個數不同的球的顏色，另外兩個顏色的球個數相同，就不用區分了。你應該能計算出822這種結果對應的情況數為

$$3C_8^8 C_8^2 C_8^2 = 2352$$

類似的，我們可以計算出其他幾種情況（表 1.4-3）：

表 1.4-3

摸球結果	情況數
822	2352
660	2352
633	263424
552	263424

3. 三個數字相同

如果摸出十二個球,每種顏色各有四個,就屬於第三種情況。如表 1.4-4 所示,這時不需要再對顏色排序,只需要從每種顏色的八個球中取出四個即可,情況數有

$$C_8^4 C_8^4 C_8^4 = 343000$$

表 1.4-4

摸球結果	情況數
444	343000

三 機率和期望

從二十四個球中摸出十二個,共有二百七十萬四千一百五十六種方法。十三種中獎的可能,每一種對應的情況數從四百二十種到一百一十三萬七千一百二十種不等。某種結果的情況數愈多,出現的機率愈大,機率等於這種結果的情況數除以總體情況數,即

$$P = \frac{每一種摸球結果的情況數}{24個球摸出12個總體情況數} \times 100\%$$

如此,就能計算出每一種結果出現的機率(表 1.4-5):

表 1.4-5

摸球結果	組合數	機率
840	420	0.02%
831	2688	0.10%
822	2352	0.09%
750	2688	0.10%
741	26880	0.99%

(續下表)

（接上表）

摸球結果	組合數	機率
732	75264	2.78%
660	2352	0.09%
651	75264	2.78%
642	329280	12.18%
633	263424	9.74%
552	263424	9.74%
543	1317120	48.71%
444	343000	12.68%

你會發現：機率最大的結果是 543，機率達 48.71％；機率最小的結果是 840，只有 0.02％的可能。幾乎玩兩把就有一把是 543，玩五千把才會出現一把 840。

不同的情況，獲得的獎金不同。用機率乘對應情況的獎金，再把結果加和，就得到期望，即期望 $E = \Sigma$（機率 $P \times$ 對應獎金）。所謂期望，就是在這種獲獎規則下，每次遊戲平均能夠給玩家的回報。

我們把表格補充完整，如表 1.4-6 所示：

表 1.4-6

摸球結果	組合數	機率	獲獎獎金	機率 × 獎金
840	420	0.02%	100	0.02
831	2688	0.10%	10	0.01
822	2352	0.09%	10	0.01
750	2688	0.10%	20	0.02
741	26880	0.99%	2	0.02
732	75264	2.78%	2	0.06
660	2352	0.09%	20	0.02
651	75264	2.78%	1	0.03

（續下表）

（接上表）

摸球結果	組合數	機率	獲獎獎金	機率 × 獎金
642	329280	12.18%	1	0.12
633	263424	9.74%	1	0.10
552	263424	9.74%	1	0.10
543	1317120	48.71%	－10	－4.87
444	343000	12.68%	1	0.13

發現了什麼嗎？贏錢的結果有十二種，但每一種情況下贏錢的平均值都是幾分錢到一毛多。輸錢的結果只有 543 一種，但這一種情況輸錢的平均值卻是四·八七元！把所有贏錢、輸錢的結果相加，就會得到這個遊戲的總期望值：負四·二五元！每次玩遊戲，玩家平均就會輸掉四·二五元！

敢開飯店就不怕大肚漢，敢街頭擺攤就不怕你來玩。想從大爺手裡賺錢，你還是太天真了！

公車為何總不來？

　　上小學時，學校和家離得比較遠，大約十公里，中間還要翻越一座小山。小學三年級開始，我就一個人背著書包坐公車上學和放學。記得有一次，在公車站等了半小時，這裡擠滿了等車的乘客，公車才姍姍來遲。上車後，一個婦人問司機：你們這班車多久來一輛啊？司機說：十分鐘一輛。一句話激起所有乘客的憤怒，大家紛紛指責司機說謊，當時司機委屈地哭了。這件事我一直記在心裡，現在回想起來，也許司機沒有說謊，大家只是陷入一個悖論之中。

一　公車等待時間的悖論

　　為了解釋這個悖論，首先建立一個數學模型：假如公車在一個環線上順時針行進，到了起點後立刻開始下一圈，如此周而復始（圖1.5-1）。每輛車運行一圈的時間是六十分鐘，公車公司線的路上一共安排六輛車，所以平均兩輛車的時間間隔就是十分鐘。

圖 1.5-1

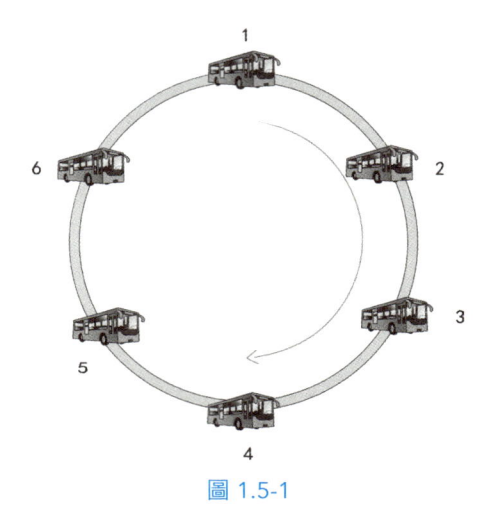

如果公車嚴格按照十分鐘的間隔到達車站，乘客需要等待的時間就在零到十分鐘之間，於是，乘客的平均候車時間就是五分鐘。

不過同樣的問題在乘客看來似乎並非如此。由於交通的不確定性，很難保證任意兩輛車的時間間隔都相同。假設 1、2、3、4、5、6 號車的時間間隔都是五分鐘，而 6 和 1 的時間間隔是三十五分鐘，如圖 1.5-2 所示。乘客到來時，既可能落入五分鐘時間間隔，也可能落入三十五分鐘時間間隔。

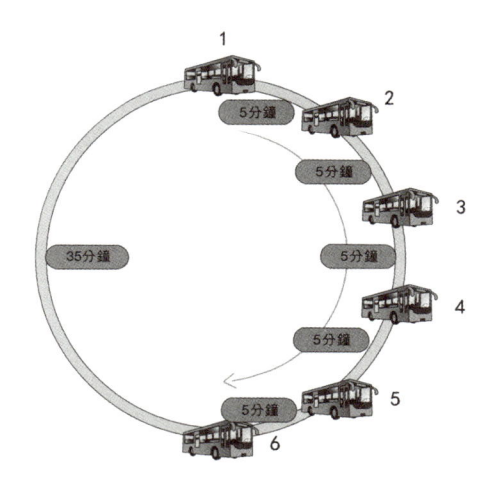

圖 1.5-2

如果乘客來到公車站時，落入五分鐘的時間間隔，他的平均候車時間就是二・五分鐘。在一個週期六十分鐘的時間裡，這樣的時間間隔共占二十五分鐘，發生這件事的機率為

$$P_1 = \frac{25}{60} \approx 41.7\%$$

如果乘客落入三十五分鐘的時間間隔，他的平均候車時間就是十七・五分鐘。在一個週期六十分鐘的時間裡，三十五分鐘的發車間隔有一個，發生這件事的機率就是

$$P_2 = \frac{35}{60} \approx 58.3\%$$

如表 1.5-1 所示，把平均等候時間和發生的機率列出來。

表 1.5-1

車輛間隔時間	5 分鐘	35 分鐘
乘客平均候車時間	2.5 分鐘	17.5 分鐘
機率	41.7%	58.3%

你會發現：乘客落入三十五分鐘時間間隔的機率更大一些，相應的，乘客遇到更長等候時間的機率也比較大。用每種情況下乘客的等候時間乘相應機率，再把它們求和，就是乘客等候時間的數學期望，即

$$E = 2.5 \times 41.7\% + 17.5 \times 58.3\% \approx 11.25（分鐘）$$

如果隨機對乘客進行採訪，讓他們說出平常候車的時間，再將這些時間求平均，就能得到乘客的平均候車時間。這個平均候車時間其實就是十一・二五分鐘，比公車公司提供的平均候車時間五分鐘的兩倍還要多！剛才假設比較極端化，再做一個更加一般的計算：假如公車之間的時間間隔是隨機的，乘客也是隨機到達月臺，乘客的平均候車時間是多少呢？我用電腦做了一萬次模擬，得出圖 1.5-3 中的統計結果。最終，

乘客的平均候車時間是八·八分鐘，依然遠超公車公司估計的五分鐘。

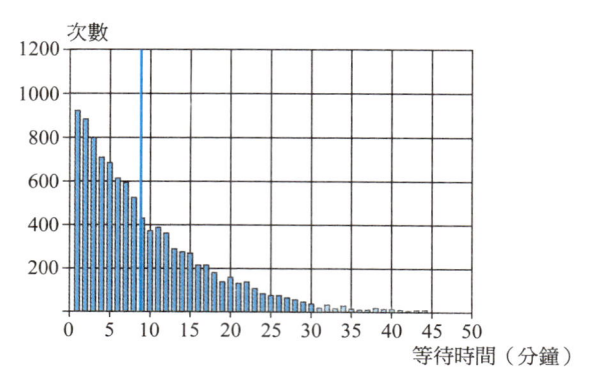

圖 1.5-3　一萬名乘客等公車時間的頻率分布

究竟是誰錯了？其實誰也沒有錯，只是雙方使用了不同的統計方法。公車司機用全部的車輛求出平均發車間隔，再用發車時間間隔求出平均等待時間，是站在車站的角度，看著車一輛輛駛過，求出平均等待時間。

而乘客會怎麼做呢？他會用每一名乘客的等待時間加和再求平均，得到平均等待時間。因為乘客會有更大機率落入較長的時間間隔──前面五分鐘一輛時，每輛車都載不了多少乘客；後面三十五分鐘的時間間隔，月臺上卻擠滿了憤怒的乘客。所以，乘客統計出的平均等待時間會更長。

雙方都沒有錯，只是角度不一樣，這就是公車等待時間悖論。

二 檢查悖論

美國電腦學家艾倫·唐尼（Allen Downey）提出了一種數學理論──檢查悖論，他說：檢查悖論在生活中無處不在。

例如，調查一個大學中班級平均人數是多少，教務和學生可能會給出完全不同的資料。唐尼獲得了普渡大學的調查資料，得出令人驚訝的差別：教務給出的班級平均人數是三十五人，而透過學生調查統計出的

班級平均人數是九十人（表 1.5-2）。

表 1.5-2

	教務數據	學生統計
平均班級人數	35	90

這是因為教務處是用學生的總人數除以班級總數，得到的班級平均人數。而對學生進行抽樣調查的過程中，人數多班級的學生更有可能被抽取；人數少班級的學生被抽中的機率較小，造成統計的結果差別更大（圖 1.5-4）。

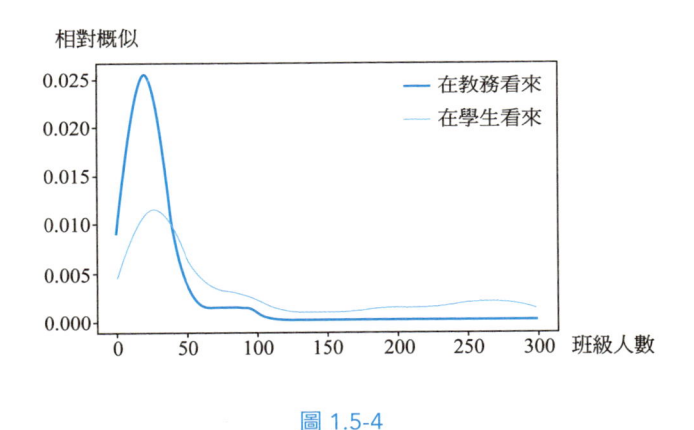

圖 1.5-4

唐尼還舉了另一個例子：我為什麼沒有朋友受歡迎？唐尼在社交平臺上抽取四千名用戶，檢查他們的好友數量，以及他們好友的好友數量，結果發現：平均每名用戶擁有四十四名好友，而每名用戶的好友平均擁有一百零四名好友（表 1.5-3）。

表 1.5-3

	隨機抽取的用戶	抽取用戶的好友
平均好友人數	44	104

為什麼我們朋友的朋友，比我們的朋友更多呢？因為我們的朋友更有可能是熱愛交際的人——一個人的朋友愈多，愈容易處於我們的朋友列表中；相反，沉默寡言、不善交際的人，往往不會進入我們的朋友列表。在社交平臺上，我們關注列表中的人，他們的粉絲數量往往比我們的粉絲多，這是因為那些粉絲眾多的網紅更容易獲得我們的關注（圖1.5-5）。

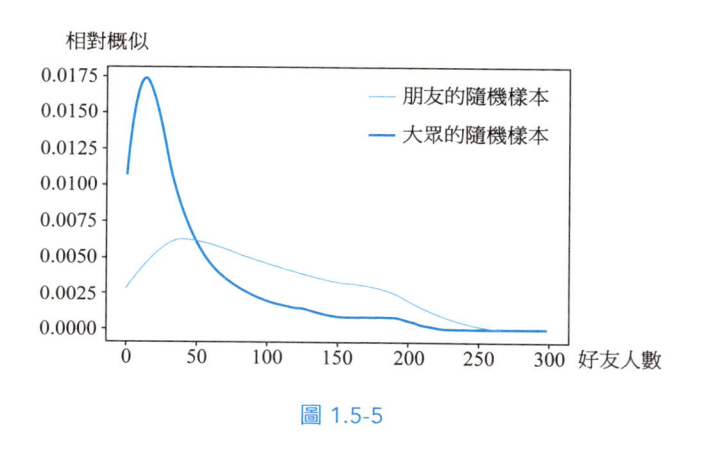

圖 1.5-5

　　再例如：唐尼讀到一本書，作者克爾曼由於某些原因在聯邦監獄服刑十三個月，作者接觸了許多囚徒，發現他們的刑期非常長（在某些國家，刑期可以長達數百年），這又是為什麼呢？

　　如果從檢察官的角度審視所有的卷宗，找到每名囚犯的服刑時間，再求出的平均服刑年限是三・六年。可是一個好事的記者進入聯邦監獄，統計出正在服刑的所有囚犯的服刑時間，再加和求出的平均數卻是十三年（表 1.5-4）。

表 1.5-4

	檢察官統計	記者統計
平均服刑年限	3.6 年	13 年

　　唐尼解釋：因為記者在某個時刻進入監獄進行統計時，更容易遇到

那些服刑時間很長的囚犯。服刑時間短的囚犯不是已經出獄，就是還未入獄，造成統計結果的不同。如果記者在監獄中常駐，並統計在此期間所有曾進入監獄的囚犯的平均服刑時間，二者的差別就會縮小（圖 1.5-6）。

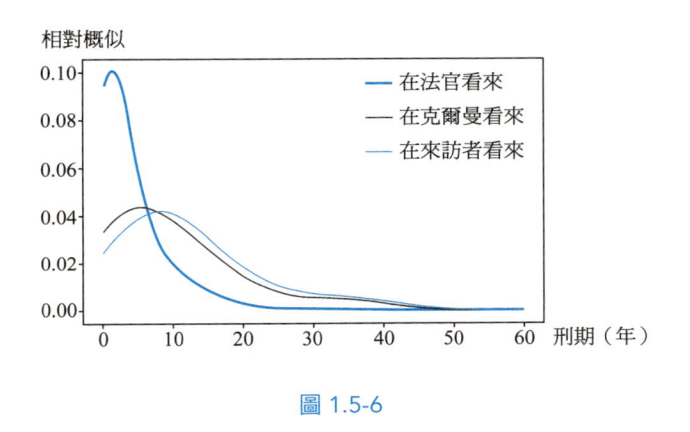

圖 1.5-6

三 為什麼我們的觀點不同？

從檢查悖論的幾個例子會看出：對於同一個問題，站在不同的角度，透過不同的方法進行統計，會得出不同結果。如果不明白其中的數學原理，就很容易認為對方在撒謊。二十多年前，我乘坐的那輛公車的乘客都以為司機在撒謊，可是司機卻認為自己很無辜，乘客蠻不講理。

搭飛機時，經常感覺飛機非常擁擠。可是航空公司卻說航班載客率不夠，公司虧損。誰在說謊呢？這可能也是檢查悖論。我們經常乘坐的飛機都非常擁擠，那些空載率高的運椅子航班我們很少乘坐。航空公司會用所有的乘客數量除以航班數量得出平均載客率，而乘客會根據自己乘坐的航班情況估計上座率。二者有所不同，並不難理解。

如果我們開車就有另一種感覺：自己總是遇到紅燈。實際上如果站在一個紅綠燈下統計，就會發現紅燈和綠燈其實都是按規律出現的。不過從司機的角度來說，如果遇到綠燈，很快就開過去了；遇到紅燈，

卻會停下來焦急地等待,所以在紅燈下停留的時間遠超過綠燈。回憶起來,好像我們總是遇到紅燈。

對於同樣一個問題,從不同的角度進行統計,會得出不同的結果。當我們的看法與別人不一致時,不一定是一對一錯,很有可能雙方只是從不同的角度看待這個問題,從而出現了一個檢查悖論。

詹姆斯和馬龍誰的投籃命中率更高？

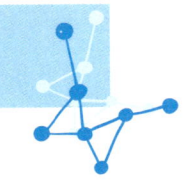

有個學生和我說，他特別喜歡看籃球比賽，最喜歡的球星是湖人隊的勒布朗・詹姆斯（LeBron James）。他曾把詹姆斯和歷史上的著名球員卡爾・馬龍（Karl Malone）做比較，結果發現一個神奇的現象：整個生涯中，無論是兩分球的命中率還是三分球的命中率，詹姆斯都比馬龍高。但如果把兩分球和三分球加在一起，詹姆斯的命中率反而比馬龍低。這是怎麼回事呢？

實際上，這是統計學上的一個著名悖論——辛普森悖論。最早由愛德華・辛普森（Edward H. Simpson）在一九五一年發表的論文中進行詳細闡述。辛普森悖論是指：進行統計比較時，如果對資料進行分層，統計結果與總體資料可能是不同的。

一 錄取比例問題

歷史上比較典型的辛普森悖論的例子，是美國加州大學柏克萊分校的錄取比例問題。柏克萊是美國的著名大學，截至二〇二一年十月，建校一百多年來，一共誕生一百一十一位諾貝爾獎得主、十四位菲爾茲獎得主、二十五位圖靈獎得主。「原子彈之父」羅伯特・奧本海默（Robert Oppenheimer）、著名華人物理學家朱棣文、華裔物理學家吳健雄，還有數學家丘成桐、陳省身，都在柏克萊學習和工作過。

可是一九七三年秋天，柏克萊公布的研究生招生名單卻引起一場風波。那一年，許多女同學向學校表達強烈抗議，因為從招生名單來看，男生申請者中有44％被錄取，女生申請者只有35％被錄取，男生錄取

率是女生的一・二五倍（表 1.6-1）！簡直是赤裸裸的性別歧視！

表 1.6-1

所有申請者錄取比例	男生申請者錄取比例	女生申請者錄取比例
41%	44%	35%

壓力之下，柏克萊被迫展開調查，結果發現：許多學院招收學生時，反而是女生錄取比例更高。

我們用一些虛擬的資料來說明這個問題。假設有一百個男同學和一百個女同學申請柏克萊的研究生，分別申請物理學院和文學院。

男生中有八十人申請物理學院，錄取三十八人；二十人申請文學院，錄取二人。女生中有二十人申請物理學院，錄取十四人；八十人申請文學院，錄取十六人。

錄取結果和比例如表 1.6-2 所示：

表 1.6-2

	男生			女生		
	申請人數	錄取人數	錄取比例	申請人數	錄取人數	錄取比例
物理學院	80	38	47.5%	20	14	70%
文學院	20	2	10%	80	16	20%
總計	100	40	40%	100	30	30%

先看分組比較資料：男生申請物理學院的通過率是 47.5%，女生申請物理學院的通過率有 70%，比男生高很多。男生申請文學院的錄取率為 10%，女生的錄取率是 20%，是男生的二倍。單獨從兩個學院的資料來看，好像不是女生受到歧視，反而是男生受到歧視。

但從總體錄取資料來看，提交申請的男生和女生都是一百人，男生有四十人被錄取，女生只有三十人被錄取，男生的錄取比例比女生多出 $\frac{1}{3}$，這樣看來好像又變成歧視女性。

為什麼同一份資料卻得出兩種不同結論呢？這就是辛普森悖論。陰謀家們往往會利用辛普森悖論煽動大眾：如果我想批評柏克萊歧視男性，就可以隱藏總體錄取資料，只讓你看到每個學院的錄取資料——每個學院的女生錄取比例都比男生要高，這樣就可以呼籲男生起來對抗學校了。反過來，如果想批評柏克萊歧視女性，就可以避開每個學院的錄取資料，只給出總體錄取資料——同樣的人數申請同一所學校，憑什麼男生錄取比例比女生高 $\frac{1}{3}$？這難道不是涉嫌歧視女性嗎？

二 腎結石的治癒率

辛普森悖論還有另一個典型案例——腎結石的治療方法。

腎結石患者往往需要透過手術的方法治療，手術方式有兩種：一種是開放手術，可能對人造成較大創傷；另一種方法是微創手術，用內視鏡把結石取出來，手術創傷較小。患者的結石情況也可分為小結石和大結石兩種，醫生會按照結石大小選擇不同的治療方案。

某位醫生對兩種治療方法的治癒率進行統計，開放手術和微創手術各三百五十例，前者二百七十三例有效，後者二百八十九例有效。具體數據如表 1.6-3 所示：

表 1.6-3

	開放手術			微創手術		
	有效／例	治療／例	治癒率	有效／例	治療／例	治癒率
小結石治癒率	81	87	93%	234	270	87%
大結石治癒率	192	263	73%	55	80	69%
總計	273	350	78%	289	350	83%

小結石患者中八十七人使用開放手術治療，治癒率約 93%；有二百七十人選擇微創手術，治癒率約 87%。這樣來看，對於小結石患者，似乎開放治療的效果更好一點。

再看大結石患者：有二百六十三人選擇開放手術，治癒率約73％；有八十人選擇微創手術，治癒率約69％。大結石患者依然應該選用開放手術，因為治癒比例更高。

既然不管是大結石還是小結石，都是開放手術的治癒率更高，是否應該只給病人推薦開放手術呢？先別急，假如看一下總體資料，會發現開放手術的平均治癒率為78％，而微創手術的平均治癒率約為83％，這樣一來，反而是微創手術的效果更好。這又構成了辛普森悖論。

假如醫生想推薦開放手術，就可以只向患者展示分層資料。患者發現：不管大小結石，開放手術的治癒率都更高，肯定會傾向於開放療法。反過來，如果醫生想推薦微創手術，就會隱去分層資料，只給患者展示總體資料：同樣是三百五十名患者，微創手術的治癒率更高，患者自然希望採用微創手術。同樣的資料用不同的表述方式得出了不同的結論。

三 籃球的命中率

現在來看看詹姆斯和馬龍的投籃命中率問題。詹姆斯和馬龍都是著名的「長壽球員」，馬龍退役時四十歲，詹姆斯生於一九八四年，依然活躍在籃球場上。

如果除去罰球資料，統計在整個職業生涯（截至二〇二一年）中詹姆斯和馬龍的投籃資料，會得到表1.6-4：

表 1.6-4

	勒布朗・詹姆斯			卡爾・馬龍		
	命中次數	出手次數	命中率	命中次數	出手次數	命中率
兩分球	10564	19245	54.9%	13443	259000	51.9%
三分球	1860	5409	34.4%	85	310	27.4%
總計	12424	24654	50.4%	13528	26210	51.6%

單獨看兩分球，詹姆斯投出一萬九千二百四十五個，命中一萬零

五百六十四個，命中率約 54.9%，高於馬龍三個百分點；單獨看三分球，詹姆斯投出五千四百零九個，命中一千八百六十個，命中率約 34.4%，高出馬龍七個百分點！既然兩分球和三分球，詹姆斯的命中率都更高，整體命中率應該也是詹姆斯更高才對。

可是事實並非如此。如果把兩分球和三分球加到一起，詹姆斯的平均命中率約 50.4%，居然低於馬龍的 51.6%。這也是辛普森悖論。

因個人的喜好不同，同樣的資料也可能被賦予不同的解讀方式，如果更喜歡詹姆斯，就可以用兩分球和三分球的分層資料支援自己；同樣，如果喜歡馬龍，則可以只討論整體命中率。

四 為什麼會出現悖論？

為什麼會出現這種奇怪的現象呢？一般而言，辛普森悖論的產生有兩個條件。

首先，分層資料中每一層的成功率有顯著不同。例如，柏克萊的物理學院錄取率在男女生中分別是 47.5% 和 70%，相對於文學院的 10% 和 20% 高得多。用兩種不同方式治療小結石，治癒率在 90% 左右；而大結石不好治，兩種方式的治癒率都在 70% 左右。兩分球更好命中，詹姆斯和馬龍的命中率都超過 50%；三分球不好進，命中率都在 30% 左右。

其次，做比較的兩者在分層資料中的分配比例不同。例如，柏克萊的男同學更多申請了比較容易通過的物理學院，而女同學則更多申請了比較難通過的文學院。所以，雖然分層看，男同學在兩個學院的錄取比例都低，但整體來講，男同學通過的比例反而會高一些。

再來看治療腎結石的例子：大結石本身治癒率就低，很多患者都選擇了難度較大的開放療法；小結石容易被治癒，大部分患者則選擇了創傷較小的微創療法。所以，微創療法的整體治癒率會高一些——它治療了更多輕症患者。

同樣的道理，詹姆斯雖然兩分球和三分球的命中率都更高，但他投

了五千四百零九個三分球，拉低了自己的平均命中率。而馬龍整個職業生涯只投了三百一十個三分球，於是他的整體命中率就會接近兩分球的命中率，使得他的平均命中率比詹姆斯高了。

如果一個人多做成功率高的事，就會讓他的整體成功率變高，這就是辛普森悖論的本質。

五、辛普森悖論的幾何解釋

我們還可以透過幾何的方法來研究這個問題。

把投籃次數和命中次數畫在直角坐標系中，橫坐標是出手次數，縱坐標是命中次數，詹姆斯的兩分球和三分球向量圖如圖 1.6-1 所示：

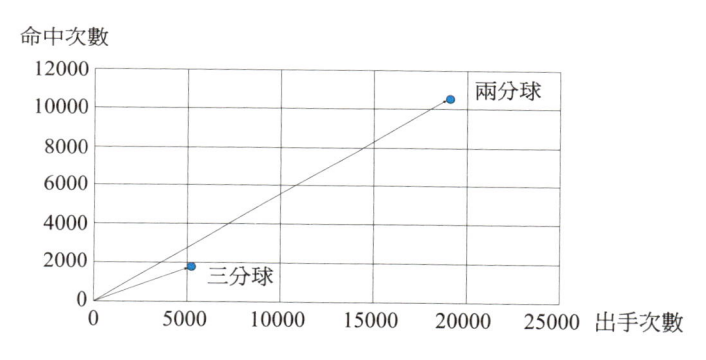

圖 1.6-1　詹姆斯的兩分球和三分球情況

一條直線的斜率 k 等於縱坐標與橫坐標之比，本例中就表示投籃命中率——直線愈陡，命中率愈高；直線愈平緩，命中率愈低。圖中表示出兩分球的命中率高於三分球。

整體投籃命中率怎麼計算呢？數學上可以證明：只要用兩分球向量和三分球向量為鄰邊做一個平行四邊形，這個平行四邊形的對角線就表示整體投籃情況，它的斜率就表示整體命中率（圖 1.6-2）。

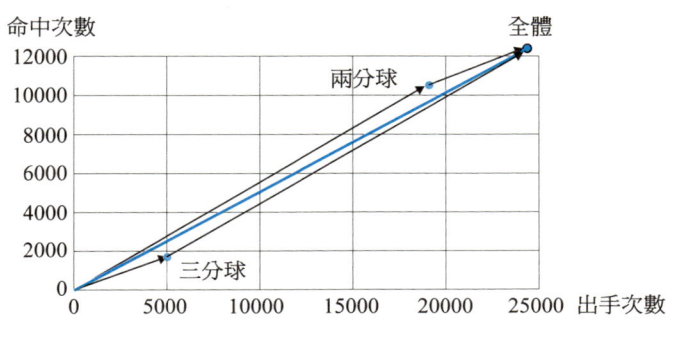

圖 1.6-2　詹姆斯的兩分球和三分球情況

再進一步：為什麼馬龍的兩分球和三分球命中率都更低，但整體命中率卻更高呢？請看圖 1.6-3：

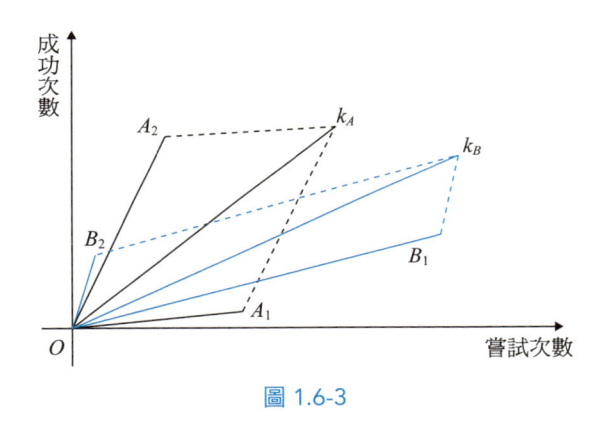

圖 1.6-3

注：圖表僅為斜率關係示意圖，不表示真實出手次數與成功率。

用黑色線表示馬龍的資料，藍色線表示詹姆斯的資料。馬龍的三分球命中率（OA_1 的斜率）低於詹姆斯（OB_1 的斜率），馬龍的兩分球命中率（OA_2 的斜率）也低於詹姆斯（OB_2 的斜率），但馬龍的三分球出手少（OA_1 對應的橫坐標小）而兩分球出手多（OA_2 對應的橫坐標大），詹姆斯的三分球出手多（OB_1 對應的橫坐標大）而兩分球出手少（OB_2 對應的橫坐標小），利用平行四邊形法則求出整體命中率後，馬龍的就更高一些（Ok_A 斜率比 Ok_B 大）。

生活當中，每時每刻都會接觸到不同的資料。例如做為一個老師，要看學生們考試的平均分數；做為一個業務員，要看自己每個月的接單情況和成交率……雖然資料是客觀和真實的，但不同的人利用同樣的資料卻可以講出不同的故事。真實的資料所直觀展現的並不是全面的、最接近故事原貌的結果，所以大家一定要擦亮眼睛，甄別資料背後的意義。例如，圖 1.6-4 與圖 1.6-5 是我在網上找到的兩個城市某年六個月內中古屋成交均價走勢圖，你會得到什麼結論呢？

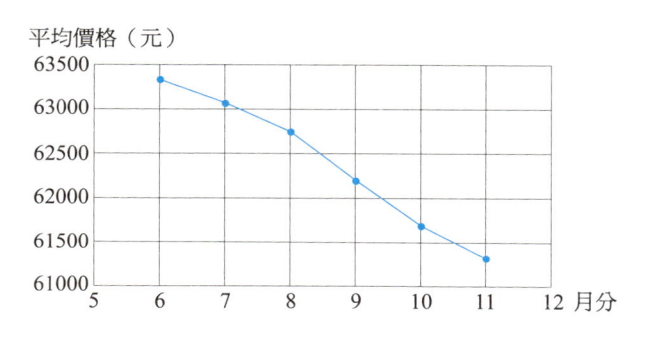

圖 1.6-4　城市 A 中古屋平均價格走勢

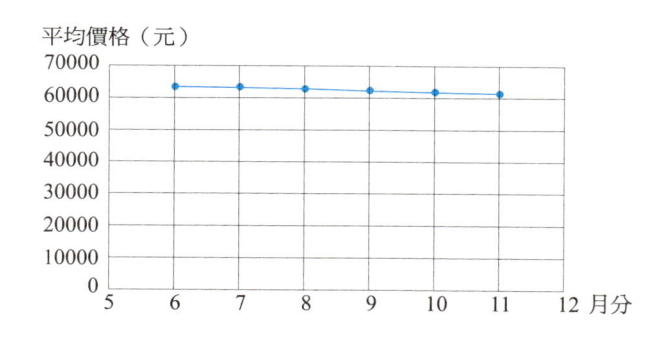

圖 1.6-5　城市 B 中古屋平均價格走勢

你是否會認為：城市 A 房價暴跌，而城市 B 房價平穩呢？其實，A 和 B 都是北京市，只是在作圖時，縱坐標（價格）的起始位置不同而已。

馬克‧吐溫（Mark Twain）說：「世界上有三種謊言：謊言、該死的謊言和統計數字。」

寒門為何總出貴子？

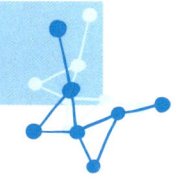

我們經常聽到一句話：寒門才能出貴子，富裕家庭裡的孩子都是紈褲子弟。事實真的是這樣嗎？

一　伯克森悖論

首先來討論一個有趣的統計學悖論：伯克森悖論。這是美國醫生和統計學家約瑟夫・伯克森（Joseph Berkson）在一九四六年提出的一個問題。

他研究一間醫院中患有糖尿病的病人和患有膽囊炎的病人，結果發現：患有糖尿病的人群中，患有膽囊炎的人數比例較低；而不患有糖尿病的人群中，患有膽囊炎的人數比例較高。這似乎說明：患有糖尿病可以保護病人不受到膽囊炎的折磨。但從醫學上講，無法證明糖尿病能對膽囊炎發揮任何保護作用，他將這個研究寫成論文〈用四格表分析醫院資料的局限性〉，並發表在雜誌《生物學公報》上，這個問題就稱為伯克森悖論。

解釋伯克森悖論其實並不難，悖論產生的最主要原因是：研究中統計的患者都是醫院的病人，因此忽略了那些沒有住院的人。

簡單地說，假設一個人只患有兩種疾病：糖尿病和膽囊炎。畫一個平面直角坐標系：橫坐標表示一個人患有糖尿病的嚴重程度，縱軸表示一個人患有膽囊炎的嚴重程度，再把每一個人按照兩種疾病的輕重程度畫在坐標系中（圖 1.7-1）。

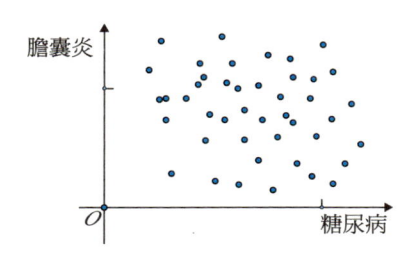

圖 1.7-1　全體人群患糖尿病和膽囊炎的情況分布

如果對全體人群進行統計，就會發現：糖尿病和膽囊炎沒有相關性。但如果只對醫院的患者進行統計，就會出問題：如果病人的糖尿病或膽囊炎都比較輕微，病人就不需要住院，所以不會被統計到；來到醫院的病人不是糖尿病嚴重，就是是膽囊炎嚴重，不然就是二者兼有。

所以，如果統計住院的病人，圖像左下角的人都會消失，因為這些人不會在統計的範圍內。大家再看，這回糖尿病和膽囊炎就表現出負相關了——未患糖尿病的人，更有可能患有膽囊炎；而患有糖尿病的人，患有膽囊炎的比例就下降了（圖 1.7-2）。

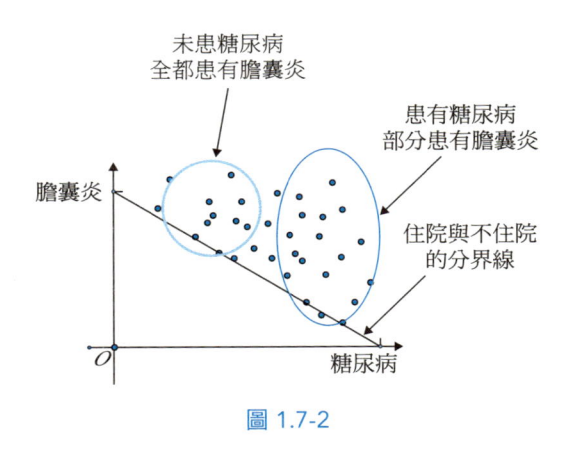

圖 1.7-2

還可以用具體資料解釋這個問題。例如有一百人，糖尿病的患病率 50%，膽囊炎的患病率也是 50%，二者都患有和都未患的各占 25%，如表 1.7-1 所示：

表 1.7-1

	未患糖尿病人數	患有糖尿病人數
患有膽囊炎人數	25	25
未患膽囊炎人數	25	25

身體健康的人不住院，在醫院進行統計時，會忽略健康的二十五人，只統計患病的七十五人。這七十五人中，患有糖尿病的有五十人，其中二十五人患有膽囊炎，比例 50%，用數學運算式表示就是

$$P(患糖尿病的條件下患膽囊炎) = \frac{25}{50} = 50\%$$

未患糖尿病的有二十五人，全都患有膽囊炎，比例 100%，用數學運算式表示就是

$$P(未患糖尿病的條件下患膽囊炎) = \frac{25}{25} = 100\%$$

原本糖尿病和膽囊炎沒有任何關係，但因統計的偏差，造成患有糖尿病的人患膽囊炎比例低的錯誤印象，由此形成伯克森悖論。

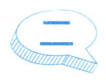

二 學習愈努力成績愈差？

其實生活中隨處可見伯克森悖論，例如曾有一位國中生很苦惱地向我諮詢：為什麼無論如何努力成績都不理想？為什麼班裡許多人不怎麼學習，成績還特別好？

我們來畫一個平面直角坐標系，橫軸代表刻苦程度，縱軸代表分數，每一名學生都對應了這個座標平面上的一個點（圖 1.7-3）。可以將學生分為四個區域，分別是：

・學習刻苦分數又高的——學霸；
・學習刻苦分數又不高的——學弱；
・從不學習但分數還是很高的——學神；

・從不學習且分數很低的——學渣。

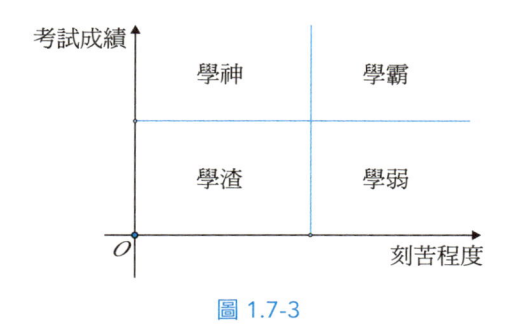

圖 1.7-3

　　學習的刻苦程度和成績好壞肯定是正相關，就是學霸和學渣比較多，而學神和學弱都是少數。這是一個符合邏輯的猜測。

　　假設有一百名同學，其中學霸有三十人，學渣有三十人，學弱和學神各有二十人（圖 1.7-4）。現在關注左下角的學渣：這些人學習成績不好，又不愛學習，很大一部分人勉強完成義務教育，國中畢業就不願意繼續讀書了。如果你在某些中學裡，周圍的同學可能很少有學渣，他們不是成績好的學霸、學神，就是成績不好卻特別刻苦的學弱，透過免試入學或其他方法進入明星高中。於是，當你環顧四周時，你總是看不到學渣。

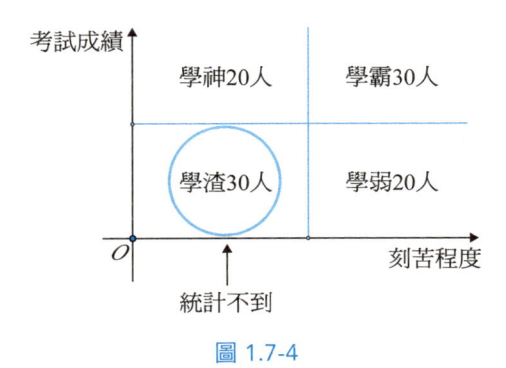

圖 1.7-4

第一章　統計問題　067

現在,這名同學周圍還有三類人:學神二十人、學霸三十人、學弱二十人。這些人中,刻苦學習的有五十人,其中成績好的有三十人(學霸),比例為 60%,即

$$P(努力學習的條件下成績好)=\frac{30}{50}=60\%$$

不刻苦學習的有二十人,全都是學神,成績好的比例 100%,即

$$P(不努力學習的條件下成績好)=\frac{20}{20}=100\%$$

於是形成了伯克森悖論:愈努力,成績愈不好;不努力,成績反而好。

三 寒門才能出貴子?

再舉一個伯克森悖論的例子——寒門貴子。

經常有人說:寒門子弟更容易升入著名學府成才,而富貴家庭的孩子因為缺少危機意識往往會淪為紈褲子弟。這是真的嗎?

實際上,可以仿照剛才的做法,畫出一個平面直角坐標系,橫坐標代表家庭環境,縱坐標代表個人成就,把所有人分成四類,如圖 1.7-5 所示:

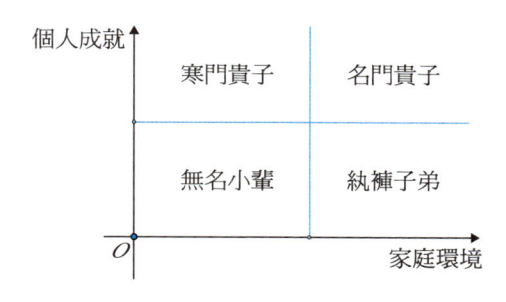

圖 1.7-5

其實優越的家庭，孩子能有機會受到更好的教育，更有可能成為一個傑出的人。例如著名建築學家和文學家林徽因，父親林長民是清末政治家、外交家、教育家、書法家，祖父林孝恂是光緒年間的進士。林徽因的丈夫梁思成是著名建築學家，他的父親梁啟超就更不用說了，是清末著名政治家、思想家和教育家。

寒門子弟由於缺少物質條件，學習條件沒有富貴家庭好，想成為貴子必須克服一個又一個誘惑。像麥可・法拉第（Michael Faraday）一樣，只上兩年小學，最終能憑著對科學的熱愛成為偉大科學家的人其實並不多。

可是如果一個寒門子弟一無所成，根本不會進入討論範圍，所以在圖中左下角的「無名小輩」被自動忽略了。我們在社交媒體甚至街頭巷尾議論的富家子弟，有的有成就，有的沒成就；而寒門子弟，100％都是有所成就的，這也是伯克森悖論。

四　長得帥的都是渣男嗎？

再舉一個例子，有些女生覺得：長得帥的男生都是渣男，長得醜的男生反而很安全。真的是這樣嗎？

還是把所有男生按照長相和性格分成四類，分別是高富帥、暖男、渣男和矮醜窮（圖 1.7-6）。

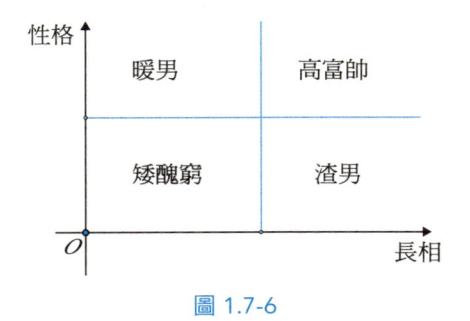

圖 1.7-6

由於女生相親時，如果遇到長相和性格都不好的男生——矮醜窮，大部分都直接過濾掉了，壓根不在考慮範圍內。所以，在相親的女生眼中，通常只會看到三類人：暖男、高富帥和渣男。這三類人裡，長得帥的人有一半是渣男，而長得不帥的人全都是暖男，形成了伯克森悖論。

　　你瞧：統計數字經常會欺騙我們！

第二章
機率問題

- ▲ 幾個有趣的機率問題
- ▲ 四隻鴨子的機率問題和伯特蘭悖論
- ▲ 為何我總是這麼倒楣？
- ▲ 為什麼久賭無贏家？
- ▲ 葫蘆娃救爺爺，為何一個一個上？

幾個有趣的機率問題

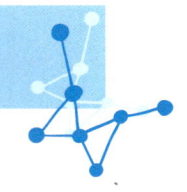

一　蒙提霍爾問題

有一部美國電影《決勝21點》，講述了幾個數學天才少年大鬧賭城拉斯維加斯的故事。這部電影描述了一個遊戲，也就是著名的「蒙提霍爾問題」的背景。

遊戲規則是：在玩家面前有三扇門，其中一扇門後面有汽車，另外兩扇門後面有羊。玩家不清楚每扇門後面有什麼，會隨機選定一扇門，從而獲得門後的獎品。當然，玩家更希望獲得汽車。

為了讓遊戲更有樂趣，玩家指定一扇門後，會打開另外一扇玩家沒有指定的門。因為主持人知道每扇門後面是什麼，所以他會保證打開的這扇門背後一定不是汽車，而是一隻羊。

然後，主持人會問玩家一個問題：「你是否要改變選擇，去選擇另一扇沒有打開的門？」

這是一個很有趣的遊戲，很多人覺得此時換門與不換門，中獎機率都是50％。但數學家們卻不這麼認為，經過計算，此時玩家如果更換選定的門，拿到汽車的機率會提高一倍。

其實這不難理解。

首先假定玩家不換門，而是自始至終認定一扇門，主持人開哪扇門都與玩家無關。在三扇門中選出中獎的那一扇門，概率為 $\frac{1}{3}$。

如果玩家換門呢？不妨假設汽車就在第一扇門後面，另外兩扇門後面是山羊，然後分三種情況討論。

第一，假如玩家最初選定的是一號門，此時主持人會隨機打開二號

門和三號門兩扇門中的一扇，門後面是一隻羊（圖 2.1-1）。這種情況下，玩家如果更換選擇，就沒辦法中獎獲得汽車了。

圖 2.1-1

第二，假如玩家最初選定的是二號門，此時主持人會打開三號門給玩家看（圖 2.1-2）。這種情況下，如果玩家更換選擇，就能中獎獲得汽車。

圖 2.1-2

第三，如果玩家最初選定的是三號門，由於汽車在一號門後面，此時主持人會打開二號門給玩家看（圖 2.1-3）。這種情況下，如果玩家更換選擇，也能中獎獲得汽車。

圖 2.1-3

綜上所述，如果玩家決定更換選擇，在全部三種情況中，玩家有一種情況會錯過汽車，有兩種情況能獲得汽車，決定換門的話，中獎機率為 $\frac{2}{3}$。

如圖2.1-4，可以把全部情況列出來，同樣會發現：如果堅持不換門，三種情況中有一種可以獲得汽車；如果決定換門，三種情況中有兩種可以獲得汽車。你瞧：不換門中獎機率是 $\frac{1}{3}$，換門中獎機率是 $\frac{2}{3}$，是不是換門更好一些？

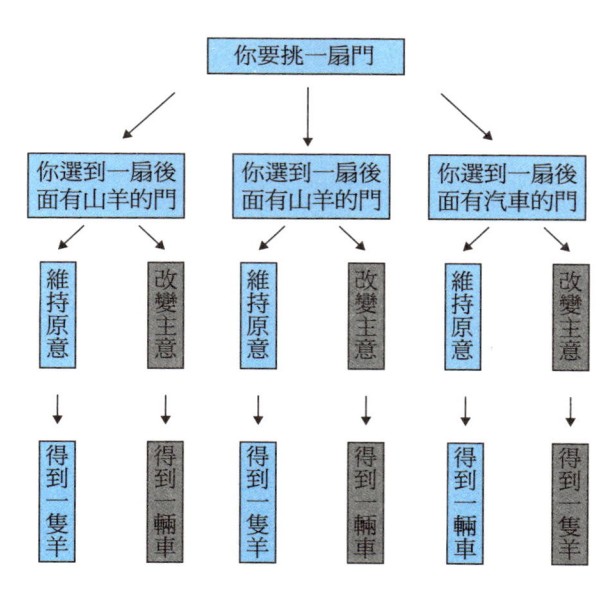

圖 2.1-4

可是，為什麼更換選擇會造成中獎率的提高呢？

這是因為：最初玩家選擇時，三扇門中只有一扇能中獎，因此中獎的機率為 $\frac{1}{3}$，不中獎的機率為 $\frac{2}{3}$，或者說獎品在另外兩扇門後的機率為 $\frac{2}{3}$。現在主持人去掉了一個錯誤的答案，另外兩扇門的 $\frac{2}{3}$ 中獎機率就集中到其中一扇門上了（圖 2.1-5）。如果我們更換了選擇，中獎機率自然就提高了。

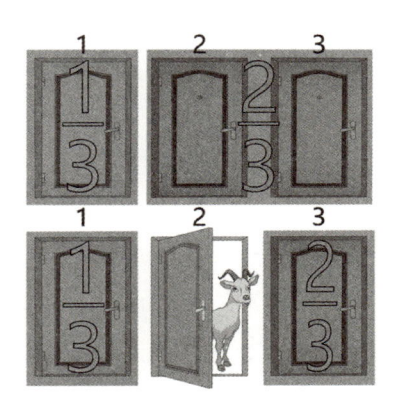

圖 2.1-5

如圖 2.1-6，可以把遊戲改得更誇張一些：如果有一百扇門，只有一扇門的後面有汽車。隨機指定一扇門，中獎機率只有 1%，另外 99% 的可能是：獎品在其餘的九十九扇門後。

然後，主持人打開了另外九十八扇沒有獎品的門，相當於去掉九十八個錯誤選項，這樣 99% 的中獎機率就集中在餘下的那一扇既沒有被我們選定，也沒有被主持人打開的門裡了。此時我們肯定要更換選擇，因為這樣我們中獎的機率就從 1% 提高到 99% 了。所以，更換門能夠提高中獎率，是因為好心的主持人幫我們去掉了錯誤的選項。

最初選定
中獎率1%

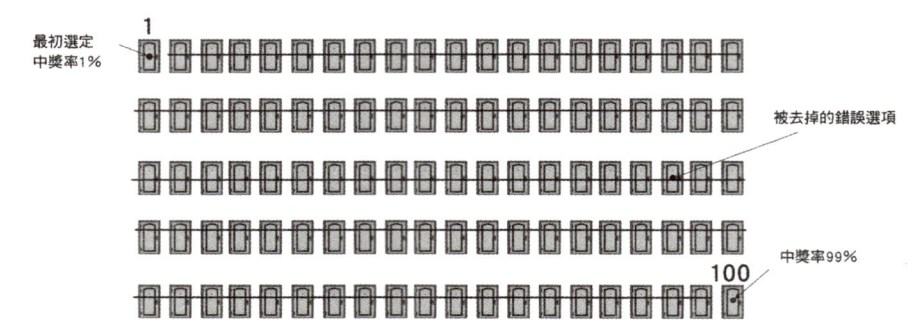

被去掉的錯誤選項

中獎率99%

圖 2.1-6

如果我們在生活中遇到了類似問題，說不定也可以用到蒙提霍爾問題的思路。

二 紅球、藍球問題

除了蒙提霍爾問題，還有一個在網路上爭論了很久的問題：紅球、藍球問題。好幾個社群平臺上，網友們各執一詞，爭論不休。這個問題是這樣的：如圖 2.1-7，有三個不透明的盒子，一個盒子裡裝有兩個紅球，一個盒子裡裝有兩個藍球，一個盒子裡裝有一個紅球和一個藍球。有一個人閉著眼睛從其中一個盒子中摸出一個球，睜眼一看這個球是紅球。請問，他選擇的這個盒子裡另外一個球也是紅球的機率有多大？

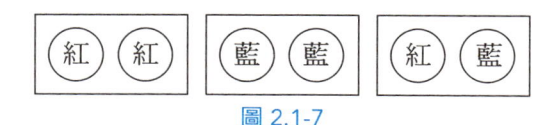

圖 2.1-7

網友主要有兩種觀點，第一種觀點認為答案是 $\frac{1}{2}$，原因如下：

有人從這個盒子裡拿出了紅球，說明這個盒子不可能裝兩個藍球，而只能是裝兩個紅球，或者一個紅球、一個藍球（圖 2.1-8）。

圖 2.1-8

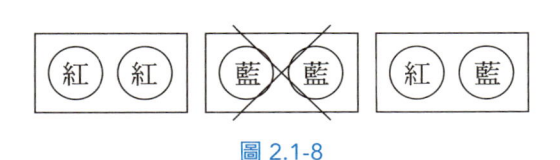

　　這兩種可能中，只有一種可能盒子裡裝了兩個紅球，才滿足題目所說的「另一個球也是紅球」，於是這種情況的機率就是 $\frac{1}{2}$。

　　第二種觀點認為答案是 $\frac{2}{3}$，原因如下：

　　這個人隨機選了一個盒子中的一個球，因此他有六種可能的選擇。在這六種可能的選擇中，只有三種選擇能摸出紅球，即他摸出的球可能是 A、B 或 C（圖 2.1-9）。

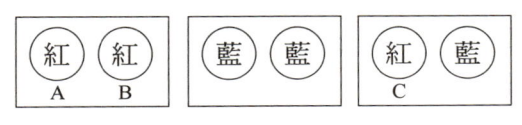

圖 2.1-9

　　這三種情況中，如果摸出的球是 A 或 B，就滿足題目所說「另一個球也是紅球」的條件；如果摸出的球是 C，就不滿足條件。在三種可能的情況下有兩種情況滿足條件，因此答案為 $\frac{2}{3}$。

　　孰是孰非？

　　答案非常明確：$\frac{1}{2}$ 是錯誤的，$\frac{2}{3}$ 是正確的。

　　要說明第一種解法的錯誤其實不難，我們來分析一下摸出紅球的過程：首先，它說明這個盒子不可能裝有兩個藍球。同時，也暗示了這個盒子更可能裝有兩個紅球。這是因為，如果這個人選擇了裝有兩個紅球的盒子，則他 100％ 會在第一次摸出紅球；但如果他選的盒子裝有一紅一藍，則只有 50％ 的可能摸出紅球。那麼現在他的確摸出了紅球，所以他選擇的盒子是二紅的機率就超過了一紅一藍。

　　我們打個比方，想判斷一個人是學霸還是學渣，可以出個題測一測。假定：學霸會做所有的題，學渣只會做一半的題。一個人站在我們

面前，他有50%的可能是學霸，也有50%的可能是學渣。現在隨機出一個題考他，他會做，從機率意義上講更可能是學霸。這種情況下，如果再出一個題，他能做出來的可能性也會增加。

第二種解法則十分明確：隨機摸球共有三種可能摸出紅球，所有情況的出現都是等機率的。其中有兩種情況盒子中另一個球依然是紅球，因此機率為 $\frac{2}{3}$ 準確無誤。

這個問題還能說得更明確一點嗎？其實，還可以使用條件機率的貝氏定理快速求出答案。

數學家湯瑪斯·貝斯（Thomas Bayes）提出了條件機率公式，這個公式討論了兩個相關事件之間的機率問題。例如：A 和 B 是兩個相互關聯的事件，$P(A)$ 和 $P(B)$ 分別表示「A 發生的機率」和「B 發生的機率」，$P(AB)$ 表示「A 和 B 都發生的機率」，表示 $P(B|A)$「在 A 發生的條件下 B 發生的機率」，就有公式

$$P(B|A) \frac{P(AB)}{P(A)}$$

公式表示：在 A 發生的條件下 B 發生的機率，等於 A 和 B 同時發生的機率與 A 發生的機率之比。

這個問題中，事件 A 表示「第一次摸出紅球」，事件 B 表示「兩個球都是紅球」，於是我們的問題——第一次摸出紅球的情況下，第二個球也是紅球的機率就是 $P(B|A)$。

先看事件 A：由於共有六個球，其中有三個紅球，因此機率 $P(A) = \frac{3}{6} = \frac{1}{2}$。

再看事件 AB：只要事件 B 發生，事件 A 一定發生，所以事件 AB 和事件 B 的機率相同。由於三個盒子中只有一個盒子裡的兩個球是紅球，所以 $P(AB) = P(B) = \frac{1}{3}$。

代入貝氏定理得到

$$P(B|A) = \frac{P(AB)}{P(A)} = \frac{\frac{1}{3}}{\frac{1}{2}} = \frac{2}{3}$$

三 三個囚犯問題

利用貝氏定理，很多機率問題都能迎刃而解。例如一九五九年，馬丁·葛登能在「數學遊戲」專欄中提出了「三個囚犯問題」：

有甲、乙、丙三個囚犯都被判處了死刑。有一天，三個人中的一個被赦免了。典獄長吩咐獄卒不能告訴他們是被赦免了還是依然要被處決。但甲忍不住偷偷問獄卒自己的情況。獄卒說：「我不能告訴你你的結局，也不能告訴你誰被赦免，這是典獄長的規定。」甲實在好奇，於是又問獄卒：「那你能不能在不違反規定的情況下透露一點資訊給我呢？」獄卒思考了一下說：「好吧，我可以告訴你，乙將會被處決。」甲非常高興，覺得自己被赦免的機率從 $\frac{1}{3}$ 提高到了 $\frac{1}{2}$。

事實真的如此嗎？我們依然採用貝氏定理：

事件 A 表示「獄卒告訴甲，乙被處死」；事件 B 表示「甲被赦免」，題目中的問題就變成求機率 $P(B|A)$。

按照貝氏定理，首先計算 $P(AB)$ 的機率，即甲被赦免，且獄卒告訴他乙被處死的機率：甲被赦免的機率只有 $\frac{1}{3}$；當甲被赦免時，乙和丙都將被處死。當甲跑去問獄卒時，獄卒可以告訴他乙被處死，也可以告訴他丙被處死，最終獄卒說乙被處死，這個機率是 $\frac{1}{2}$。所以，甲被赦免且獄卒告訴他乙被處死的機率為

$$P(AB) = \frac{1}{3} \times \frac{1}{2} = \frac{1}{6}$$

再來計算 $P(A)$ 的機率，即獄卒告訴甲說乙被處死的機率。這要分三種情況討論：

①甲被赦免，且獄卒告訴他乙被處死。這個機率剛才討論過，是 $\frac{1}{6}$。

②乙被赦免，且獄卒說乙被處死。顯然這是矛盾的，機率為 0。

③丙被赦免，且獄卒說乙被處死。丙被赦免的機率是 $\frac{1}{3}$，甲去問獄卒時，獄卒不能說甲被處死，當然也不會說丙被處死，於是獄卒必須說乙被處死才有一點懸念，所以丙被赦免的話，獄卒將別無選擇，只能說乙被處死。這種情況的機率就是 $\frac{1}{3}$。

綜上，獄卒說乙被處死的機率為

$$P(A) = \frac{1}{6} + 0 + \frac{1}{3} = \frac{1}{2}，$$

代入貝氏定理，獄卒告訴甲「乙被處死」的前提下，甲被赦免的機率為

$$P(B \mid A) = \frac{P(AB)}{P(A)} = \frac{\frac{1}{6}}{\frac{1}{2}} = \frac{1}{3}$$

你瞧：甲問了獄卒之後，生存機率沒有提高。相反，一直沉默的丙獲得赦免的機率提高到了 $\frac{2}{3}$。

最後給大家留一個思考題吧！有一個酒鬼每天都有 90% 的機率出門喝酒。如果他出去喝酒，只會去 A、B、C 三個酒吧之一，而且去每個酒吧的機率相等。有一天，員警想抓住這個酒鬼，去了 A、B 兩個酒吧都沒有發現他。請問：員警在第三個酒吧抓住酒鬼的機率有多大？

四隻鴨子的機率問題和伯特蘭悖論

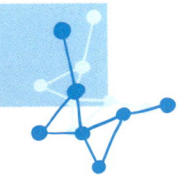

一　四隻鴨子

有一個很古老的數學問題：

如圖 2.2-1，四隻鴨子在一個圓形的水池裡，每隻鴨子的位置都是隨機的。請問這四隻鴨子在同一個半圓裡的機率有多大？

圖 2.2-1

我看了網路上不少人的解法，都太複雜了。其實這個問題難度不大，可以用下面的方法：

首先，把每隻鴨子和圓心連線，如圖 2.2-2，會發現連線的長度不重要，我們關心的是連線的角度——只要夾角最大的兩條線之間的夾角小於 180°，就能滿足要求。既然如此，可以讓鴨子分布在一個圓環上。這樣就把問題從一個二維平面問題，變成一個一維圓周問題了。

第二章　機率問題

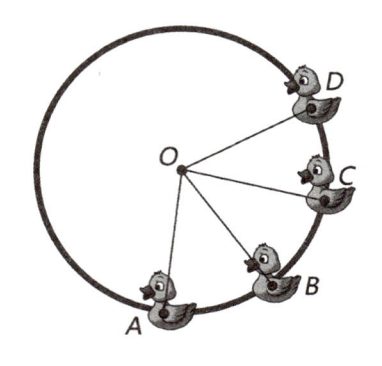

圖 2.2-2

假設所有鴨子的頭都朝著一個方向（例如順時針），如圖2.2-3，如果鴨子的分布滿足要求，那麼一定能找到一隻「鴨王」，鴨王的條件是：

・鴨王處於所有鴨子的最前頭；
・鴨王身後跟了三隻鴨子，且三隻鴨子與鴨王形成的夾角都小於180°。

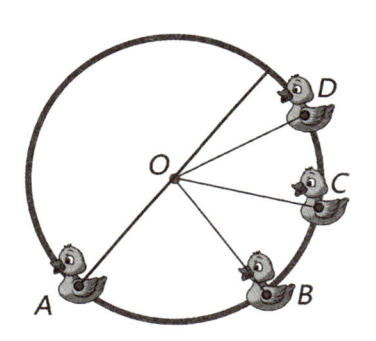

圖 2.2-3

如果能找到鴨王，四隻鴨子就一定在一個半圓裡。反之，如果鴨子不在同一個半圓裡，你不可能找到一隻鴨王，讓其餘的三隻鴨子都在牠身後，且與牠形成的夾角小於180°。這樣「鴨子在同一個半圓裡」的問題，就等同於「存在鴨王」的問題。

我們繼續思考：存在鴨王的機率有多大？如果這四隻鴨子分別是 A、B、C、D，每隻鴨子都可以當鴨王，且不能同時有兩隻鴨子當鴨王，所以「存在鴨王」的機率等於 A、B、C、D 分別稱王的機率之和，即

$$P(存在鴨王)=P(A鴨王)+P(B鴨王)+P(C鴨王)+P(D鴨王)$$

A 當鴨王的機率有多大呢？如果 A 當鴨王，就以 A 為界限，前後各有 180° 的範圍。B、C、D 三隻鴨子都需要分布在 A 後方的 180° 範圍裡。由於每隻鴨子都隨機分布，B、C、D 都在 A 身後 180° 的範圍裡的機率是 $\left(\dfrac{1}{2}\right)^3$，這就是 A 當鴨王的機率。同理，B、C、D 中任一隻當鴨王，機率也是這麼大。

所以，四隻鴨子在同一個半圓裡，機率為

$$P(存在鴨王)=\left(\dfrac{1}{2}\right)^3+\left(\dfrac{1}{2}\right)^3+\left(\dfrac{1}{2}\right)^3+\left(\dfrac{1}{2}\right)^3=\dfrac{1}{2},$$

即 50%。

怎麼樣？這樣看來這個問題也沒有那麼難。我們還可以稍微做一點引申：假如有 n 隻鴨子在同一個圓形水池中，分布在同一個半圓裡的機率有多大（圖 2.2-4）？

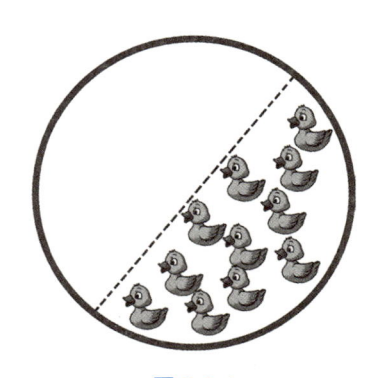

圖 2.2-4

顯然，這 n 隻鴨子都可以當鴨王，鴨王身後要跟著 $(n-1)$ 隻鴨子，每一隻鴨子在鴨王身後的機率都是 $\frac{1}{2}$，所以鴨王存在的機率是

$$P(存在鴨王)=\underbrace{\left(\frac{1}{2}\right)^{n-1}+\left(\frac{1}{2}\right)^{n-1}+\cdots+\left(\frac{1}{2}\right)^{n-1}}_{n個}=\frac{n}{2^{n-1}}$$

還能再厲害一點嗎？

如圖 2.2-5，假如有 n 隻鴨子，隨機分布在一個圓形水池中，所有鴨子都在一個角度小於 θ 的扇形裡的機率有多大？

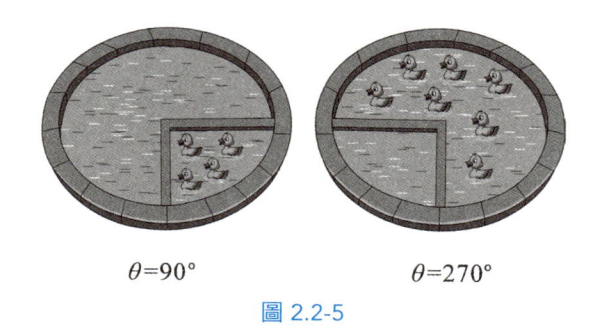

$\theta=90°$ $\theta=270°$

圖 2.2-5

對於這個問題，許多朋友給出了答案：只需用 $\frac{\theta}{360°}$ 替代 $\frac{1}{2}$ 即可，也就是

$$P(存在鴨王)=\underbrace{\left(\frac{\theta}{360°}\right)^{n-1}+\left(\frac{\theta}{360°}\right)^{n-1}+\cdots+\left(\frac{\theta}{360°}\right)^{n-1}}_{n個},$$

$$P(存在鴨王)=n\times\left(\frac{\theta}{360°}\right)^{n-1}$$

但只有在 $\theta<180°$ 時，上面的結果才成立。如 $\theta>180°$，很容易驗證上面的結果是不正確的。原因在於：當 $\theta>180°$ 時，滿足條件的鴨王不只一隻！此時問題將會變得非常複雜。目前我還沒有計算出來，如果有朋友能計算出來，歡迎在網路上給我留言指教。

二、伯特蘭悖論

我在網路上講四隻鴨子的機率問題時,有人給我留言說:這會不會產生伯特蘭悖論呢?想要回答這個問題,要先搞清楚什麼是伯特蘭悖論?

法國數學家約瑟·伯特蘭(Joseph Bertrand)提出一個機率問題:在一個圓內作出一個內接正三角形,設內接正三角形的邊長為 a。如圖 2.2-6,如果在圓內再隨機做一條弦,弦長為 b,b 大於 a 的機率為多少?

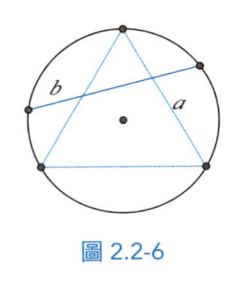

圖 2.2-6

這個問題看起來不難,但為什麼會形成悖論呢?因為伯特蘭給出三種不同的方法,會有三個不同的答案。

方法一:隨機端點法

如圖 2.2-7,在圓上選定一個點做為弦的一個端點,然後再在圓上隨機位置選定弦的另一個端點。不妨就把弦的起點選到三角形某個頂點 A,你會發現,當另一個端點在弧 BC 上時,弦的長度 b 才能超過正三角形的邊長。

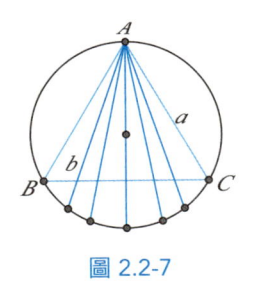

圖 2.2-7

第二章 機率問題 085

另一個端點在圓上隨機選擇，處於弧 BC 上的機率是 $\frac{1}{3}$，所以弦的長度 b 大於正三角形的邊長 a 的機率是 $\frac{1}{3}$。

方法二：隨機半徑法

如圖 2.2-8，在圓中隨意作一條半徑 OD（為了看起來方便，就讓 OD 和 BC 垂直吧）。然後，在半徑 OD 上任意取一點 E，過 E 點作與半徑 OD 垂直的弦，你能發現這條弦什麼時候比正三角形的邊長更長嗎？

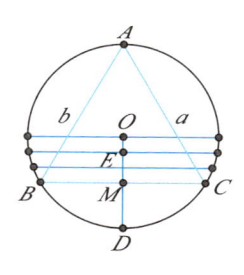

圖 2.2-8

顯然，只有 E 點位於 OM 之間時，弦的長度 b 才會大於三角形的邊長 a。經過簡單的計算，我們會發現 $OM = \frac{1}{2}R$，E 位於 OM 之間就表示 $OE < \frac{1}{2}R$，因為 E 點在 OD 上均勻分布，所以 $OE < \frac{1}{2}R$ 的機率是 $\frac{1}{2}$，因此弦的長度 b 比正三角形的邊長 a 長的機率也是 $\frac{1}{2}$。

方法三：隨機中點法

如圖 2.2-9，在正三角形內部任取一點 E，以 E 點為弦的中點作一條弦。你會發現：只有 OE 的長度比較小時，弦的長度 b 才能大於正三角形的邊長 a。

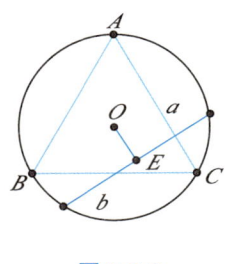

圖 2.2-9

和第二種方法一樣，只有 $OE < \frac{1}{2}R$ 時，弦的長度 b 才會超過正三角形的邊長 a。那麼，E 必須分布在一個半徑為 $\frac{R}{2}$ 的小圓形裡，才會滿足條件，如圖 2.2-10 所示：

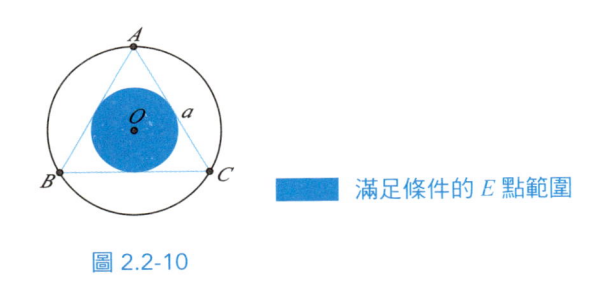

圖 2.2-10

■ 滿足條件的 E 點範圍

整個圓形的面積是 πR^2，滿足條件的 E 點占有的面積為 $\pi \left(\frac{R}{2}\right)^2$，所以 E 點滿足條件的機率是 $\frac{1}{4}$，即弦的長度 b 超過正三角形的邊長 a 的機率為 $\frac{1}{4}$。

同樣一個問題，怎麼會有三種不同的答案？是不是計算出了問題呢？我特意用電腦類比了三種方法，如表 2.2-1 所示，結果發現：模擬的結果基本印證了我們的計算，三種不同的方法得出的結論就是不一致的。

表 2.2-1

	隨機端點法	隨機半徑法	隨機中點法
模擬次數	401	276	515
b>a 的次數	134	143	140
b>a 的機率	33.4%	51.8%	27.2%

其實，這個悖論的出現是因為我們對「隨機」二字有不同的理解。舉一個簡單的例子：有一個正方形，邊長在 10～20 cm 之間，大小隨機，請問它的面積小於 225 cm² 的機率有多大？

我們知道：面積小於 225 cm² 的正方形，邊長小於 15 cm，但對這個問題，還是有兩種不同理解會獲得兩個不同的答案。

理解一：認為「大小隨機」是指「正方形的邊長在 10～20 cm 之間均勻分布」，那麼「邊長小於 15 cm，面積小於 225 cm²」的機率就是 $\frac{1}{2}$。

理解二：認為「大小隨機」是指「正方形的面積在 100～400 cm² 之間均勻分布」，那麼「面積小於 225 cm²」的機率就是 $\frac{225-100}{400-100} = \frac{125}{300} = \frac{5}{12}$。

對於「大小隨機」這四個字，到底理解成「邊長大小隨機」還是「面積大小隨機」，有不同的理解就會得出不同的答案。

同樣的，伯特蘭悖論的三種方法對「隨機弦」的理解也不同。

第一種方法中，把隨機弦理解成「弦的方向隨機」，就是認為弦切角在 0°～180° 之間均勻分布，當它在 60°～120° 之間時，弦的長度 b 大於正三角形的邊長 a，因此機率為 $\frac{1}{3}$，如圖 2.2-11 所示：

弦切角 θ 大小隨機

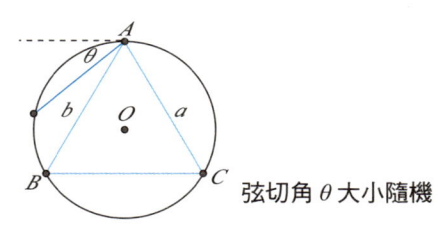

圖 2.2-11

　　第二種方法中，把隨機弦理解成「弦的中點到 O 點的距離隨機」，也就是認為弦的中點 E 在 $0 \sim R$ 之間均勻分布。當它在 $0 \sim \frac{1}{2}R$ 之間時，弦的長度 b 大於正三角形的邊長 a，因此機率為 $\frac{1}{2}$，如圖 2.2-12 所示：

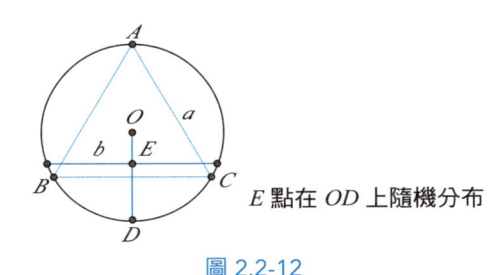

E 點在 OD 上隨機分布

圖 2.2-12

　　第三種方法中，把隨機弦理解成「弦的中點在整個圓的內部隨機分布」，這種理解其實意味著弦的中點到 O 點距離的平方隨機分布，即 OE^2 在 $0 \sim R^2$ 之間均勻分布。那麼，$OE^2 < \frac{1}{4}R^2$ 的機率就是 $\frac{1}{4}$ 了。

　　總而言之，伯特蘭悖論之所以有三種不同的答案，完全是因為對「隨機弦」的理解不同。其實在生活中，這樣的不同理解也很多。例如，有人說買彩券中五百萬元大獎的機率是 $\frac{1}{2}$，因為只有中和不中兩種可能，他就是認為中獎與不中獎是均勻分布的。而我們認為：雙色球每種號碼組合出現的機率是均勻分布的，那麼雙色球中頭獎的機率就差不多是 $\frac{1}{17720000}$ 了。顯然，後一種理解更合理。

　　前面討論的鴨子問題中，原題的描述是「每隻鴨子的位置都是隨機

的」，題目沒有說是怎樣的「隨機」，但「圓內隨機取一點」最常見的理解方式就是「在圓內均勻分布」。即使要理解為「均勻隨機取角度，再隨機取到圓心的距離」，我們的結論也是相同的。「在圓內隨機取一點」並不像「在圓內隨機作一條弦」一樣有那麼多自然的理解方式，所以原題也就不會出現伯特蘭悖論啦！

為何我總是這麼倒楣？

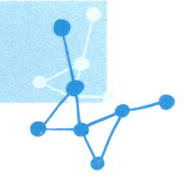

二〇一九年夏天，我為了參加同學聚會，破天荒去理髮了。可是在理髮時，理髮師居然剪到了我的耳朵，剪下了一條二公分長的肉。店家承擔了醫藥費，但拒絕做出其他賠償，還讓我有本事就去法院告他們，真是非常讓人氣憤。

可是我回到家一想：為什麼這麼倒楣的事情讓我遇到了呢？

其實每個人在生活中，都會遇到很倒楣的事，有時人們會說：這是墨菲定律在發揮作用。那麼，什麼是墨菲定律呢？

一、墨菲定律

二十世紀四、五〇年代，美國有位軍醫保羅・斯塔普（John Paul Stapp），他在新墨西哥州一處基地裡開展各種各樣的研究，想弄清楚人類究竟能承受多大的加速度，以便於航空航太飛行器的設計。

從一九五一年開始，斯塔普做了一系列加速度試驗。例如把自己綁在鞦韆的椅子上，然後讓椅子撞擊柱子驟然停下，檢查自身受到的衝擊和傷害（圖 2.3-1）。

圖 2.3-1　加速度試驗

　　一九五四年，斯塔普開始「找死」。他坐上了超音速火箭車，在極短時間內加速到大約二倍音速，然後又在一‧四秒內減速到停止，剎車加速度達到 460 m/s^2，也就是大約四十六倍重力加速度（圖 2.3-2）。

圖 2.3-2　火箭車試驗

　　試驗結束後，斯塔普的肋骨骨折，眼球差點飛出來，視網膜脫落，因此還失明了一段時間。不過，他也因此登上了《時代》週刊的封面。

　　這次試驗過程中，工程師愛德華‧墨菲（Edward A. Murphy）負責設計加速度計。有一次，墨菲的助手把加速度計安裝到火箭車上，試驗之後卻沒有看到任何讀數。助手向墨菲報告說：「加速度計壞了。」墨菲趕到現場卻發現：助手把所有的加速度計都裝反了。

於是，墨菲感慨道：「如果一件事情有可能會出錯，那麼它就一定會出錯。」

後來，這句話幾經傳播，就被稱為「墨菲定律」：如果壞事可能發生，無論發生的可能性多小，都一定會發生。如果做一件事有兩種以上的方法，其中一種會導致災難，就一定有人會做出這種選擇。

每當我們遇到倒楣事時，總是會想到它。

二、生活中的墨菲定律

生活中有許多墨菲定律的例子，最典型的就是奶油麵包。

如果一片麵包一面塗了奶油，然後不慎掉到地面上。假如沒有奶油那面向下，撿起來吹吹還可以吃。如果有奶油的這面向下著地，不只是不能吃了，清理起來還非常麻煩，但我們往往會發現有奶油的這面是向下的。

事實真的如此嗎？科學家羅伯特・馬修斯（Robert Matthews）為了驗證這種說法，做了一個宏偉的實驗：動員十三萬名學生將二百萬片奶油麵包從空中扔下，結果 62％ 是有奶油的一面朝下。馬修斯因此獲得了一九九六年「搞笑諾貝爾獎」。

再例如：買新車時總是特別愛惜，投保足夠的商業保險，結果一年、兩年、三年都不出事故，到了第四年，不買商業保險了，保險剛到期，就出了事故。我們不洗車，天也不下雨；我們一洗車，天就下雨，好像我們的汽車能夠人工降雨一樣。

上大學時只要一蹺課，老師就點名。只要出門時忘記帶鑰匙，家裡保證沒人。平時也不用理髮，結果要參加同學聚會，想保持一個好形象去理髮了，就被剪到耳朵。每當我們遇到這些倒楣事時，就會想到：這是墨菲定律在發生作用了。

三、為什麼每年都有空難？

為什麼會有墨菲定律呢？有人用物理學解釋：有奶油的一面更重，所以更容易朝下落地。有人從心理學角度解釋：洗車後下雨讓人印象深刻，所以覺得總是洗車後下雨。做為一本數學科普書的作者，我要從數學角度解釋一下這個問題。

首先，數學上可以證明：如果一件事情發生的次數夠多，小機率的意外也會變為必然事件。例如，理髮被剪到耳朵，絕對是小機率事件。但如果理髮的次數夠多，就有接近100％的機率遇到這種倒楣事。

用一種機率更低的倒楣事——空難來說明這個道理。飛機是世界上最安全的交通工具，坐飛機遇到空難的機率和在家裡被電視機砸死的機率差不多。可是每一年都多多少少會看到空難新聞，這是為什麼呢？

根據世界航空業的資料，飛機發生空難的機率大約是 $\frac{1}{2000000}$，也就是飛行二百萬架次飛機，平均只有一架發生空難。設這個機率是 P_A，則

$$P_A = \frac{1}{2000000} = 0.00005\%$$

那麼，一架飛機安全抵達目的地的機率 P_B 就是

$$P_B = 1 - P_A = 99.99995\%$$

你看，飛機還是很安全的。

假如一年中有 N 架次飛機起飛，都能安全抵達目的地的機率有多大呢？顯然，每架飛機安全的機率是 P_B，所有飛機都安全，應該利用乘法原理，機率是 $(P_B)^N$。相應的，至少有一架飛機發生空難的機率就是 $1-(P_B)^N$。

如表2.3-1，我們分別計算 $N=10000$、100000、1000000、10000000 時的機率情況。

表 2.3-1

飛機架次 N	全部安全的機率 $(P_B)^N$	至少有一次空難的機率 $1-(P_B)^N$
10000	99.50%	0.50%
100000	95.12%	4.88%
1000000	60.65%	39.35%
10000000	0.67%	99.33%

大家看：如果有一萬架次飛機起飛，有 99.50％ 的可能全部是安全的；如果有十萬架次飛機起飛，全部安全的機率就會下降到 95.12％；如果有一百萬架次飛機起飛，只有 60.65％ 的可能全部安全；如果有一千萬架次飛機起飛，便只有 0.67％ 的機率全部安全，相應的，有 99.33％ 的機率至少會有一架飛機遭遇空難，如圖 2.3-3 所示：

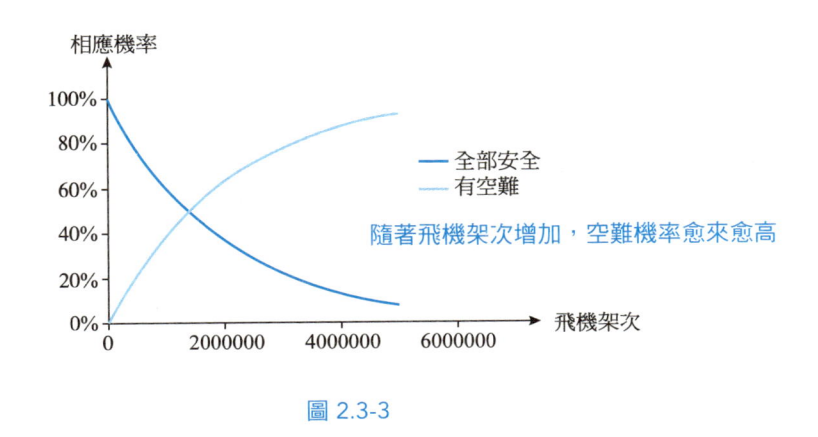

圖 2.3-3

實際上呢？二〇一九年，全球有三千四百萬架次飛機起飛。所以，每年都有空難發生幾乎是必然事件。這就是在樣本夠多時，小機率事件會變成必然事件。

不過大家也不用恐慌，因為我們的生命是有限的。如果我們三天坐一次飛機，連續坐一百年，也只能坐一萬次飛機，依然有 99.5％ 的機率不會遇到空難。所以，飛機依然是世界上最安全的交通工具。

同樣，理髮時被剪到耳朵是一個小機率事件，但在理髮的人夠多時，總會有人被剪到耳朵，只是這個人曾經是他、是我，說不定明天就輪到你了。

四　還有其他的解釋嗎？

還可以從另一個角度來闡述墨菲定律：有些事，不好的結果的可能情況遠多於好的結果的可能情況。

例如：去超市排隊結帳，我們的隊伍總是走得很慢，旁邊總有一個隊伍比我們快很多。為什麼呢？因為有十個結帳隊伍，你能選中最快隊伍的可能性只有 $\frac{1}{10}$，有 $\frac{9}{10}$ 的可能性存在比我們快的隊伍，但我們卻總盯著那個最快的隊伍。別人家的孩子總是比自己家的優秀，道理也是一樣的。

再以太空梭舉例。美國航太歷史上出現過許多次太空梭事故，例如「阿波羅1號」在地面上失火，「阿波羅13號」在太空中爆炸，還有「挑戰者號」、「哥倫比亞號」事故等。為什麼太空梭頻頻出事故呢？這是因為太空梭裡面有很多組件，任何一個組件出問題，太空梭都要出問題，所以太空梭出問題的可能性遠超過正常工作的可能性。列夫·托爾斯泰（Leo Tolstoy）在名著《安娜·卡列尼娜》開篇說道：「幸福的家庭總是相似的，不幸的家庭卻各有各的不幸。」我想，這和太空梭出事故的道理是一樣的。

我們應該如何看待墨菲定律呢？它告訴我們，在生活中每一個人都有可能遇到倒楣事。所以，涉及人身安全的問題，絕對不能夠掉以輕心。有些人喜歡開車時玩手機，可能開一百次車玩一百次手機都沒事，但如果持續這樣做下去，總有一天墨菲定律會發揮作用，到那時就後悔莫及了。

為什麼久賭無贏家？

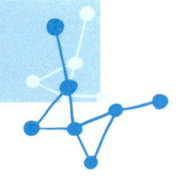

機率的問題最早起源於賭博，荷蘭科學家克里斯蒂安・惠更斯（Christiaan Huygens）寫過《論賭博中的計算》，就是最早關於賭博輸贏機率的論述。可是賭博是一項危害極大的活動，反賭必須年年講，月月講。今天我就要從機率的角度講講：為什麼久賭無贏家。

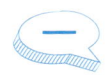

一、賭場優勢

為什麼久賭必輸？這首先是一個數學問題，因為賭場是遊戲規則的制定者，具有賭場優勢。

舉一個簡單例子。賭場裡最流行的遊戲是百家樂，這是一款撲克牌遊戲。牌桶裡有八副牌，荷官會給莊家和閒家各發二～三張牌，按照一定的規則比大小。你可以下注莊家大，或者閒家大，也可以下注和局。

具體的發牌規則比較複雜，我們不做討論，只要知道：由於發牌順序和規則，莊家和閒家獲勝的機率是不同的。如表 2.4-1，經過計算，在一次牌局中，莊家獲勝的機率是 45.86％，閒家獲勝的機率是 44.62％，和局的機率是 9.52％。賠率一般是：押中莊家勝一賠〇・九五，押中閒家勝一賠一，押中和局一賠八。如果出現和局，下注莊家和閒家的籌碼不會輸掉，而是會留在原位等待下一局。

表 2.4-1

	機率	賠率
莊家大	45.86%	1：0.95
閒家大	44.62%	1：1
和局	9.52%	1：8

你覺得百家樂是一個公平的遊戲嗎？

如果下注莊家一元，你有 45.86% 的可能性獲勝，拿回一・九五元，也有 44.62% 的可能性空手而回，還有 9.52% 的可能性是平局，你的籌碼會繼續留在桌面上。所以，一局結束後，你手裡的籌碼的數學期望是

$$E_{\text{莊}} = 45.86\% \times 1.95 + 44.62\% \times 0 + 9.52\% \times 1 = 0.9894$$

表示如果你下注莊家一元，平均可以拿回〇・九八九四元，虧掉 1.06%。

同樣的方法可以計算出下注閒家一元，平均可以拿回〇・九八七六元，虧掉 1.24%，即

$$E_{\text{閒}} = 45.86\% \times 0 + 44.62\% \times 2 + 9.52\% \times 1 = 0.9876$$

下注平局呢？如果莊家大或閒家大，你將會損失掉這一元。如果和局，你將會拿回九元，所以你平均可以拿回〇・八五六八元，即

$$E_{\text{和}} = 45.86\% \times 0 + 44.62\% \times 0 + 9.52\% \times 9 = 0.8568$$

也就是下注和局，平均一局就會虧掉 14.32%，這一切只需要三十秒，真是敗家最快的方法了。

綜上所述，可以整理出表 2.4-2，總結起來，百家樂這款遊戲，你下注莊家，平均一局會虧掉 1.06%；下注閒家，平均一局會虧掉 1.24%；下注和局，一局會虧掉 14.32%，相當於股市裡的一個半跌停。無論你如何下注，從機率上講賭場都會賺你的錢，這就是賭場優勢。

表 2.4-2

	機率	賠率	數學期望	賭場優勢
莊家大	45.86%	1：0.95	0.9894	1.06%
閒家大	44.62%	1：1	0.9876	1.24%
和局	9.52%	1：8	0.8568	14.32%

賭場裡的所有玩法，賭場都有優勢，只是大小不同，玩家平均一次下注，少則虧一、兩個點，多則虧三、五十個點。這個結果是可以預料到的，賭場不是慈善機構，為你提供這麼好的服務，你顯然是要付出代價的。

數學可以告訴你錢是怎麼輸的，但要幫助你從賭場裡贏錢幾乎是不可能的。電影《雨人》中，主角的哥哥患有自閉症，卻具有超強的記憶力，靠著記下八副牌的順序，贏了一大筆錢。現實生活中這是不可能的，因為荷官洗牌時不會給你時間記牌，而當剩餘牌量少於一定數目時，又會重新開始洗牌。想著憑藉數學或記憶力在賭場裡賺錢，是異想天開。

二、賭徒謬誤

儘管從機率上講，賭場一定賺錢，賭徒一定賠錢。但總有一些賭徒不服，發明各式各樣的方法，想證明自己是可以賺錢的。我在這裡舉幾個典型例子。

電影裡經常看到，荷官搖動一個裝有三個骰子的盅，然後讓玩家猜大小。這種遊戲叫做「骰寶」，是在中國古代盛行的賭博遊戲。打開盅後，三個骰子點數和小於等於十就算「小」，押中小一賠一；三個骰子點數和大於等於十一就算「大」，押中大一賠一。

但如果三個骰子點數一樣，叫做「圍骰」，莊家通吃，就是無論你押大押小都算輸。按照剛才的方法，可以計算出玩家押大、押小獲勝的機率都是 48.61%，賭場優勢為 2.78%。

有人說：除去機率較小的圍骰，開出「大」和「小」的機率是相等

的。如果第一次開「大」，第二次開「小」的機率就會增大；如果前兩次開「大」，第三次開「小」的機率就更高了。因此，只要等待和觀察，發現連續開出幾次「大」，就下注「小」；或者連續開出幾次「小」，就下注「大」，此時就能贏錢了。

其實這是一種非常普遍的錯誤想法，人們甚至還取了名字：賭徒謬誤。原因是：擲骰子是一種獨立的隨機事件，第一次投擲的結果與第二次沒有任何關聯，因此如果不算「圍骰」，第一次開出「大」，第二次開出「大」和「小」的機率依然各是 50%；前兩次開出「大」，第三次開出「大」和「小」的機率也各是 50%。現實的賭局中連續開出十幾次大的情況也經常出現，這樣的「長龍」往往會讓一些人輸得傾家蕩產。

這和機率理論——「大」和「小」機率相同，不矛盾嗎？

機率論告訴我們：開出「大」和「小」的次數接近於相等。但有一個重要的前提：大數。也就是說：只有在擲骰子次數夠多時，這個規律才成立。不算圍骰，如果連續擲出一百萬次骰子，會有接近五十萬次開「大」，五十萬次開「小」。而且，即便遊戲進行一百萬次，第一百萬零一次投擲骰子時，大和小的機率還是 50%。

賭徒謬誤經常被人用在生活當中，得出一些錯誤的結論。例如：有些人買彩券喜歡買「史上未出號碼」，因為他們認為所有號碼出現的機率相同，如果某些數字組合從沒有出現過，下次開出的機率就會增大。實際上，一個史上未出的彩券號碼組合和「1，2，3，4，5，6」這樣的連號組合，中獎機率是相同的。

三 輸了就加倍

賭徒謬誤有一個更加危險的變形：輸了就加倍。然而，很多賭徒卻把它當成必勝法。

採用這種策略的賭徒，首先會選一種類似「百家樂」、「骰寶」這樣能猜大小的遊戲，然後下注一元，如果贏了，遊戲結束；如果第一局

輸了，就在第二局下注二元；假如第二局贏了，遊戲結束；假如第二局又輸了，在第三局下注四元……依此類推，如果贏了就結束遊戲，如果輸了就翻倍下注，直到贏一局為止（圖 2.4-1）。

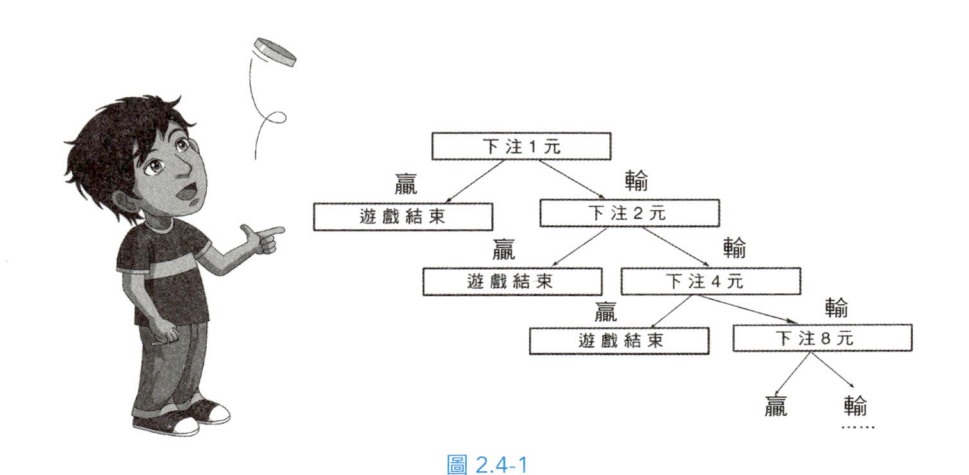

圖 2.4-1

這樣做為什麼必勝？我們來看：如果第一次贏了，就贏了一元；如果第一次輸了，而第二次贏了，那麼輸了一元贏了二元，淨贏一元；如果前兩次都輸了而第三次贏了，那麼輸了 1 + 2 = 3 元，而贏了四元，淨賺一元……

如此，只要堅持到贏的那一局，就一定會賺到一元。

實際上，如果你採用這樣的方法玩遊戲，最後的結局一定是輸光所有的錢。

五五開的遊戲，連續輸十幾次其實並不罕見，如果連續輸九次，那麼輸的錢總數就是 1 + 2 + 4 + 8 + 16 + 32 + 64 + 128 + 256 + 512 = 1023 元，下一局要下注一千零二十四元才有可能翻本。假如第一局下注一萬元，第十局需要下注一千零二十四萬元才有可能翻本，很多人沒有那麼多錢。即便賭徒有錢，賭場也有下注的上限。

而且，即便最終這個賭徒用一千零二十四萬元成功翻本，也只賺到一萬元。冒如此巨大的風險，賺如此少的利潤，實在是得不償失。我

第二章　機率問題

們還可以從機率論上仔細分析這種策略。假如一個賭徒每天去一次賭場，輸了就加倍下注，贏到一塊錢就走，而他的錢是一千零二十三元，剛好夠下注十次，那麼他每天輸光的機率就等於連續輸十局的機率，即 $\left(\frac{1}{2}\right)^{10} = \frac{1}{1024}$。這個機率看上去很小。但如果他想用這種方式賺一千元，就得保持一千天不輸，這個機率只有 $\left(1 - \frac{1}{1024}\right)^{1000} \approx 37.6\%$。只有三成多把握保持全勝，而一旦輸掉一次，就再也沒有錢翻本了，現實中用這種策略賭博的人基本都已經傾家蕩產了。

四 賭徒破產理論

也許有人想：難道就沒有一個公平的賭博遊戲嗎？有一個良心老闆完全不抽水，只為大家提供良好的服務。其實，即便是看似公平的賭博遊戲，只要長期賭下去，賭徒一定會傾家蕩產，這叫做賭徒破產理論。來看一個例子：假如有一個公平的賭博遊戲，在每一局裡，賭徒都有 50% 的可能贏一元，也有 50% 的可能輸一元。賭徒原來有 A 元，他會在兩種情況下退出：不是輸光所有的錢，就是贏到 B 元。請問他最終輸光本金而離開的機率有多大？

如圖 2.4-2，可以用圖像來描述這個問題，它等於：有一個數軸，上面有 0、1、2、3、⋯、B，一共（$B+1$）個位置。賭徒位於 A 位置，他每一次會隨機向左或向右移動一格。如果移動到左側的 0 位置或右側的 B 位置，就結束遊戲。請問賭徒最終移動到 0 位置結束遊戲的機率有多大？

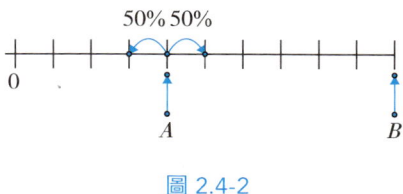

圖 2.4-2

求解這個問題並不難，如圖 2.4-3，設賭徒有 n 元時，輸光離場的機率是 $P(n)$。

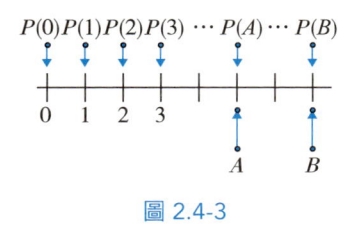

$$P(0)\ P(1)\ P(2)\ P(3)\ \cdots\ P(A)\ \cdots\ P(B)$$

圖 2.4-3

根據遊戲規則，如果 $n = 0$，賭徒輸光離場，所以
$$P(0) = 100\%$$
如果賭徒有了 B 元，他會心滿意足地離場，就不會再輸了，因此
$$P(B) = 0$$
每一次遊戲時，賭徒都會隨機贏或輸錢一元，即賭徒的錢 n 有 50% 的可能變為 $(n+1)$ 元，也有 50% 的可能變為 $(n-1)$ 元，所以

$$P(n) = 50\% \times P(n+1) + 50\% \times P(n-1)$$

把這個式子兩邊同時乘 2，再進行一個移項，很容易得到

$$P(n+1) - P(n) = P(n) - P(n-1)$$

你會發現：$P(n)$ 這個數列相鄰兩項的差不變，這是一個等差數列！這個等差數列的首項 $P(0) = 100\%$，最後一項 $P(B) = 0$，它是一個逐漸減小的等差數列，每一項都比它的前一項少 $\dfrac{1}{B}$。

可以畫一個輸光機率 $P(n)$ 與現在資金量 n 的關係圖（圖 2.4-4）：

圖 2.4-4

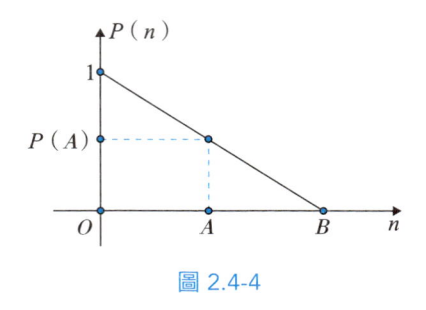

利用比例關係，很容易計算當賭徒的資金 $n=A$ 時，他輸光的機率是

$$P(A) = 1 - \frac{A}{B}$$

其中 $P(A)$ 表示原有資金為 A，且達到目標 B 就退出時輸光的機率。也就是：在賭博中，輸光的機率等於 1 減去你現在有的錢 A 除以你想退出時贏到的錢 B。

我們可以對這個結果進行一些討論：

假如你有一百元，如果你希望贏到一百二十元就退出，於是 $A=100$，$B=120$，此時 $P=1-\frac{100}{120}=\frac{1}{6}$，表示你有 $\frac{1}{6}$ 的機率會輸光；

如果你希望贏到二百元再退出，$A=100$，$B=200$，於是 $P=1-\frac{100}{200}=\frac{1}{2}$，表示你有 $\frac{1}{2}$ 的機率會輸光。

如果你希望贏到一千元再退出，$A=100$，$B=1000$，於是 $P=1-\frac{100}{1000}=\frac{9}{10}$，表示你有 $\frac{9}{10}$ 的機率會輸光。

我們將輸光機率與目標錢數的關係繪製成圖 2.4-5，你會發現：目標愈高，輸光的機率也愈大。

輸光機率

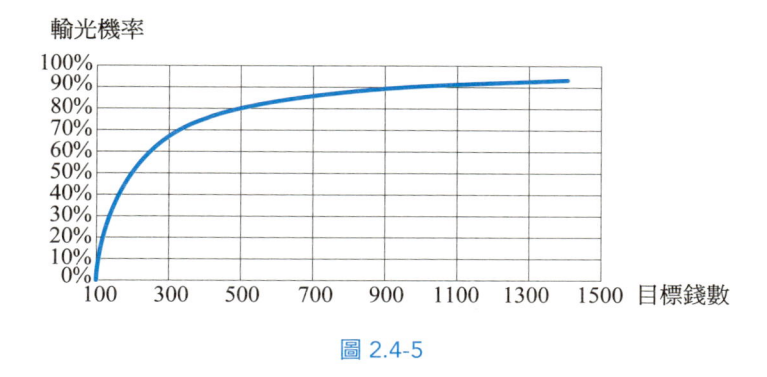

圖 2.4-5

如果一直賭下去呢？就是無論贏了多少錢都不退出，此時 B 變為無窮大，於是輸光的機率為

$$P = 1 - \frac{100}{\infty} = 100\%$$

表示你一定會輸光所有的錢，久賭無贏家！

賭徒和賭場老闆對賭的過程中，即便是一個公平遊戲，由於賭場的資金量遠大於賭徒，賭徒幾乎不可能把賭場贏到破產，最終一定是輸光離場。

俄羅斯偉大的詩人亞歷山大‧普希金（Alexander Pushkin）寫過一部童話《漁夫和金魚的故事》：漁夫救了一條神奇的金魚，金魚滿足了漁夫的很多願望。但漁夫的老婆總是不滿足，最終，金魚拿走了給予漁夫的一切，這對夫婦又回到了最開始生活的破屋子裡。

這個故事告訴我們：貪婪的人最終將一無所有。

葫蘆娃救爺爺，為何一個一個上？

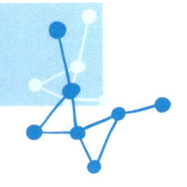

看過中國動畫片《葫蘆娃》嗎？有沒有這樣的疑惑，為什麼葫蘆娃救爺爺，非要一個一個上，被妖精逐個抓住呢？難道不能人到齊了一起上嗎？

經過一段時間的思考，我想可以從數學角度為大家解除這個疑惑了。首先，把葫蘆娃救爺爺的過程模型化。問題是這樣的：

一根藤上七朵花，每天白天都會誕生一個葫蘆娃。如果一個葫蘆娃出去救爺爺，成功率是 $\frac{1}{7}$，兩個葫蘆娃一起去救，成功率 $\frac{2}{7}$，依此類推……但如果解救失敗，出發的葫蘆娃就會被妖精抓住。

每天晚上，妖精會用一把六發的左輪手槍請爺爺玩俄羅斯輪盤，就是手槍裡面有一發子彈，讓爺爺朝自己腦袋開一槍。如果打不死，第二天就繼續。也就是爺爺運氣再好，也只能活到第六天晚上。

請問：葫蘆娃應該採用什麼策略去救爺爺，才能有最大的成功率呢？

一 只救一次

首先，把問題簡化。如果葫蘆娃只能救爺爺一次，第幾天去成功的機率最大呢？

解救爺爺需要兩個條件：爺爺存活，解救成功。所以爺爺被救出的機率等於爺爺存活的機率與解救成功的機率的乘積。

假如第一天，大娃獨自一人去救爺爺，因為還沒到晚上，爺爺存活的率是100%（寫成$\frac{6}{6}$），大娃救爺爺的成功率是$\frac{1}{7}$，所以爺爺被救出的機率等於

$$\frac{6}{6} \times \frac{1}{7} = \frac{6}{42}$$

假如第一天大娃沒有去救爺爺，而是等到第二天和二娃一起去。此時爺爺存活的機率是$\frac{5}{6}$，救爺爺的成功率是$\frac{2}{7}$，所以爺爺被救出的機率等於

$$\frac{5}{6} \times \frac{2}{7} = \frac{10}{42}$$

按照這樣的演算法，把每一天救爺爺的成功率列成表 2.5-1：

表 2.5-1

	爺爺存活機率	救爺爺成功率	爺爺被救出機率
第一天	$\frac{6}{6}$	$\frac{1}{7}$	$\frac{6}{42}$
第二天	$\frac{5}{6}$	$\frac{2}{7}$	$\frac{10}{42}$
第三天	$\frac{4}{6}$	$\frac{3}{7}$	$\frac{12}{42}$
第四天	$\frac{3}{6}$	$\frac{4}{7}$	$\frac{12}{42}$
第五天	$\frac{2}{6}$	$\frac{5}{7}$	$\frac{10}{42}$
第六天	$\frac{1}{6}$	$\frac{6}{7}$	$\frac{6}{42}$

看起來，如果只有一次救爺爺的機會，應該第三天或第四天去救，這樣成功率最高，但也不到30%。

第二章 機率問題

二 可救多次

然而，只能救一次是不符合實際情況的。如果第一天解救爺爺的葫蘆娃失敗了，第二天的葫蘆娃還可以接著救爺爺。可以解救多次的情況下，成功的最優策略又是什麼呢？

首先，要知道在這樣的設定下，葫蘆娃一共有多少種解救爺爺的策略。一個最簡單的策略就是：每個葫蘆娃剛生出來就去救爺爺，就是前六天每天都有一個葫蘆娃去挑戰妖精，我們把這種策略寫成

$$1\ 1\ 1\ 1\ 1\ 1$$

當然，也可能前四天每天都有一個葫蘆娃去挑戰妖精，第五天的葫蘆娃沒有去，而是等到第六天，和第六天的葫蘆娃一起去挑戰妖精，我們把這個策略寫成

$$1\ 1\ 1\ 1\ 0\ 2$$

按照這樣的方法，可以把每一種策略都列在表格中，一共有一百三十二種可能，如表 2.5-2 所示。其中最後一種策略就是前五天都沒有葫蘆娃去救爺爺，最後一天六個葫蘆娃一起上。

表 2.5-2

	第一天	第二天	第三天	第四天	第五天	第六天
策略 1	1	1	1	1	1	1
策略 2	1	1	1	1	0	2
策略 3	1	1	1	0	2	1
...	...	...	...	...	...	...
策略 132	0	0	0	0	0	6

我們就是想知道在這一百三十二種策略中，到底哪種策略成功解救爺爺的機率最大呢？

考察策略 1，爺爺最終被救出來的機率等於每一天的葫蘆娃把爺爺救出來的機率之和：

第一天，爺爺存活（機率 $\frac{6}{6}$）且解救成功（機率 $\frac{1}{7}$）的機率為 $\frac{6}{6} \times \frac{1}{7} = \frac{1}{7}$；

第二天，爺爺存活（機率 $\frac{5}{6}$），第一個葫蘆娃沒有成功解救（機率 $\frac{6}{7}$）且第二個葫蘆娃解救成功（機率 $\frac{1}{7}$）的機率為 $\frac{5}{6} \times \frac{6}{7} \times \frac{1}{7} = \frac{5}{49}$；

第三天，爺爺存活（機率 $\frac{4}{6}$），前兩個葫蘆娃沒有成功解救〔機率 $\left(\frac{6}{7}\right)^2$〕且第三個葫蘆娃解救成功（機率 $\frac{1}{7}$）的機率為 $\frac{4}{6} \times \left(\frac{6}{7}\right)^2 \times \frac{1}{7} = \frac{24}{343}$；

第四天，爺爺存活（機率 $\frac{3}{6}$），前三個葫蘆娃沒有成功解救〔機率 $\left(\frac{6}{7}\right)^3$〕且第四個葫蘆娃解救成功（機率 $\frac{1}{7}$）的機率為 $\frac{3}{6} \times \left(\frac{6}{7}\right)^3 \times \frac{1}{7} = \frac{108}{2401}$；

第五天，爺爺存活（機率 $\frac{2}{6}$），前四個葫蘆娃沒有成功解救〔機率 $\left(\frac{6}{7}\right)^4$〕且第五個葫蘆娃解救成功（機率 $\frac{1}{7}$）的機率為 $\frac{2}{6} \times \left(\frac{6}{7}\right)^4 \times \frac{1}{7} = \frac{432}{16807}$；

第六天，爺爺存活（機率 $\frac{1}{6}$），前五個葫蘆娃沒有成功解救〔機率 $\left(\frac{6}{7}\right)^5$〕且第六個葫蘆娃解救成功（機率 $\frac{1}{7}$）的機率為 $\frac{1}{6} \times \left(\frac{6}{7}\right)^5 \times \frac{1}{7} = \frac{1296}{117649}$。

把每一天救爺爺的成功率相加，就是策略 1 救爺爺的總成功率為

$$\frac{1}{7} + \frac{5}{49} + \frac{24}{343} + \frac{108}{2401} + \frac{432}{16807} + \frac{1296}{117649} \approx 39.66\%$$

可以按照這樣的方法，把一百三十二種策略對應的救出爺爺的機率都算出來，如表 2.5-3 所示：

表 2.5-3

策略	第一天	第二天	第三天	第四天	第五天	第六天	機率
1	1	1	1	1	1	1	39.66%
2	1	1	1	1	0	2	38.56%
3	1	1	1	0	2	1	38.56%
4	1	1	1	0	1	2	37.06%
5	1	1	1	0	0	3	35.99%
6	1	1	0	2	1	1	38.56%
7	1	1	0	2	0	2	37.48%
8	1	1	0	1	2	1	36.81%
9	1	1	0	1	1	2	35.31%
10	1	1	0	1	0	3	34.24%
11	1	1	0	0	3	1	35.99%
...	...	...	...	...	...	...	...
132	0	0	0	0	0	6	14.29%

由於篇幅限制，不能完整地展現表格，但可以畫出每種策略對應機率的曲線圖（圖 2.5-1）：

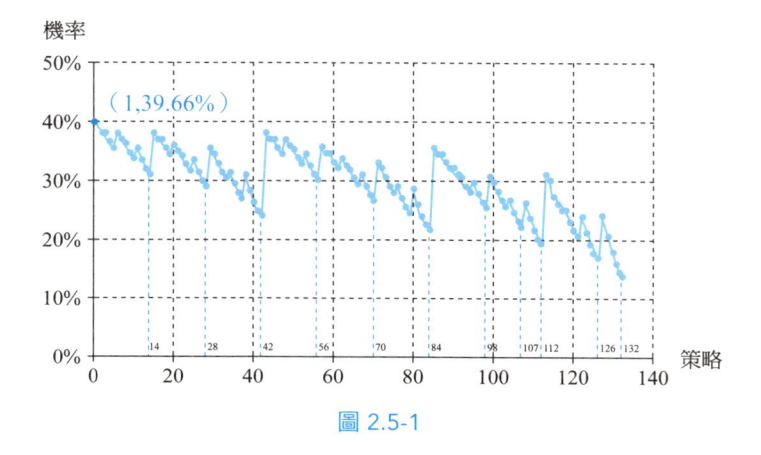

圖 2.5-1

我們可以發現：解救爺爺機率最高的策略就是 1 號策略，就是每個葫蘆娃一出生就立刻去救爺爺的策略，成功機率約為 39.66％。相反，累積葫蘆娃的方式往往成功率比較低，例如 14 號策略是（1，1，0，0，0，4），累積三天的葫蘆娃；42 號策略是（1，0，0，0，0，5）累積四天的葫蘆娃，成功的機率都比較低。而成功機率最低的正是 132 號策略，也就是連續累積五天葫蘆娃，到第六天一起上，這樣做救出爺爺的機率只有約 14.29％。

　　所以，現在你明白為什麼葫蘆娃救爺爺要一個一個上了嗎？因為這樣才能保證爺爺有最大的機率被救出。相反，如果葫蘆娃累積齊全再上，爺爺早就被妖精殺死了。怎麼樣，童年時期最大的疑惑，是不是被數學解開了？

第三章
函數問題

- ▲ 那些二進位的有趣問題
- ▲ 100^{99} 和 99^{100} 誰更大？
- ▲ 如何證明 3=0？
- ▲ x 的 x 次方，圖像長怎樣？
- ▲ 舉例子能證明數學題嗎？
- ▲ 冰雹猜想
- ▲ 一個西瓜切四刀，最多有幾塊？

那些二進位的有趣問題

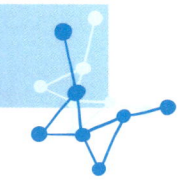

一、數學遊戲

你有沒有在街上看過一種表演：不開口，知你姓。你知道他們是怎麼做到的嗎？我們也可以模擬這個遊戲。你在心中默想一個 1～30 之間的整數，並告訴我你想的整數在圖 3.1-1 中的哪些圈裡，我就能在三秒鐘之內告訴你，你想的數是哪一個。

注意，如果我使用取交集的方法來判斷，三秒內很難給出答案，所以，這個遊戲的祕訣在於一種快速的演算法，想知道是什麼嗎？其實很簡單，學會了之後，你很快就能和同學炫耀啦！

圖 3.1-1 的五個圈中有一些特殊的數，分別是 1、2、4、8、16，當你告訴我心裡想的數在哪些圈裡時，我只要把你指定的圈中特殊的數相加，就得到結果了。

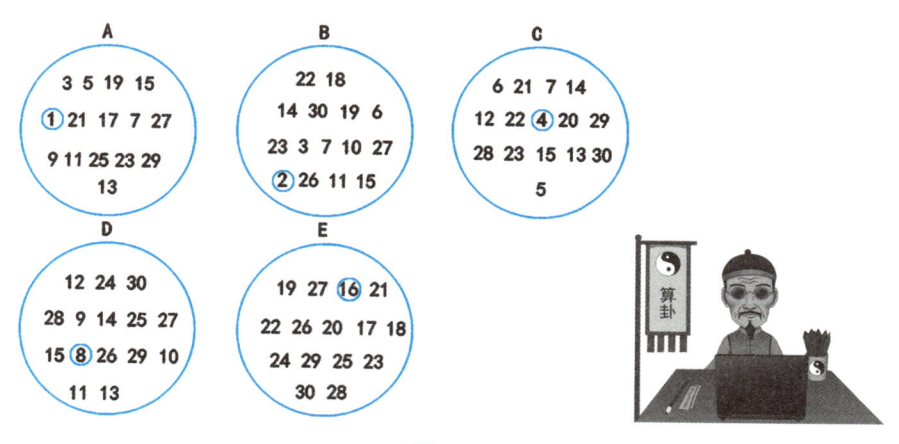

圖 3.1-1

例如，告訴我你想的數在 A、B、D、E 這四個圓圈中，A 圈中有數 1，B 圈中有數 2，D 圈中有數 8，E 圈中有數 16，我就計算 1 + 2 + 8 + 16，結果是 27。學會了嗎？

二 二進位

這是為什麼呢？

通常使用的計數法是十進位，就是滿十進一。一個十進位數字從右到左分別是個位、十位、百位……數位上的數字表示的就是 10^0、10^1、10^2……的個數，例如十進位數字 352，表示兩個 10^0、五個 10^1 和三個 10^2 相加，即

$$352 = 3 \times 10^2 + 5 \times 10^1 + 2 \times 10^0$$

也許，人們最初選用十進位是因為有十根手指。可是隨著數學的發展，也開始採用其他進位制，例如：有些特定問題中，使用二進位會比十進位更加方便。

二進位就是滿二進一，這種數每一位上的數字都只有 0 和 1 兩種。在二進位下，一個多位數從右到左依次表示 2^0、2^1、2^2……例如二進位數字 11101，表示 2^4、2^3、2^2、2^0 相加，等於十進位數字 29，如圖 3.1-2 所示：

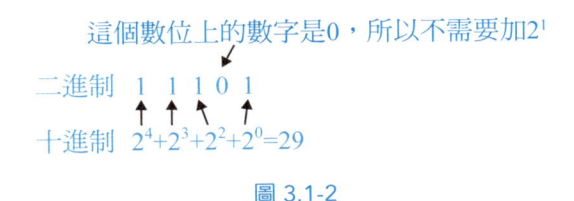

這個數位上的數字是0，所以不需要加2^1

二進制　1　1　1　0　1
十進制　$2^4 + 2^3 + 2^2 + 2^0 = 29$

圖 3.1-2

如果用十根手指表示數字，每根手指只有伸出來和縮回去兩個狀態，最多能表示多少個數呢？也許有些小朋友會說：能表示 0～10 共

十一個數。其實這是不對的，最多能表示 0～1023 共一千零二十四個數！方法是這樣，讓手指伸出來和縮回去分別表示二進位的 1 和 0，每一根手指表示二進位的一個數位，一共可以表示出一個十位二進位數字。如果十根手指都縮回去，表示每個數位上都是 0，這個數字就是 0；如果十根手指都伸出來，表示每個數位上都是 1，它的大小是十進位數字 1023，即

圖 3.1-3

$$1111111111_{(2)} = (2^9 + 2^8 + \cdots + 2^1 + 2^0)_{(10)} = 1023_{(10)}$$

如果按照這種方法，歌神張學友做出圖 3.1-3 這個手勢，意思應該是 $2^4 + 2^3 + 2^0 = 25$。

三 遊戲揭祕

現在終於可以弄清楚數字遊戲的原理了！

如表 3.1-1，把 1～30 這三十個十進位數字都轉化成二進位數字，同時為了整齊，將二進位數字補齊成五位。

表 3.1-1

十進位	二進位	十進位	二進位	十進位	二進位
1	00001	11	01011	21	10101
2	00010	12	01100	22	10110
3	00011	13	01101	23	10111
4	00100	14	01110	24	11000
5	00101	15	01111	25	11001
6	00110	16	10000	26	11010
7	00111	17	10001	27	11011
8	01000	18	10010	28	11100
9	01001	19	10011	29	11101
10	01010	20	10 00	30	11110

首先，把那些在二進位下最右數位上的數字是 1 的數選出來，寫到圖 3.1-4 的 A 圈中。例如十進位數字 1、3、5、7、9、……寫成二進位時最右側數字是 1，就把它們都寫在 A 圈中，表示它在二進位下含有 2^0，即 1。

接著，再把二進位下右數第二位是 1 的數選出來，寫到 B 圈中。例如十進位數字 2、3、6、7、10、……寫成二進位數字時右數第二位上的數字是 1，就把它們寫在 B 圈中，表示它在二進位下含有 2^1，即 2。

繼續按照這種方法，把二進位下右起第三位上的數字是 1 的數寫到 C 圈中，把第四位上的數字是 1 的數寫到 D 圈中，把最左位上的數字是 1 的數寫到 E 圈中。五個圓圈都寫好數後，再告訴我心裡想的數在哪些圈裡，實際就是告訴我：這個數轉化成二進位數字時，哪些數位上是 1。

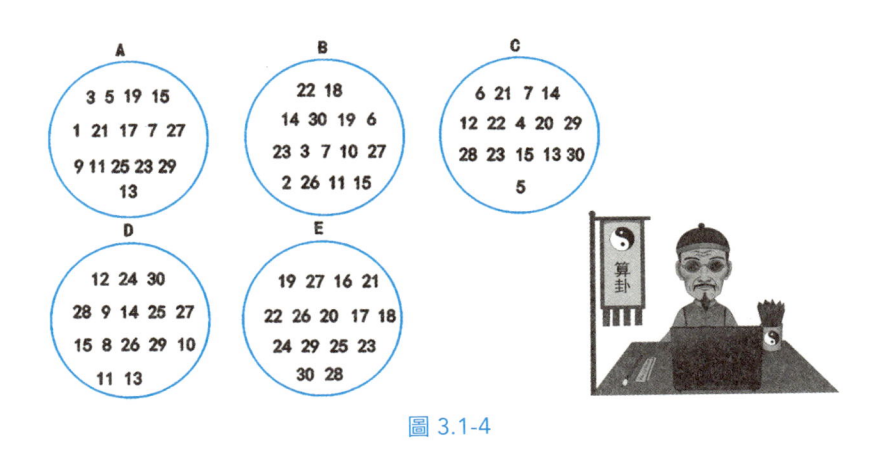

圖 3.1-4

例如你告訴我 B 圈和 C 圈中有你想的數，表示你心裡想的數轉化成二進位數字後，右數第二、第三位是 1，而其他位數上都是 0，所以這個數在二進位下寫乘 110，代表的十進位數字就是

$$110_{(2)} = \left(2^2 + 2^1\right)_{(10)} = (4+2)_{(10)} = 6_{(10)}$$

圓圈中的特殊數 1、2、4、8、16，其實都是 2 的冪次，表示二進

位數字上的每一位。把對應的數加起來，自然就得到結果了。

四　老鼠試毒藥問題

還有一個可以用二進位解決的有趣問題。

有一百瓶水，其中有一瓶水中有毒藥。如果老鼠喝了有毒藥的水，一週後就會死亡。請問至少用多少隻老鼠，才能在一週後知道哪瓶水裡有毒？

顯然，如果有一百隻老鼠，讓每隻老鼠喝一瓶水，一週後就一定知道答案了。不過實際上不需要那麼多老鼠，只需要七隻就夠了。

首先，如表 3.1-2，把 1～100 的數都轉化成二進位數字，觀察每一個二進位數字，最多只有七位。

表 3.1-2

十進位	二進位	十進位	二進位
1	0000001	91	1011011
2	0000010	92	1011100
3	0000011	93	1011101
4	0000100	94	1011110
5	0000101	95	1011111
6	0000110	96	1100000
7	0000111	97	1100001
8	0001000	98	1100010
9	0001001	99	1100011
……	……	100	1100100

把所有最右數位上的數字是 1 的水瓶找出來，例如第 1 瓶、第 3 瓶……第 99 瓶，從這些瓶子中取出一些水，混合後餵第一隻老鼠喝掉。如果一週後，這隻老鼠死亡，說明有毒藥的水瓶編號在二進位下最右位

數字一定是 1；反過來，如果這隻老鼠沒有死亡，說明有毒藥的水瓶編號在二進位下最右位數字是 0。

按照同樣的方法，把編號在二進位下右起第 2、3、4、5、6、7 位上數字是 1 的瓶子中的水混合起來，給第 2、3、4、5、6、7 隻老鼠喝掉，看牠們在一週後是否死亡，來判斷這瓶毒藥的編號在二進位下該數位上的數字是否是 1。

最終，根據七隻老鼠的死亡情況，就能寫出毒藥編號的二進位數字，便能知道哪瓶是毒藥了。例如第 1、3、5、6 隻老鼠死亡，說明有毒藥的瓶子在二進位下的編號從右向左第 1、3、5、6 位上的數字是 1，其餘數位上的數字是 0，這個二進位數字是 0110101，轉化為十進位數字就是 53。

五 八卦和電腦

二進位的發明者是德國數學家和哲學家哥特弗利德‧萊布尼茲（Gottfried Leibniz）。有種傳說：萊布尼茲是看了中國的《周易》，了解八卦之後，才發明了二進位。不過這種說法據梁啟超考證，並不是事實。真實情況是：萊布尼茲先發明二進位，然後看到《周易》。他發現：八卦是可以使用二進位解釋的。

中國古人認為：世界是由陰陽調和而成的，於是創造了陰爻和陽爻。陰爻用一個中間斷開的線表示，陽爻用一根連著的線表示（圖 3.1-5）。所謂太極生兩儀，指的就是陰和陽。

圖 3.1-5

在一爻上面加一爻，便組成四種不同情況，就是兩儀生四象。四象之上再加一爻，就組成八種不同情況，即四象生八卦（圖 3.1-6）。

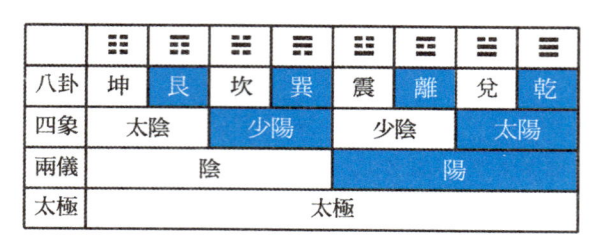

八卦	☷	☶	☵	☴	☳	☲	☱	☰
八卦	坤	艮	坎	巽	震	離	兌	乾
四象	太陰		少陽		少陰		太陽	
兩儀	陰				陽			
太極	太極							

圖 3.1-6　伏羲八卦次序圖

如圖 3.1-7，如果把陰爻看成 0，陽爻看成 1，每一個單卦剛好可以用一個二進位數字表示，這就是八卦與數的對應關係。

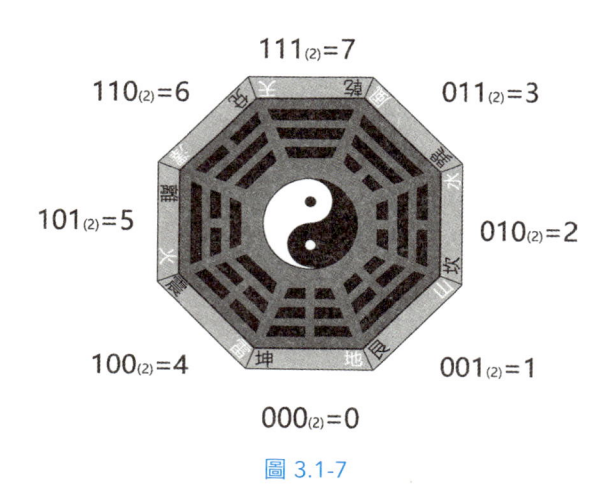

$111_{(2)}=7$

$110_{(2)}=6$　　　　$011_{(2)}=3$

$101_{(2)}=5$　　　　$010_{(2)}=2$

$100_{(2)}=4$　　　　$001_{(2)}=1$

$000_{(2)}=0$

圖 3.1-7

從古代的八卦，人們就已經隱約感覺到二進位的作用。到了現代，二進位的作用愈來愈大，尤其是在電腦科學應用中。

在電腦裡，需要使用數量龐大的閘電路（gate circuit）實現邏輯運算，每一個閘電路都只有高電壓和低電壓兩種情況，分別對應了數字 1 和 0。所以，電腦都是採用二進位進行工作。

如圖 3.1-8，平常看到的代碼是這樣的：

```python
def egg_drop(T, N):
    # Create a table to store results of subproblems
    # We name dp as M here to accommodate the math representation in the book
    M = [[0 for _ in range(N + 1)] for _ in range(T + 1)]

    # Base cases
    for t in range(1, T + 1):
        M[t][1] = t  # If there's only one egg, we need t drops (worst case)
    for n in range(1, N + 1):
        M[1][n] = 1  # If there's only one floor, we need one drop

    # Fill the rest of the table using the given recurrence relation
    for t in range(2, T + 1):
        for n in range(2, N + 1):
            M[t][n] = float("inf")
            for k in range(1, t + 1):
                # Calculate max[M(k-1, N-1), M(T-k, N)] + 1
                res = 1 + max(M[k - 1][n - 1], M[t - k][n])
                # Take the minimum of these results
                if res < M[t][n]:
                    M[t][n] = res

    return M[T][N]


if __name__ == "__main__":
    # Print results for T in range(1, 31) and N in range(1, 11)
    for T in range(1, 31):
        results = []
        for N in range(1, 11):
            result = egg_drop(T, N)
            results.append(str(result))
        print(" ".join(results))
```

圖 3.1-8

但這只是為了讓程式設計師們便於編寫和閱讀，我們叫它電腦語言，更好的叫法應該是程式語言。

當電腦執行程式時，機器首先將這些代碼轉換成二進位數字。所以在電腦中，代碼其實是圖 3.1-9 上的這個樣子。每一段不同的二進位數字都代表了某種操作或運算。

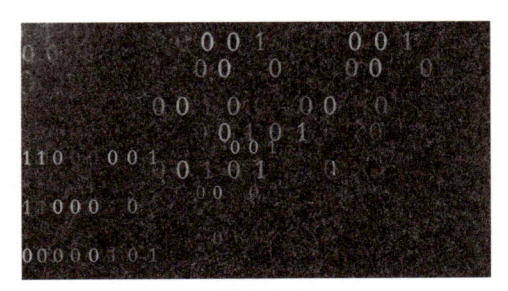

圖 3.1-9

怎麼樣？二進位是不是還挺有用的？

第三章 函數問題

100^{99} 和 99^{100} 誰更大？

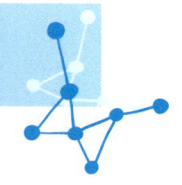

一、盡量拆3

你知道 100^{99} 和 99^{100} 哪個更大嗎？

先看看兩個數的含義：100^{99} 表示 99 個 100 相乘，99^{100} 表示 100 個 99 相乘。前者單個因數更大，後者因數個數更多。好像不好判斷到底誰更大。

$$100^{99} = \overbrace{100 \times 100 \times 100 \times \cdots \times 100}^{99個}$$

$$99^{100} = \overbrace{99 \times 99 \times 99 \times \cdots \times 99}^{100個}$$

然而，我們很容易發現：無論是九十九個 100，還是一百個 99，加起來都是 9900。

$$\overbrace{100 + 100 + \cdots + 100}^{99個} = \overbrace{99 + 99 + \cdots + 99}^{100個} = 9900$$

這個問題變成：如果你把 9900 拆成幾個數的和，把它們乘起來，什麼時候乘積更大？

小學時，我的數學老師教過這個問題。他說：把一個數拆成幾個正整數的和，讓它們的乘積最大，應該盡量拆3，拆不了3的，就拆2或4，這個時候乘積就最大。

例如，你要將 12 拆成幾個正整數的和，再把它們乘起來。你可以拆成十二個 1，或者六個 2，或者四個 3，或者三個 4，或者二個 5 和一個 2，或者二個 6。如表 3.2-1，分別算出它們的乘積：

表 3.2-1

拆法	乘積
$12 = 1 + 1 + \cdots + 1$	$1^{12} = 1$
$12 = 2 + 2 + 2 + 2 + 2 + 2$	$2^6 = 64$
$12 = 3 + 3 + 3 + 3$	$3^4 = 81$
$12 = 4 + 4 + 4$	$4^3 = 64$
$12 = 5 + 5 + 2$	$5 \times 5 \times 2 = 50$
$12 = 6 + 6$	$6^2 = 36$

發現了嗎？把 12 拆成四個 3，它們的乘積是 81，最大。

現在把 9900 拆成一大堆正整數的和，讓它們的乘積最大，那麼應該拆成三千三百個 3，它們的乘積最大，即

$$9900 = \overbrace{3 + 3 + \cdots + 3}^{3300\text{個}}, \quad 3^{3300} \approx 3.16 \times 10^{1574}$$

如果拆成一百個 99 或九十九個 100，因為 99 離 3 更近，所以拆成一百個 99，它們的乘積 99^{100} 更大，也就是

$$\left. \begin{array}{l} 99^{100} \approx 3.66 \times 10^{199} \\ 100^{99} = 10^{198} \end{array} \right\} 99^{100} > 100^{99}$$

二 三進位

這個結論有什麼用呢？

它可以告訴我們：我們平常用的十進位和電腦的二進位，都沒有三進位的「效率高」。

具體來說：大家一定見過小孩玩的算珠計數架！如果給你一百個珠

子，最多能表示出多少個數呢？[1]

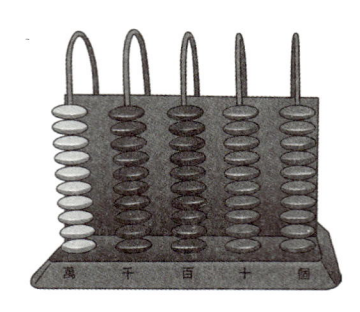

如果計數器採用十進位，每一根柱子上需要有十個珠子，一百個珠子可以穿滿十根柱子，總共能表示 10^{10} 個數。

如果採用五進位，每一根柱子上需要穿五個珠子，一共能穿滿二十根柱子，就是能表示 5^{20} 個數。

依此類推，可以列出表 3.2-2：

表 3.2-2

進位	每一數位	位數（大約）	總數（大約）
10	10 個珠子	10 位	10^{10}
5	5 個珠子	20 位	$5^{20} \approx 10^{14}$
3	3 個珠子	33 位	$3^{33} \approx 5.6 \times 10^{15}$
2	2 個珠子	50 位	$2^{50} \approx 1.1 \times 10^{15}$

你會發現：同樣用一百個珠子，使用三進位——每根柱子上穿三個珠子，表示三十三位，效率是最高的，能表示出最多的數！原因還是那

---

[1] 我們要求把一百個珠子任意穿在若干柱子上，表示數的時候要求每一數位不能為空。注意，這個規則與我們平時使用的算盤有所不同。例如，如果表示每一數位的柱子上有十顆珠子，這一數位可以有一～十顆珠子這十種狀態，分別對應十進位中的 0～9 這十個數字。

句話：幾個數的和一定是拆成 3 時乘積最大！

一般在 x 進位制下，一百個珠子能表示出 $\frac{100}{x}$ 位數，大約能表示出 $x^{\frac{100}{x}}$ 這麼大的數。如果把進位 x 做為橫坐標，把能表示的最大數 $x^{\frac{100}{x}}$ 做為縱坐標，畫出一幅圖，你會發現在進位制是 e = 2.71828……時表示的數最多！此時 x 等於自然常數 e！它是一個和圓周率 π 一樣神奇的無理數！如圖 3.2-1 所示：

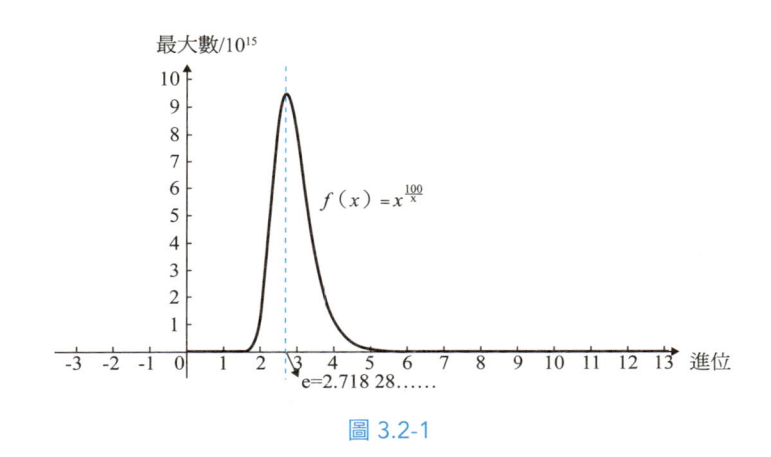

圖 3.2-1

看起來效率最高的應該是 e 進位，可是進位制應該是整數啊，那就找一個最靠近 e 的數吧——就是 3！

我們在生活中用十進位，因為方便；電腦普遍採用二進位，因為符合電路特點。但實際上，三進位才是效率最高的。歷史上，美國和蘇聯都曾研究過三進位電腦，不過由於種種原因放棄了。說不定什麼時候，人們會重啟三進位電腦的研究呢！

三、這是為什麼？

為什麼 3 有這麼神奇的性質呢？其實這是一個函數極值問題。要證明它，需要用到對數和導數的知識，如果你正在讀高中或大學，我想這部分知識對你來說是很簡單的。

將一個整數 N 拆成幾個 x 的和,顯然可以拆出 $\dfrac{N}{x}$ 個數。把它們乘起來,乘積函數 $f(x)$ 可以寫成

$$f(x) = x^{\frac{N}{x}}$$

現在我們要問:當 x 取多少時,這個函數才有最大值呢?我們對這個函數取對數,再求導數

$$\ln[f(x)] = \dfrac{N \ln x}{x},$$
$$\dfrac{d \ln[f(x)]}{dx} = \dfrac{N(1-\ln x)}{x^2}$$

你會發現:當 $x = e$ 時,導函數等於 0,$\ln[f(x)]$ 取極大值,容易證明該極大值為最大值。由於對數函數為單調遞增函數,當 $x = e$ 時,$f(x)$ 也取最大值。所以,把一個數拆成自然常數 e 的和,這些數的乘積才是最大的!同樣,在自然界中,e 進位也是效率最高的。

如何證明 3 = 0？

我曾在網路上看到一則發文，一位網友透過解一元二次方程式證明 3 = 0，於是他宣布推翻了現有的數學體系。這可能嗎？

一、3＝0？

先來說一下這則發文的證明，作者寫了一個方程式：

$$x^2 + x + 1 = 0 \qquad (1)$$

這是一個一元二次方程式，顯而易見，0 不是方程式的根，於是就可以在這個方程式的等號兩邊同時除以 x，得到新方程式

$$x + 1 + \frac{1}{x} = 0 \qquad (2)$$

再把方程式（1）和方程式（2）作差，左邊減左邊，右邊減右邊，得到方程式

$$x^2 - \frac{1}{x} = 0$$

因為 $x \neq 0$，現在在等號兩邊同時乘一個 x，就變成

$$x^3 - 1 = 0$$

顯而易見，方程式的根

$$x = 1$$

第三章 函數問題　127

好，方程式解完了，再把這個解代回到原方程式，就會得出

$$\left.\begin{array}{l} x^2+x+1=0 \\ x=1 \end{array}\right\} 1+1+1=0 \Rightarrow 3=0$$

現有數學體系被推翻了！

二 一元二次方程式

3 = 0？問題出在哪裡？

先來討論國中數學的相關知識——一元二次方程式，即

$$ax^2+bx+c=0，a \neq 0$$

根據求根公式，這個方程式有兩個根，即

$$x_{1,2} = \frac{-b \pm \sqrt{b^2-4ac}}{2a}$$

根號裡的部分叫做判別式，即

$$\Delta = b^2 - 4ac$$

在公式裡，判別式要開平方。國中數學學過，只有非負數才有平方根，所以有這樣的結論：判別式大於等於 0 時，一元二次方程式有兩個實數根；而判別式小於 0 時，一元二次方程式沒有實數根。明白這個道理後，再回過頭來看最開始的方程式

$$x^2 + x + 1 = 0 \qquad (1)$$

方程式的係數 a、b，c 都是 1，按照一元二次方程式的解法，它的判別式為

$$\Delta = b^2 - 4ac = 1^2 - 4 \times 1 \times 1 = -3 < 0$$

它是小於 0 的，說明這個方程式沒有實數根。既然連實數根都沒有，解出 $x = 1$ 的結果肯定是不對的。

三 複數根

一七九九年，二十二歲的「數學王子」高斯提交博士論文《單變數有理整代數函數皆可分解為一次或二次式的定理的新證明》，用人話說就是：n 次多項式方程式就一定有 n 個根，這個結論被稱為「代數基本定理」。

等等，剛才還說判別式小於 0 時，一元二次方程式沒有實數根，現在又說 n 次方程式一定有 n 個根，這不矛盾嗎？

先回憶這樣一個情景。小學一年級時，如果老師問：1 減 2 等於幾，我們一定會回答算不了，因為我們對數的認識只停留在自然數上。不過如果引入了負數，就能得出

$$1 - 2 = -1（負整數）$$

這就是數的範圍的拓展——從自然數 N 拓展到整數 Z。

如果小學二年級時，老師問：10 除以 3 等於幾。我們可能又會回答算不出來，因為 10 除以 3 的結果不是整數。不過，如果引入了分數，10 除以 3 就能算了。

$$10 \div 3 = \frac{10}{3}（分數）$$

整數和分數統稱有理數，從整數 Z 到有理數 Q，又是一次數的範圍的拓展。

我們繼續思考。如果小學三年級時，老師問 3 的平方根是多少。我們還是會回答算不了，因為 3 的平方根既不是整數也不是分數。但如果引入了無理數，3 的平方根就又有了，即

$$\sqrt{3} = 1.732\cdots\cdots$$

有理數和無理數統稱實數，從有理數 Q 到實數 R，又是一次數域拓展。繼續，如果上了國中，老師問：-1 的平方根是多少？我們一樣會回答不存在。因為任何實數的平方都不可能是負的。實際上，如果引入了虛數，-1 的平方根就又存在了，即

$$\sqrt{-1} = i$$

其中 i 是虛數的單位。實數和虛數，統稱為複數。從實數 R 到複數 C，又是一次數域拓展……

上述推導過程，可以用圖 3.3-1 來表示：

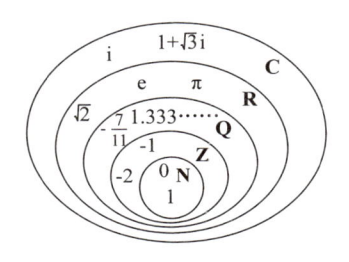

圖 3.3-1

對於方程式 $x^2 + x + 1 = 0$，由於判別式小於 0，它沒有實數根，但依然有複數域內的根，按照求根公式，即

$$x_{1,2} = \frac{-1 \pm \sqrt{-3}}{2} = \frac{-1 \pm \sqrt{3}i}{2}$$

國中時學過：任何一個實數都可以表示成實數軸上的一個點。其實，複數也可以對應複數平面上的一個點：過實軸上的原點作一條數軸，這條數軸叫做虛軸。實軸和虛軸拓展成的二維平面就叫複數平面（圖 3.3-2）。

圖 3.3-2

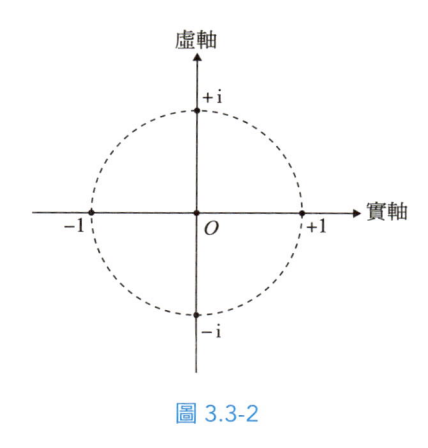

任何一個複數都可以表示成複數平面上的一個點，它的橫坐標叫實部，縱坐標叫虛部。例如方程 $x^2 + x + 1 = 0$ 的兩個根，在複數平面內就表示成圖 3.3-3：

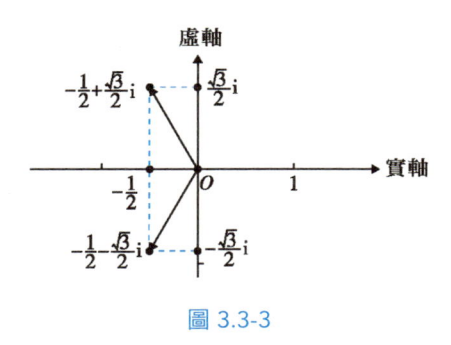

圖 3.3-3

大家看，這個一元二次方程式的兩個根沒有落到實軸上，所以沒有實數根，只有兩個負數根，而且這兩個根都不是 1。

四 方程式的增根

$x = 1$ 又是怎麼出來的呢？

八年級學習了分式方程，老師會講到增根的概念。例如一個方程式

$$f(x) = 0,$$

它有兩個根

$$x = x_1,x = x_2$$

現在在方程式兩邊同時乘 $(x-a)$，得到

$$(x-a)f(x) = 0$$

顯然，除了原方程式的兩個根之外，這個方程式還多出了一個根，也就是這個方程式有三個根，

$$x = x_1,x = x_2,x = a$$

因為方程式兩邊同時乘 $(x-a)$，就會引入根 $x=a$，但它不是原來方程式的根，這樣的根就稱為原方程式的增根。

現在可以研究前面提到發文裡的證明方法的問題出在哪裡了。令

$$f(x) = x^2 + x + 1 \tag{1}$$

第一步兩邊同時除以 x，得到

$$\frac{f(x)}{x} = x + 1 + \frac{1}{x} \tag{2}$$

把（1）和（2）等號兩邊同時作差，變成

$$\left(1 - \frac{1}{x}\right)f(x) = x^2 - \frac{1}{x}$$

再在等號兩邊同時乘以 x，就變成

$$(x-1)f(x) = x^3 - 1$$

大家看，發文裡紛繁複雜的操作，最終不過是在兩邊同時乘 $(x-1)$。原來的一元二次方程式就變成一元三次方程式，它的根從兩個變成三個——多出了一個增根 $x=1$，即

$$x_{1,2} = \frac{-1 \pm \sqrt{3}\mathrm{i}}{2}, \ x_3 = 1$$

將增根代回原方程式，結果顯然是不合理的。

如果把這三個根畫在複平面內，它們會落在一個半徑為 1 的圓上，且彼此夾角都是 120°，如圖 3.3-4 所示：

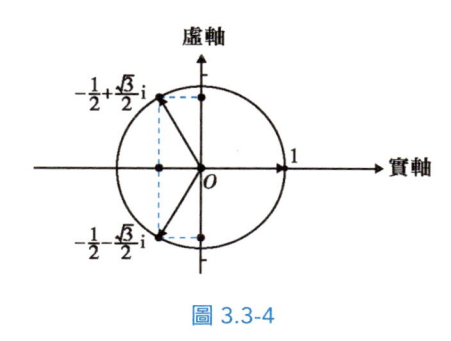

圖 3.3-4

還挺有趣的。

x 的 x 次方，圖像長怎樣？

如圖 3.4-1 和圖 3.4-2，國中時，學習過冪函數 $y = x^2$ 和指數函數 $y = 2^x$，都是大家比較熟悉的。

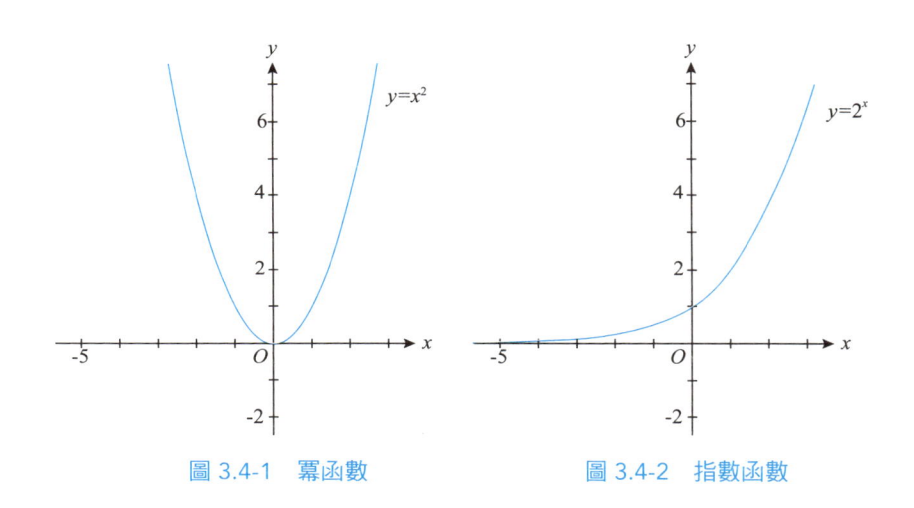

圖 3.4-1　冪函數　　　　　　圖 3.4-2　指數函數

可是你知道 $y = x^x$ 的圖像長什麼樣嗎？

這不是一個簡單的問題，需要使用複數對「乘方」的概念進行拓展。可能會有點難，但如果你能花點時間看完這篇文章，並稍做思考，那你一定能被數學之美所折服。

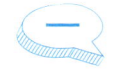

一　實數乘方的含義

先來討論在實數範圍內，乘方的含義：

$$y = c^x (c, x \in \mathbf{R})$$

底數 c 大於 0 時，乘方一定有意義，例如

$$2^3 = 2 \times 2 \times 2 = 8，$$
$$2^{-3} = \frac{1}{2^3} = \frac{1}{8}，$$
$$2^{\frac{1}{3}} = \sqrt[3]{2^1} \approx 1.26，$$
$$2^\pi \approx 2^{3.14} = \sqrt[100]{2^{314}} \approx 8.815。$$

按照這樣的方法，計算 $y = x^x$ 在 $x > 0$ 的範圍內是很容易的，如圖 3.4-3 所示：

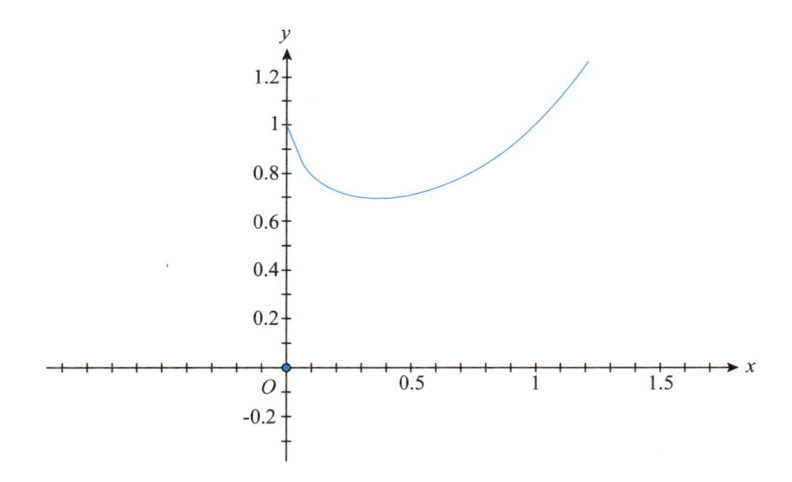

如果底數 c 小於 0，有時 c^x 依然有意義，例如

$$(-2)^3 = (-2) \times (-2) \times (-2) = -8，$$
$$(-2)^{\frac{1}{3}} = \sqrt[3]{(-2)^1} = -\sqrt[3]{2} \approx -1.26。$$

但也有時候，c^x 在實數範圍內無意義，例如

$$(-2)^{\frac{1}{2}} = \sqrt{-2} = ?$$

因為負數在實數範圍內不能開平方，所以這個乘方就沒有意義。國中時老師教了一個判斷方法：負數不能開偶次方根。

可是，利用這個規則我們依然不能判斷所有的情況，例如

$$(-2)^\pi = ?$$

π 是無理數，根本不能寫成兩個整數的比，所以也不知道它到底是開奇次方，還是開偶次方，甚至不知道它在實數範圍內有沒有意義。

用中學階段的乘方知識只能理解到這裡，無法畫出 $y = x^x$ 在 $x<0$ 時的圖像。要繼續深入下去，必須先了解複數的各種形式。

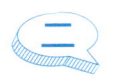

三 複數的三角形式

如圖 3.4-4 所示，我們知道一個複數 $a + bi$ 對應了複數平面上的一個點：

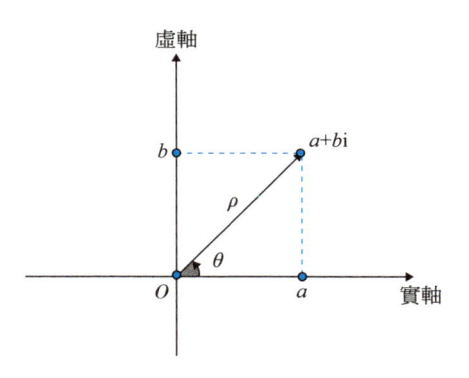

圖 3.4-4　複數和複數平面

如果把這個點和原點連起來，形成一個向量，向量的長度 ρ 就叫做複數的模，向量與實軸正半軸的夾角 θ 叫做輻角。於是，複數 $a + bi$ 還可以寫成這樣的形式：

$$a + bi = \rho\cos\theta + i\rho\sin\theta$$

其中

$$\rho = \sqrt{a^2 + b^2}$$

這叫做複數的三角形式。

緊跟著又要引用一個數學上的重要公式——歐拉公式，它告訴我們對於自然對數的底 e，虛數單位 i 和一個實數 θ 有關係：

$$e^{i\theta} = \cos\theta + i\sin\theta，$$

所以，複數 $a + bi$ 又可以表示成

$$a + bi = \rho e^{i\theta}，$$

這就是複數的指數形式。

大家注意，θ 角具有週期性，一個向量轉動 360° 後，方向與原方向是相同的。所以向量的輻角有無窮多個，彼此相差 2π。例如

$$1+i = \sqrt{2}e^{i\theta}，\theta = \frac{\pi}{4} + 2k\pi\ (k=0，\pm 1，\pm 2，\cdots)$$

為了方便起見，有時會省略 $2k\pi$，把 $(1+i)$ 的輻角說成 $\frac{\pi}{4}$，實際上這只是無窮多個輻角之一，稱為主輻角。但後面討論的問題中，必須考慮所有的輻角，這是問題的關鍵。

利用指數形式，計算複數的乘方會非常容易，規則是

$$\rho_1 e^{i\theta_1} \times \rho_2 e^{i\theta_2} = \rho_1\rho_2 e^{i(\theta_1+\theta_2)}，$$

$$\rho_1 e^{i\theta_1} \div \rho_2 e^{i\theta_2} = \frac{\rho_1}{\rho_2} e^{i(\theta_1-\theta_2)}，$$

$$(\rho e^{i\theta})^n = \rho^n e^{in\theta}$$

舉個例子，要計算 $(1+i)$ 的三次方，可以使用下面的方法。利用指數形式

$$(1+i)^3 = \left[\sqrt{2}e^{i(\frac{\pi}{4}+2k\pi)}\right]^3 = 2\sqrt{2}e^{i(\frac{3\pi}{4}+6k\pi)}\ (k=0，\pm 1，\pm 2，\cdots)$$

在複數平面上畫出這個向量，如圖 3.4-5 所示，注意：無論 k 取什麼整數，向量的方向都是固定的，與實軸正方向夾角為 135°。顯然，這個結果等於 $-2+2i$。

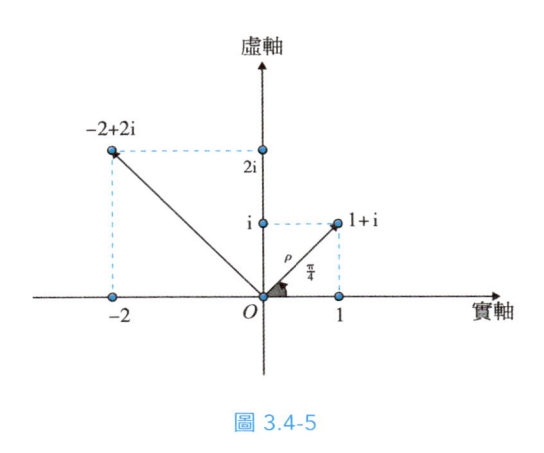

圖 3.4-5

三 乘方概念的拓展

利用複數的指數形式，可以對乘方的概念進行拓展。注意，把乘方概念進一步延伸到複數或非整數指數時，計算結果往往不只一個答案，有時會有好幾個甚至無窮多個答案。

這其實不難理解，例如「4 的平方根」有兩個值，結果是 2 和 -2，其中 2 叫做平方根。首先對正數的乘方進行拓展，即

$$y = c^x (c，x \in \mathbf{R}，c > 0)$$

雖然 c 是一個實數，但依然可以把它看成虛部為 0 的複數，它的模就等於 c，而輻角就是 0，$\pm 2\pi$，$\pm 4\pi$，$\cdots$，即

$$c = \rho e^{i\theta}$$

其中 $\rho = c$，$\theta = 2k\pi$（$k = 0$，± 1，± 2，$\cdots$）。然後，利用複數乘方法則，得到

$$c^x = (\rho e^{i\theta})^x = \rho^x e^{i\theta x} = \rho^x e^{i2k\pi x} \ (k = 0,\pm 1,\pm 2,\cdots)$$

在 k 取不同值時，c^x 就會產生不同結果，這些結果有些是實數，有些不是實數。舉個例子，計算 $2^{\frac{1}{3}}$，即

$$2^{\frac{1}{3}} = \left(2e^{i2k\pi}\right)^{\frac{1}{3}} = \sqrt[3]{2} e^{i\frac{2k\pi}{3}} \ (k=0,\pm 1,\pm 2,\cdots)$$

結果的模都是 $\sqrt[3]{2}$，但在 k 取不同整數時，輻角並不相同：

$$k = 0 時，\theta = 0；$$
$$k = 1 時，\theta = \frac{2\pi}{3}；$$
$$k = 2 時，\theta = \frac{4\pi}{3}$$

如圖 3.4-6，在複數平面上畫出這三個點，會發現三個數中一個是實數，另外兩個是非實數的複數，當 k 繼續取 4，5，6，…的時候，結果會重複落在這三個點上。

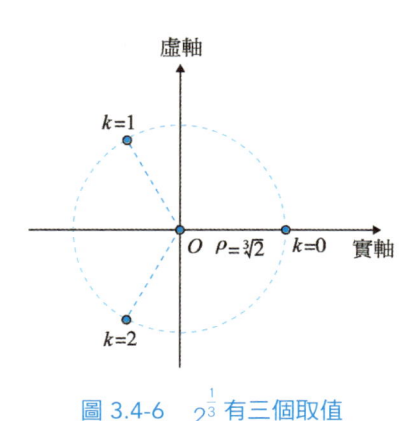

圖 3.4-6 $2^{\frac{1}{3}}$ 有三個取值

好了，現在我們知道了：當將乘方拓展到複數之後，即使是為一個正數進行乘方，也可能會有多個答案。那麼，$c<0$ 時情況又如何呢？我們來對負數的乘方進行拓展，即

$$y = c^x (c，x \in \mathbf{R}，c < 0)$$

負數 c 的模等於 $-c$，而輻角就是 π，$\pm 3\pi$，$\pm 5\pi$，…，即

$$c = \rho e^{i\theta}，$$

其中，$\rho = -c$，$\theta = 2k\pi + \pi$（$k = 0$，± 1，± 2，…）。我們利用複數乘方法則，得到

$$c^x = (\rho e^{i\theta})^x = \rho^x e^{i(2k\pi+\pi)x}$$

同樣，在 k 取不同值時，c 就會產生不同結果，這些結果有些是實數，有些不是實數。舉個例子，計算 $(-2)^{\frac{1}{3}}$，即

$$(-2)^{\frac{1}{3}} = \left[2e^{i(2k\pi+\pi)}\right]^{\frac{1}{3}} = \sqrt[3]{2}\, e^{i\frac{2k\pi+\pi}{3}}（k = 0，\pm 1，\pm 2，…）$$

結果的模是 $\sqrt[3]{2}$，但在 k 取不同整數時，輻角並不相同：

$$k = 0\text{時}，\theta = \frac{\pi}{3}；$$
$$k = 1\text{時}，\theta = \pi；$$
$$k = 2\text{時}，\theta = \frac{5\pi}{3}$$

如圖 3.4-7，在複數平面上畫出這三個點，會發現只有一個（$k = 1$）是實數，另外兩個是非實數的複數。

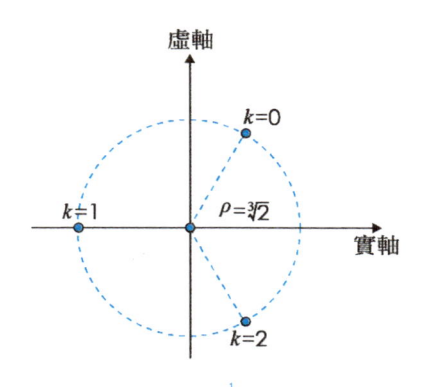

圖 3.4-7　$(-2)^{\frac{1}{3}}$ 有三個取值

甚至有時候，複數的乘方結果都不是實數，例如按照剛才的方法計算$(-2)^{\frac{1}{4}}$，你會發現它的結果是

$$(-2)^{\frac{1}{4}} = \sqrt[4]{2}\mathrm{e}^{\mathrm{i}\frac{2k\pi+\pi}{4}} \quad (k=0, \pm 1, \pm 2, \cdots)$$

如圖 3.4-8，將結果畫在複數平面上，會發現一共有四個結果，而且全都不是實數。這就是為什麼複數的偶次方根在實數範圍內無意義。

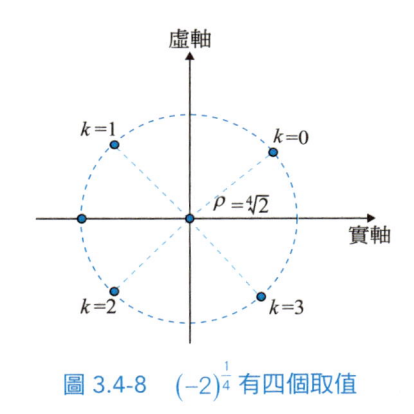

圖 3.4-8　$(-2)^{\frac{1}{4}}$ 有四個取值

能不能總結一下，什麼時候乘方在實數範圍內有意義？什麼時候沒意義？

其實進行複數拓展後，正數和負數的區別只在於主輻角不同，正數的主輻角是 0，而負數是 π，這樣按照複數的乘方規則，我們有

$$c^x = (\rho\mathrm{e}^{\mathrm{i}\theta})^x = \begin{cases} \rho^x \mathrm{e}^{\mathrm{i}2k\pi x}(c>0, k=0, \pm 1, \pm 2 \cdots), \\ \rho^x \mathrm{e}^{\mathrm{i}(2k\pi+\pi)x}(c<0, k=0, \pm 1, \pm 2 \cdots) \end{cases}$$

其中

$$\rho = |c|$$

對於正數 c 而言，c^x 的輻角是 $2k\pi x$，只要 $k=0$，無論 x 取多少，輻角都一定是 0，對應一個正實數，所以正數的任何實數次方在實數範圍內都有意義。

但對負數 c 而言，c^x 的輻角是 $(2k\pi + \pi)x$，除非這個結果是 π 的整數倍，否則不能獲得實數。因此，負數的乘方不能獲得實數，除非滿足 $(2k+1)x$ 是整數，用數學運算式寫成

$$(2k+1)\,x \in \mathbf{Z}$$

這時就可以對 x 進行討論了。

如果 x 是一個無理數：無論 k 取哪個整數，$(2k+1)x$ 都不可能是有理數，自然也不會等於整數了，因此 c^x 不是實數。

如果 x 是一個有理數，可以把 x 寫成

$$x = \frac{p}{q}\,(p \cdot q \in \mathbf{Z})$$

於是有

$$(2k+1)\,x = (2k+1)\frac{p}{q}$$

它是否能成為整數？我們又要分兩種情況：

若 q 為偶數：因為 $2k+1$ 是奇數，若 q 是偶數，$2k+1$ 和 q 不可能完全約分，因此 $(2k+1)x$ 不可能是整數，c 不是實數。這就是以前說的：負數不能開偶次方。

若 q 為奇數：因為 $2k+1$ 是奇數，只要 $2k+1 = q,3q,5q,\cdots$ 就能把 q 完全約分掉，所以 $(2k+1)x$ 完全可以是整數，c 是實數。這就是為什麼負數可以開奇次方。

總結成一句話：在實數範圍內，正數的任意次方都有意義，負數的乘方要有意義，除非指數是有理數，且寫成最簡分數時，分母是奇數。

四 函數圖像

利用剛才討論的結果來研究一些有趣的函數圖像吧。

首先，討論一個簡單函數：$y = (-1)^x$。按照剛才的討論，我們有

$$y = (-1)^x = e^{i(2k\pi+\pi)x} (k = 0, \pm1, \pm2, \cdots)$$

它的模是 1，輻角會發生變化。而且，當 k 取 0、1、2 時，輻角隨 x 的變化速度不一樣，如圖 3.4-9 所示：

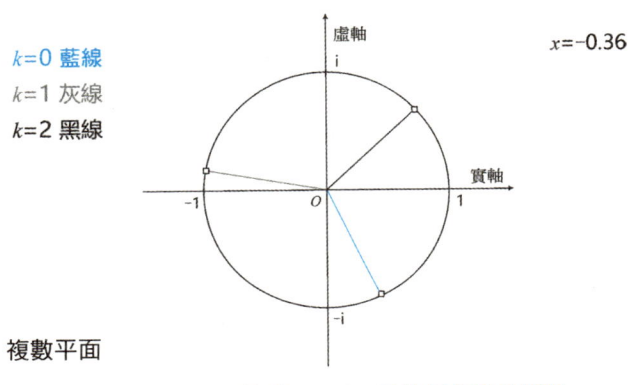

圖 3.4-9　k 取不同值時，$y = (-1)^x$ 的輻角變化情況

還可以畫得漂亮些，在三維空間中建立圖 3.4-10 所示三維坐標系，描繪出 c^x 的實部、虛部隨著 x 的變化情況。你會發現，當 k 取不同值時，c^x 的取值構成了一系列的螺旋線，如圖 3.4-10 所示：

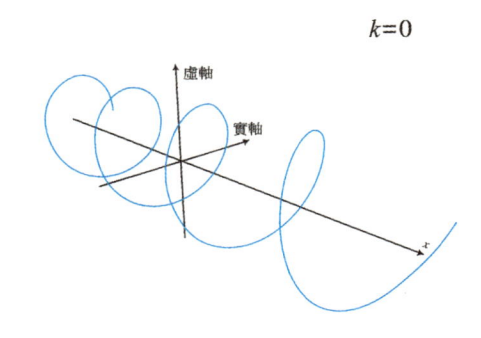

圖 3.4-10　k 取不同值時，$y = (-1)^x$ 構成一系列螺旋線

什麼時候 $(-1)^x$ 能表示實數呢？只需要把這些螺旋線和實數平面相交，交點就是實數。如圖 3.4-11 所示，實際上，這些點並不是連續的，

根據剛才的討論，此時的 x 必須是有理數，且當 x 寫成最簡分數時，分母一定是奇數，例如 $x = \dfrac{1}{3}$、$\dfrac{2}{5}$、$\dfrac{3}{7}$ 等。

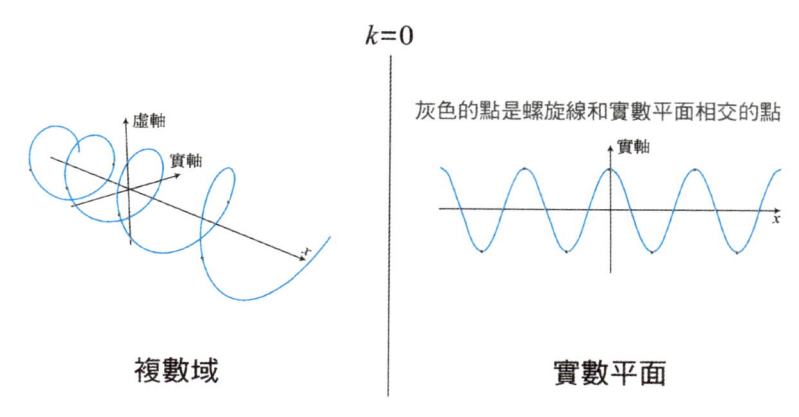

圖 3.4-11　$y = (-1)^x$ 的圖像

講了這麼多，終於可以講講最初的問題了：$y = x^x$ 的函數圖像到底長什麼樣？根據之前的討論，我們令 $\rho = |x|$，則

$$x^x = \begin{cases} \rho^x e^{i2k\pi x} & (x > 0 \text{，} k = 0 \text{，} \pm 1 \text{，} \pm 2 \cdots), \\ \rho^x e^{i(2k\pi + \pi)x} & (x < 0 \text{，} k = 0 \text{，} \pm 1 \text{，} \pm 2 \cdots) \end{cases}$$

首先討論結果的模，如圖 3.4-12 所示，利用軟體很容易算出函數值的模的變化規律，它在 $x = \dfrac{1}{e}$ 和 $x = -\dfrac{1}{e}$ 的位置取到兩個極值點：

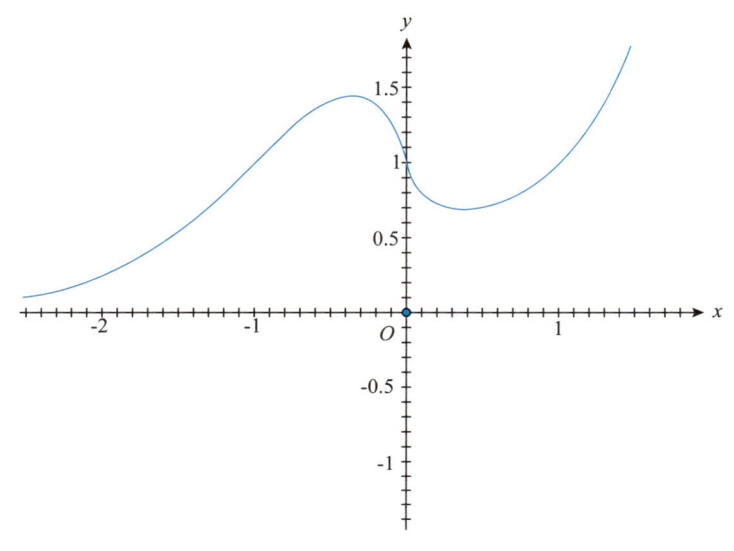

圖 3.4-12　$y=|x|^x$ 的圖像

然後研究函數的輻角，如圖 3.4-13 所示：當 k 分別取 0、1、2、3、⋯ 時，函數值是螺旋線（除了 $x>0$ 且 $k=0$ 時，函數會是一條連續的平面曲線外），這無數條螺旋線組合在一起，圖像有點像一個寶葫蘆。

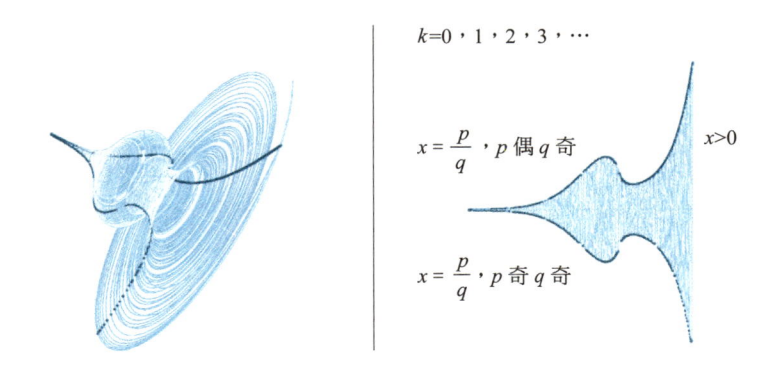

$k=0，1，2，3，\cdots$

$x=\dfrac{p}{q}$，p 偶 q 奇

$x>0$

$x=\dfrac{p}{q}$，p 奇 q 奇

藍線或藍點是螺旋線與實數平面的交線或交點

圖 3.4-13　k 取不同值時，$y=x^x$ 的函數圖像

如圖 3.4-14 所示，讓這個寶葫蘆和實數平面相交，就會得到函數在實數範圍內的圖像：它在第一象限是一條實線，在其他三個象限都是

第三章 函數問題　145

虛線。至於為什麼會有連續和斷續的區別,就留給讀者自己思考吧!

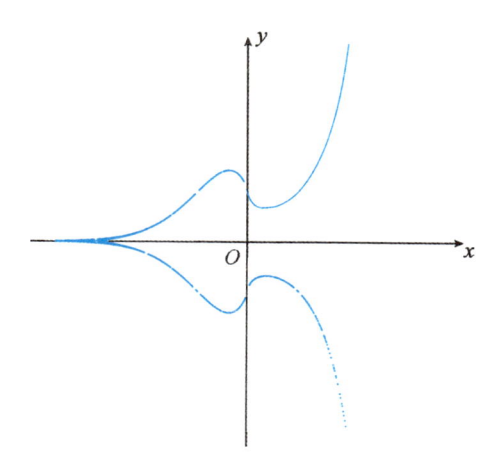

圖 3.4-14　$y = x^x$ 在實數範圍內的圖像

圖 3.4-15 就是 $y = x^x$ 這個函數奇怪的圖像了,你感受到數學之美了嗎?

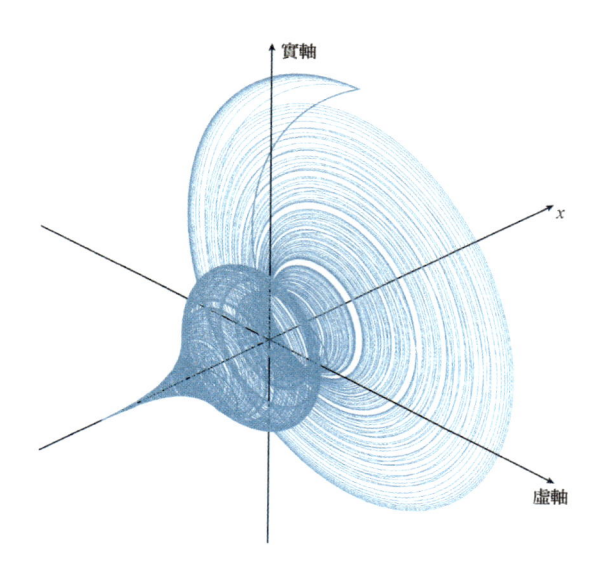

圖 3.4-15　$y = x^x$ 在複數域內的圖像

舉例子能證明數學題嗎？

老師讓你證明三角形的內角和是 180°，便找了幾個三角形，發現它們的內角和都是 180°，於是證明完畢。這種做法對嗎？

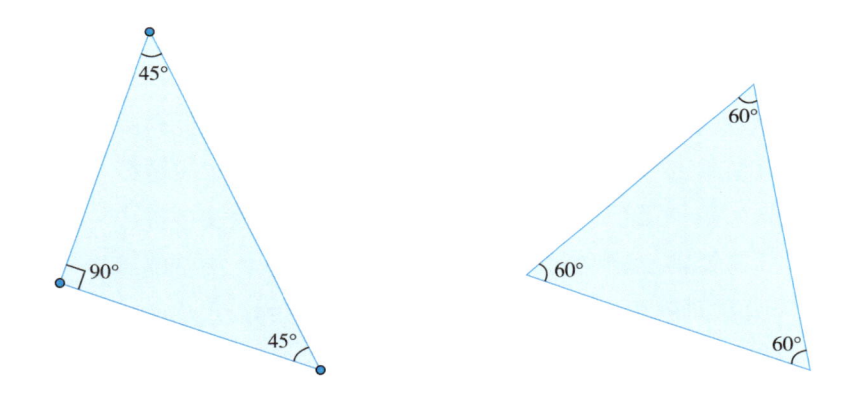

我問了許多人，都認為這種方法不對。因為三角形有無數個，你怎麼能透過幾個例子，就證明所有三角形的性質呢？簡直讓人笑掉大牙。我曾經發文說過這件事，有許多人對此嗤之以鼻，甚至還做影片批判我。

如果只是簡單地舉例子就聲稱證完了，這當然不嚴謹。但事實上，有一種正確且嚴謹的證明，最終關鍵的一環卻恰恰是這樣的「舉例子」。這就是由中國數學家洪加威、張景中等人提出的「例證法」，它用到了演繹和歸納的思想，只是上學的時候老師從沒教過我們。如果你認真了解這種方法，一定會感嘆數學的神奇！

第三章 函數問題

一 一元多項式

首先來看一個簡單的例子。

求證：$(x+1)(x-1) = x^2 - 1$

這是國中學過的平方差公式，顯然是成立的。但也可以透過例證法進行證明。

證明：當 $x = 0, 1, 2$ 時上式都成立，所以上式恆成立。

奇怪！為什麼只透過三個例子就能說明等式恆成立呢？我們可以透過反證法說明。

假設等式 $(x+1)(x-1) = x^2 - 1$ 不是恆成立的，那麼將它展開、移項、合併同類項，便可以得到一個含有 x 的多項式方程：$ax^2 + bx + c = 0$，且 a、b、c 不全為 0。

這個多項式方程最高只能是二次的，因此最多只能有兩個根──其依據是代數基本定理：n 次多項式方程必定有 n 個複數根。代數基本定理是「數學王子」高斯在二十二歲時的博士論文中提出，不要以為二十二歲寫博士論文有什麼大不了的，畢竟他九歲就能算從 1 加到 100，十九歲時就解決了千古難題「正十七邊形的尺規作圖」，二十一歲就完成巨著《算術研究》。

現在，我們舉出了 0、1、2 三個數都滿足等式，說明等式至少有三個根，這與代數基本定理所證明的不超過二次的多項式方程最多有兩個根矛盾，因此原等式只能是恆等式，證明完畢。

多麼漂亮的證明啊！以後要證明 n 次恆等式，只要找到 $(n+1)$ 個數滿足等式就可以了，這就是例證法。

二 多元多項式

如果想證明多元多項式，又該怎麼辦呢？我們再來看一個例子。證明：$(x+y)(x-y) = x^2 - y^2$。

這個等式有 x 和 y 兩個未知數，如果它不是恆等式，當 x 是定值時，它將是一個關於 y 不超過二次的多項式方程，最多只有兩個根；如果 y 是定值，它將是一個關於 x 的不超過二次的多項式方程，最多也只有兩個根。

所以，如果我們能舉出三個 x 值和三個 y 值，形成有 $3 \times 3 = 9$ 個元素的矩陣，這個矩陣中的每個 (x, y) 都滿足等式，那麼等式必定是一個恆等式。如表 3.5-1，只需代入以下結果驗證即可。

表 3.5-1

(x, y)	$x = 0$	$x = 1$	$x = 2$
$y = 0$	$(0, 0)$	$(1, 0)$	$(2, 0)$
$y = 1$	$(0, 1)$	$(1, 1)$	$(2, 1)$
$y = 2$	$(0, 2)$	$(1, 2)$	$(2, 2)$

如果所有這些數對都能滿足等式，等式就一定是恆等式。它的依據依然是代數基本定理。

三、幾何定理

這種方法只能證明代數問題嗎？顯然不是，還可以用於大量幾何問題的證明。例如前面所說的：證明任意三角形的內角和是 180°。

首先要將幾何問題代數化，方法是使用勒內‧笛卡兒（René Descartes）創立的解析幾何。

如圖 3.5-1，無論是什麼樣的三角形，都可以把它的一個頂點 A 放在座標原點 O，讓它的一條邊和 x 軸重合，並把這條邊的長度規定為單位 1，這樣頂點 B 的座標就是 $B(1, 0)$，另一個頂點 C 可以在平面中任意選取，定為 $C(x, y)$。

圖 3.5-1

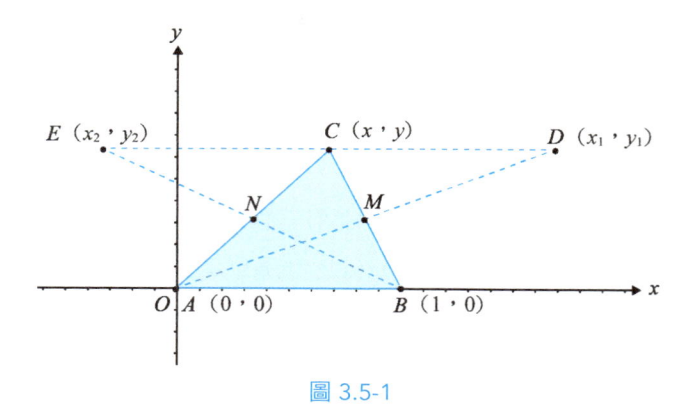

我們要證明三角形內角和是 180°，就要把三個內角拼起來，證明三個內角可以構成一個平角。

可以採用這樣的方法：在 BC 上取中點 M，連接 AM 並延長到 D 點，使 MD = AM。根據邊角邊公理，三角形 ABM 和三角形 DCM 全等，即

$$\triangle ABM \cong \triangle DCM$$

同理，可以作出 E 點，並且

$$\triangle BAN \cong \triangle ECN，$$

於是，三角形的兩個底角就都可以轉移到 C 點上，剩下的工作就是證明 $D(x_1, y_1)$、$C(x, y)$、$E(x_2, y_2)$ 三點共線了。根據解析幾何，證明三點共線，就是證明它們的坐標滿足以下關係：

$$(x - x_2)(y - y_1) - (x - x_1)(y - y_2) = 0$$

這個方程式中，只有 x、y 兩個變數是自由的，而 x_1、y_1、x_2、y_2 都可以透過 x、y 用幾何關係計算出來；而且 x_1、x_2 都是 x 的一次函數，而 y_1、y_2 都是 y 的一次函數。所以，上面要證明的運算式的 x 和 y 的最高次都是一次。我們只需要 2×2 = 4（個）例證，就能證明等式恆成立了（圖 3.5-2）。

求證：三角形內角和等於 180°。

證明：需證 C、D、E 三點共線，

即 $(x-x_2)(y-y_1)-(x-x_1)(y-y_2)=0$

由於 M 是 BC 中點 $x_M=\frac{1}{2}(x+1)$，$y_M=\frac{1}{2}(y+0)$，

由於 M 是 AD 中點，$x_1=2x_M-0=x+1$，$y_1=2y_M-0=y$，

可見：x_1 是 x 的一次函數，y_1 是 y 的一次函數。

同理：x_2 是 x 的一次函數，y_2 是 y 的一次函數。

$(x-x_2)(y-y_1)-(x-x_1)(y-y_2)=0$ 中的 x、y 最高次都是一次。

只需要 $2\times 2=4$（個）例證。

圖 3.5-2

取哪些例證更好呢？可以取 $(x, y)=(0, 0)$、$(1, 0)$、$(0, 1)$、$(1, 1)$ 四個例子，取 $(0, 0)$、$(1, 0)$ 時，C 點分別和 A、B 點重合，運算式成立。而取 $(0, 1)$、$(1, 1)$ 時，是兩個等腰直角三角形，它們的三個內角分別是 90°、45° 和 45°，自然滿足三角形內角和是 180°。於是，我們就證明了所有三角形內角和都是 180°。

驗證幾個三角形的內角和是 180°，就斷言所有三角形內角和都是 180°，看上去很荒唐，但的確是有道理的。其實許多平面幾何定理都可以用這樣的方法證明，只不過舉例子的個數多少不一樣，有些定理可能需要成千上萬個例子才能證明。

根據幾個例子得出一般性的結論，這叫做歸納法，在物理、化學、生物學中，大部分時候都是使用歸納法研究問題得出理論的。無論是牛頓三大定律，還是元素週期表，都是如此。只有透過歸納法發現了反例，人們才會去想如何修改理論。英國著名哲學家、古典經驗論的始祖法蘭西斯·培根（Francis Bacon）就認為：歸納法是切實可靠的獲取知識的方法，科學工作應該像蜜蜂採蜜一樣，透過搜集資料，有計畫地觀

察、實驗和比較，來揭示自然界的奧祕。

可是從古希臘時代開始，數學家們就一直認為只有用演繹法獲得的數學結論才是可靠的，用歸納法證明數學定理，例子再多也沒用，只能被人恥笑，例如你驗證了三個偶數都能滿足哥德巴赫猜想，就能證明哥德巴赫猜想了嗎？

問題來了，為什麼有時舉例子可以證明一個問題，有時卻不能呢？

其實，歸納法和演繹法是相互支持和補充的，並非水火不容，用例證法來證明數學定理，雖然是歸納法，但背後也有代數基本定理、反證法等演繹法做支持。歸納和演繹這兩種邏輯方法，在更高層次是統一的。

換句話說，如果我們能用演繹法去獲得一個確鑿的邏輯關係，那麼舉一個例子，就能嚴格論證一個命題，這就是古人所說的「一葉知秋」。反過來說，如果沒有弄清楚邏輯關係，舉多少例子都不能說明問題，這就是以偏概全。生活中這樣的情況還真不少。

我想，現在你一定對舉例子的證明方法有了更深刻的認識了吧！

冰雹猜想

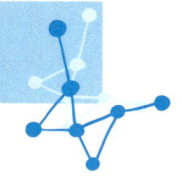

有學生問我：有沒有什麼數學問題，小學生都能看懂，數學家卻做不出來呢？有，冰雹猜想就是其中之一。

如同哥德巴赫猜想一樣，冰雹猜想的問題描述非常簡單，這也讓它成為民間數學愛好者的最愛。如果你在網路上搜尋「冰雹猜想」，或者其他名字「$3N+1$ 猜想」、「考拉茲猜想」、「角谷猜想」等，就會發現大量宣稱證明了猜想的文章。可實際上這個問題提出八十多年來，許多專業數學家前仆後繼，依然無法解決這個問題。

一、冰雹猜想

什麼是冰雹猜想呢？

一起來做一個數學遊戲：隨便選一個正整數，如果這個數是奇數，就把它乘 3 再加 1；如果這個數是偶數，就把它除以 2，即

$$N變為 \begin{cases} 3N+1 \text{（如果} N \text{是奇數）} \\ \dfrac{N}{2} \text{（如果} N \text{是偶數）} \end{cases}$$

對計算得到的結果重複這個操作，會得到什麼呢？如圖 3.6-1，從 $N=6$ 開始：

6 是偶數，除以 2 變成 3；

3 是奇數，乘 3 再加 1 變成 10；

10 是偶數，除以 2 變成 5；

5 是奇數，乘 3 再加 1 變成 16；

16 是偶數，除以 2 變成 8；

8 是偶數，除以 2 變成 4；

4 是偶數，除以 2 變成 2；

2 是偶數，除以 2 變成 1；

1 是奇數，乘 3 再加 1 變成 4。

從此往後，數列就會陷入 4－2－1－4－2－1 的迴圈了。

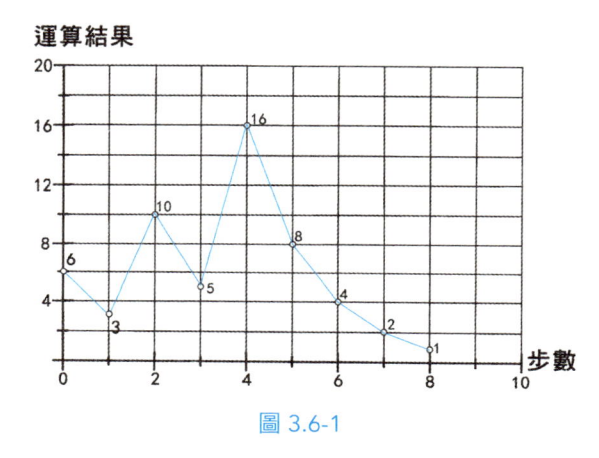

圖 3.6-1

如果從其他數開始，情況又是如何呢？如圖 3.6-2，從 7 開始，數列中的數最大會變成 52，但經過十六步操作，還是會回到 1，繼而陷入 4－2－1 的迴圈。

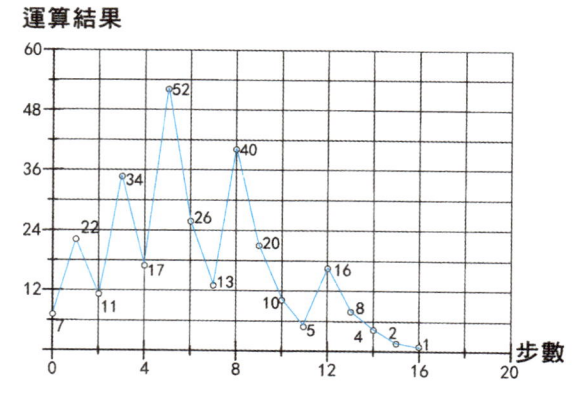

圖 3.6-2

如圖 3.6-3，從 27 開始，數列中的數最大會變成 9232，但經過一百一十一步，還是會回到 1，繼而陷入 4 - 2 - 1 的迴圈。

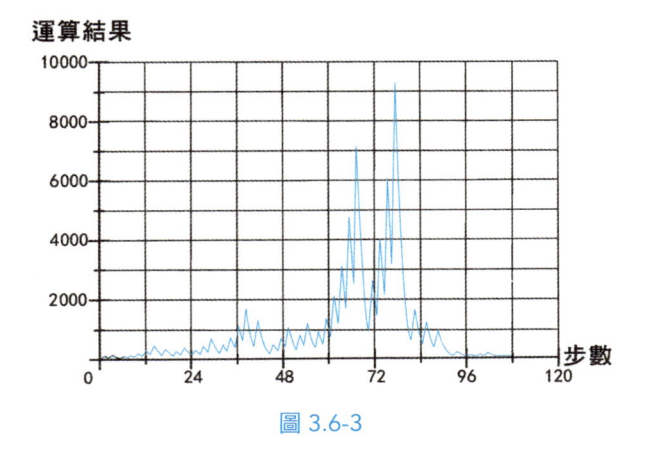

圖 3.6-3

實際上，人們已經嘗試了 268 以下的每一個正整數，從任意一個數出發，最終都會回到 1。

那麼，是不是從任何一個正整數開始，經過上述操作，最終都會變成 1 呢？一九三七年，德國數學家洛薩・考拉茲（Lothar Collatz）提出了這個猜想，稱為考拉茲猜想。由於這些數總是上下上下地變化，最後變成 1，就好像冰雹在空中總是上下運動，最終落到地面上一樣，所以也叫做冰雹猜想。

二 珊瑚樹

冰雹猜想是一個世界級難題，從提出到現在八十多年了，數學家們還是沒有解決。因為正整數是無窮無盡的，就算你驗證了許許多多正整數都滿足冰雹猜想，也可能在更大的數中找到反例。不過，我們依然可以對這個猜想可能的證明方法做一點討論。

首先，可以把這個數列倒過來推演。假如從某個數開始計算，最終得到 1，那麼 1 的上一個數一定是 2（因為 2 是偶數，除以 2 等於 1），

2 的上一個數一定是 4，4 的上一個數一定是 8（數 1 已經出現過了，就不重複計算了），8 的上一個數一定是 16（圖 3.6-4）。

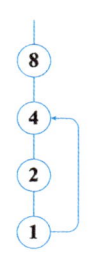

圖 3.6-4

到這裡，情況就出現了不同：16 的上一個數既可能是 32，也可能是 5；因為 32 是偶數，按照規則除以 2 得到 16；5 是奇數，按照規則乘 3 再加 1 也得到 16（圖 3.6-5）。

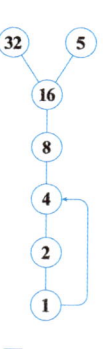

圖 3.6-5

按照這樣的方法，從 1 開始逆推數列，逐漸補充數，就會獲得一棵「珊瑚樹」（圖 3.6-6）。

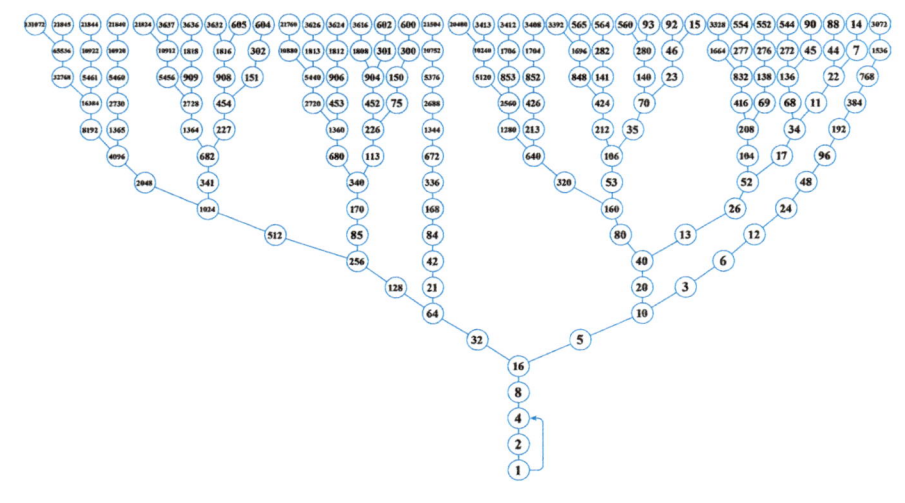

圖 3.6-6

　　大家仔細觀察這棵樹就會發現：除了最底下的 4－2－1 迴圈之外，珊瑚樹的其他地方都沒有迴圈。假設所有的正整數都能被這棵樹包括在內，冰雹猜想就是成立的。

　　反過來說，冰雹猜想不成立，也有兩種可能。第一種可能是：從某個特殊的數出發，冰雹最終沒有落到地上，而是在上下跳動中逐漸上升，最終到達無窮大；第二種可能是，除了 4－2－1 迴圈外，還有其他一些數，也能構成一個迴圈，幾個數在這個迴圈中反覆，不能變成 1。可惜的是：這兩種情況目前既沒有被找到，也沒有被證明不存在。

三 「幾乎所有」的證明

　　雖然猜想並未被證明，但數學家們對這個問題的研究也有一點成果，下面就帶著大家了解這些研究進展，會用到稍微複雜一點的數學知識。

　　假設從正整數 N 出發，按照冰雹猜想的規則獲得一個數列，數列中的最小值記為 $Col(N)$。冰雹猜想就是要證明對於所有的正整數 N，都有 $Col(N)=1$。其實，這等價於對於除了 1 以外的所有正整數，Col

（N）< N，即

$$Col(N) = 1 \Leftrightarrow Col(N) < N (N = 2，3，4，5，\cdots)$$

這不難理解，如果從任意正整數出發，都能獲得一個比它小的數，從這個小的數出發，又能獲得一個更小的數，只要這個數不是 1，就能一直計算下去，直到獲得數字 1。既然有思路了，那就開始吧！

一九七六年，數學家瑞荷・泰拉斯（Riho Terras）證明：在自然密度下，幾乎所有的正整數 N 都滿足規律 $Col(N) < N$。一九七九年，另一位數學家阿魯什加強了這個結論：在自然密度下，幾乎所有正整數都滿足規律 $Col(N) < Na$，其中 a 是任意一個大於 0.869 的數。到了一九九四年，伊萬・科雷茨（Ivan Korec）進一步把指數 a 的下限縮小到 $\frac{\ln 3}{\ln 4}$（大約 0.7924）。

一九九四年，著名華裔數學家陶哲軒又證明：在對數密度下，幾乎所有的正整數 N 都滿足規律：$Col(N) < f(N)$，其中 $f(N)$ 是任意一個函數，只要在 N 趨向無窮大時，$f(N)$ 也趨向無窮大就好。例如 $f(N)$ 可以是 $N^{\frac{1}{2}}$，可以是 $\ln N$，也可以是 $(\ln N)^{\frac{1}{2}}$ 等。

看起來，數學家們好像證明了 $Col(N) < N$，甚至得出更強的結論。但仔細看就會發現：以上幾個數學家的工作中，都有「幾乎所有」這個前提，意味著這個結論並不一定對所有正整數都能成立，所以冰雹猜想依然沒有被證明。

而且，「幾乎所有」前面還有「對數密度」、「自然密度」這類詞語，又是什麼意思呢？

四　數的密度

物理學中，密度等於質量除以體積。數學上也有密度的概念，它表示一個自然數的子集在多大程度上接近自然數集，或者可以簡單理解為一個自然數子集的元素個數占整個自然數集的比例。密度愈大，表示數

集愈接近自然數集。

例如，集合 A 表示所有偶數的集合，它的元素有無限多個，所有自然數中，偶數占一半，所以集合 A 的密度就是 0.5；再例如集合 B 表示所有 4 的倍數的集合，它的元素也有無限多個，占所有自然數的 $\frac{1}{4}$，所以 B 集合的密度是 0.25。

其他複雜一些的集合，例如平方數的集合，密度如何計算呢？數學上有嚴格的定義：

自然數有子集 A，若 A 中不大於自然數 N 的元素分別為 a_1、a_2、a_3、…、a_n，個數為 n，則

若 N 趨近於無限大時，n 與 N 的比值收斂於 P，即

$$\lim_{N \to \infty} \frac{n}{N} = P，$$

則稱 P 是 A 的自然密度。

若 N 趨近於無限大時，a_i 的倒數和與 N 的自然對數 $\ln N$ 之比收斂於 P，即

$$\lim_{N \to \infty} \frac{\sum_{i=1}^{n} \frac{1}{a_i}}{\ln N} = P，$$

則稱 P 是 A 的對數密度。

你會發現：自然密度的定義大意是對於固定的 N，取集合中不超過 N 的全部元素，然後計算這些元素占從 1 到 N 所有自然數個數的比例，再逐漸把 N 推廣到無限，如果比例趨於穩定（存在極限），就把這個極限定義為集合的密度。

對數密度的概念比較奇怪，分子是集合中 a 個元素的倒數和，分母是 N 的對數，這是怎麼回事呢？實際上，數學家歐拉（Leonhard Euler）證明：當 N 很大時，從 1 到 N 的自然數倒數和與 $\ln N$ 只相差一個確定的小數，這個小數叫做歐拉常數，即

$$\lim_{N \to \infty} \left(\sum_{k=1}^{N} \frac{1}{k} - \ln N \right) = \gamma, \ \gamma = 0.577\,215\,66\cdots\cdots$$

分母上的 ln N 大約等於前 N 個自然數的倒數和，對數密度就是用倒數和所占比例來判斷集合中元素多少的。

集合 A 是自然數的子集，所以無論自然密度還是對數密度，都不會超過 1，而是在 0 和 1 之間。如果密度等於 0，我們稱「幾乎沒有」；密度等於 1，我們稱「幾乎全部」。

舉個例子：求完全平方數集合的密度，分別取 N = 100、10000、1000000，小於等於 100 的完全平方數有十個，小於等於 10000 的有一百個，小於等於 1000000 的有一千個，它們的倒數和很容易計算（表 3.6-1）。

表 3.6-1

N	小於等於 N 的元素個數 n	$\frac{n}{N}$	倒數和與 ln N 的比
100	10	0.1	33.6%
10000	100	0.01	17.7%
1000000	1000	0.001	11.9%

隨著 N 增大，無論用哪種定義，比例都在下降。可以證明：在 N 趨近於無限大時，這個比例趨於 0（證明過程留給有興趣的人完成）。

所以，完全平方數集合的自然密度和對數密度都是 0。說明在自然數中，「幾乎沒有」完全平方數。但完全平方數不但有，而且有無限多個。

同樣，陶哲軒等人證明了在對數密度或自然密度下，「幾乎所有」的正整數都滿足結論，但依然可能存在有限甚至無限個反例。冰雹猜想依然沒有被證明。

雖然冰雹猜想表面上很簡單，但我們了解一下研究進展，都需要學習很多高等數學的知識，足見這個問題實際上相當複雜。有數學家說：

人類的數學工具還不足以解決如此複雜的數學問題。甚至有美國數學家說：這個問題是蘇聯人提出來的，目的就是干擾美國的數學研究進程，讓美國數學家沒有能力去研究正經事，尤其是與戰爭相關的數學問題。

雖然數學家解決不了，但不妨礙民間數學愛好者對此充滿熱情，他們一般使用初等數學的方法，兩、三頁紙就能證明這個猜想。無論是愛因斯坦的相對論還是尼古拉・羅巴切夫斯基（Nikolai Lobachevsky）的非歐幾何，都是在充分理解前人工作的基礎之上，實現的新的科學突破。在今天這個資訊充分交流的社會裡，希望透過撿漏實現科學突破，幾乎是不可能的。與其試圖解決哥德巴赫猜想或冰雹猜想這樣的世界難題，碰瓷科學家來吸引關注，不如多去讀幾本書，這對我們的幫助會更大。

一個西瓜切四刀，最多有幾塊？

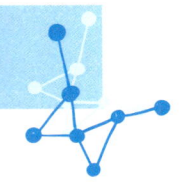

在一個西瓜上切四刀，如果不移動西瓜，最多能把西瓜切成幾塊？這個問題看似簡單，實際上還挺複雜，讓我們一步步來解決。

一、切餅問題

首先從比較簡單的二維情況說起。如果有一個餅，切四刀最多能把餅切成幾塊？

如圖 3.7-1，在紙上畫一個圓形，並在圓形上畫直線來研究這個問題。切一刀，能把餅分成兩塊；切兩刀，最多能把餅分成四塊；切三刀，讓第三刀和前二刀相交，最多能把餅分成七塊。

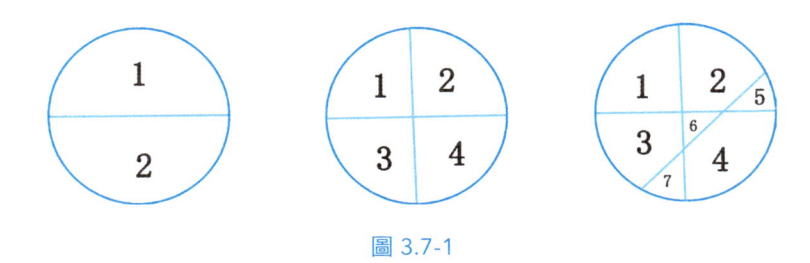

圖 3.7-1

用數列表示出來就是 $a_1 = 2$，$a_2 = 4$，$a_3 = 7$。你能推斷出 a_4 等於多少嗎？

對前面三項進行分析，會發現它滿足一個規律：

$$a_1 = 2 = 1+1;$$
$$a_2 = 4 = 1+1+2;$$
$$a_3 = 7 = 1+1+2+3$$

按照這個規律，四刀可以把餅分割成的塊數可能是

$$a_4 = 1+1+2+3+4 = 11$$

甚至還可以猜測，如果在餅上切 n 刀，能夠把餅分割成的塊數有

$$a_n = 1+1+2+3+\cdots+n = 1+\frac{1}{2}n(n+1)$$

如何證明這個結論呢？

請大家觀察圖 3.7-1 中畫出的第三條線，它會與前面兩條線相交，出現兩個交點，而這兩個交點會把第三條線分成三段，如圖 3.7-2 所示：

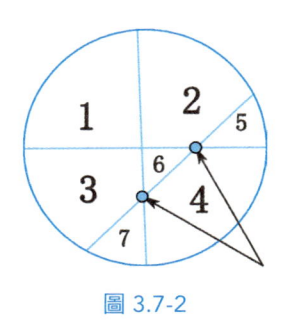

圖 3.7-2

畫兩條線時，餅上只有四塊。因為多了第三條線，就多出三塊。你會發現：這三塊新出現的餅，剛好對應了第三條線上的三小段。或者說：當我們增加第三條線時，由於與前面的兩條線相交，第三條線會被分割成三小段，每一小段都會把之前的一塊餅分割成兩塊餅，從而增加三塊新餅。

你能把這個結論拓展應用到一般情況中嗎？應該是：切餅問題中為了獲得盡量多的塊數，第 n 條線必須與前面 ($n-1$) 條線都相交，第 n 條線上會出現 ($n-1$) 個交點，將第 n 條線分割成 n 段。每一段對應了一個新的區域，因此新增出 n 個區域，即

$$a_n = a_{n-1} + n$$

這就是切餅問題的遞推式。

我們還要求出首項：如果一刀都不切，餅自然只有一塊，所以

$$a_0 = 1$$

按照首項和遞推式，就能推算出後面的情況：

$a_1 = a_0 + 1 = 1 + 1 = 2$；
$a_2 = a_1 + 2 = 1 + 1 + 2 = 4$；
$a_3 = a_2 + 3 = 1 + 1 + 2 + 3 = 7$；
…
$a_n = a_{n-1} + n = 1 + 1 + 2 + 3 + \cdots + n = 1 + \frac{1}{2}n(n+1)$

這就是切餅問題的答案。

二 切西瓜問題

四刀能把一個西瓜切成幾塊呢？西瓜和餅的不同在於：西瓜是三維的。還是從最簡單的情況開始。

如圖 3.7-3，西瓜切一刀，自然是兩塊；切兩刀，就變成四塊；如果三刀互相垂直，西瓜就變成八塊。

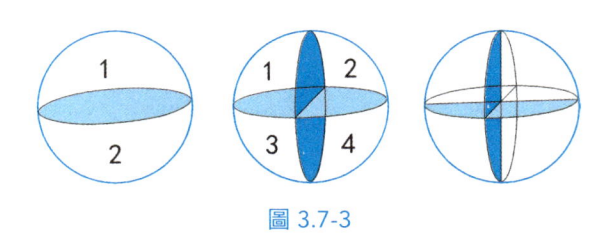

圖 3.7-3

用 b_n 表示切 n 刀最多能把西瓜分成的塊數，可以看出：$b_1 = 2$，$b_2 = 4$，$b_3 = 8$。

那麼 b_4 等於多少呢？

也許不少同學會認為是 16，因為 2、4、8，每次都加倍。但很遺憾，四刀最多只能把西瓜分成十五塊。我們想透過畫圖找到這個答案非常困難，必須透過理論計算。你會發現，這個推導過程與切餅問題非常相似。

首先，如果在西瓜上切第 n 刀，為了獲得最多的塊數，這一刀所在的平面必須與前（n-1）刀的平面都相交，於是，第 n 刀的平面上會出現（n-1）條相交線。如圖 3.7-4，如果只切一刀，刀面上沒有相交線；如果切兩刀，第二刀上有一條相交線；如果切三刀，第三刀上有兩條相交線。

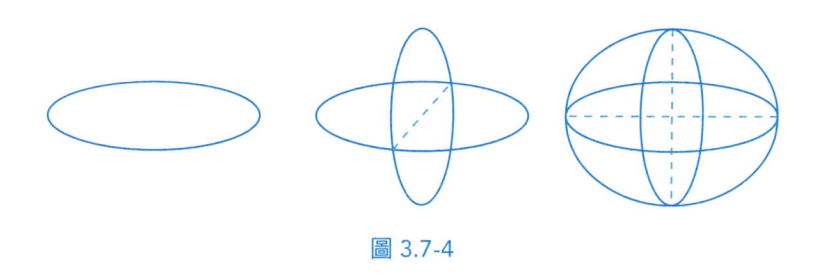

圖 3.7-4

（n-1）條相交線最多能把第 n 刀這個平面分割成幾個區域呢？這個問題是不是似曾相識？不就是切餅問題嗎？（n-1）條線，最多能把平面分割成 a_{n-1} 個區域。

第 n 刀會有（n-1）條相交線，平面被分割成 a_{n-1} 個二維區域，而每個二維區域，都能讓西瓜新增一塊。現在第 n 刀被相交線分割成 a_{n-1} 個區域，自然就能讓西瓜增加 a_{n-1} 塊了！所以，如果（n-1）刀能把西瓜分割成 b_{n-1} 塊，n 刀就能把西瓜分割成 b_n 塊，它們之間有關係：

$$b_n = b_{n-1} + a_{n-1}$$

原來計算切西瓜問題，首先要解決切餅問題。顯然，一刀也不切時，西瓜就是一塊，所以

$$b_0 = 1$$

隨後運用公式，可以得到：

$$b_1 = b_0 + a_0 = 1+1 = 2;$$
$$b_2 = b_1 + a_1 = 2+2 = 4;$$
$$b_3 = b_2 + a_2 = 4+4 = 8;$$
$$b_4 = b_3 + a_3 = 8+7 = 15$$

其中，$a_n = a_{n-1} + n$，$a_0 = 1$。

因此，四刀最多能把一個西瓜切割成十五塊！

實際上，透過一個不太複雜的計算，還可以得到結論：n 刀最多能把一個西瓜切成的塊數為

$$b_n = \frac{1}{6}n^3 + \frac{5}{6}n + 1$$

比較方便的推導方法是使用待定係數法，即假設 $b_n = c_1 n^3 + c_2 n^2 + c_3 n + c_4$，然後代入 b_1、b_2、b_3、b_4 的值，求出係數 c_1、c_2、c_3、c_4 即可。

最後給大家留一個思考題吧！假如有一個甜甜圈，四刀最多能把它切割成多少份呢？

第四章
邏輯問題

- ▲ 國王的新衣
- ▲ 如何公平地切蛋糕？
- ▲ 零知識證明
- ▲ 一百名囚犯問題
- ▲ 找瑕疵品問題
- ▲ 雙蛋問題
- ▲ 約瑟夫環問題

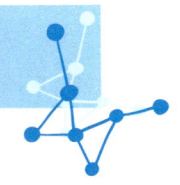

國王的新衣

《國王的新衣》是著名作家漢斯・安徒生（Hans Christian Andersen）筆下的童話，講述了這樣一個故事。

一個奢侈而愚蠢的國王每天只顧著換新衣服。一天，王國來了兩個騙子，聲稱可以製作出一件神奇的衣服，這件衣服只有聖賢才能看見，愚人看不見。騙子索要了大量財寶，不斷聲稱這件衣服多麼華貴和光彩奪目。被派去的官員都看不見這件衣服，然而為了掩蓋自己的「愚昧」，他們都說自己能看見這件衣服，而國王也是如此。最後，國王穿著這件看不見的「衣服」上街遊行。兩旁的居民都在誇讚國王的新衣，一個孩子大聲喊道：「可是國王什麼也沒穿呀！」然後所有的居民開始竊竊私語。

小時候讀這篇童話，會嘲笑國王的愚蠢，佩服小男孩的勇氣。今天再讀它，會不會有新的感悟呢？

一 紅眼睛和藍眼睛

先討論一個邏輯問題——「紅眼睛和藍眼睛問題」，這個問題最早是由華裔數學家陶哲軒提出的。

一個村子中有一百個人，其中九十五個人的眼睛是藍色，五個人的眼睛是紅色。村子裡有一個奇怪的規矩：雖然每個人都能看到其他人的眼睛是什麼顏色，但都不知道自己眼睛的顏色，且禁止討論有關眼睛顏色的任何話題。一旦出於某些原因，例如照鏡子，一個人知道了自己眼睛的顏色，他就必須在第二天中午到村子的廣場上自殺。

有一天，村子裡來了一個外鄉人，他在村子裡度過了一段愉快的時光。臨走前，村子舉辦舞會歡送這個外鄉人。外鄉人說：「我這幾天非常開心，最讓我開心的是，在村子裡發現了和我一樣有紅眼睛的人。」

這句話一說出，村子裡的空氣凝結了。外鄉人立刻發現自己討論眼睛的顏色違背了村子的風俗，於是尷尬地離開了。不過他回頭一想：其實自己也沒說出什麼，因為村子裡有五個紅眼睛的人，就算他不說，每個人也能看到村子裡有紅眼睛的人，自己沒有洩漏什麼新的資訊。這樣一想，外鄉人的負罪感就輕了一些。結果到了第五天，村子裡五個紅眼睛的人到村子的廣場上集體自殺了。

為什麼到了第五天，紅眼睛的人會集體自殺呢？他們是如何知道自己眼睛顏色的？讓我們一步步來討論這個邏輯。

首先假設：村子裡只有一個紅眼睛的人和九十九個藍眼睛的人。紅眼睛的人會看到九十九個藍眼睛的人，但不知道自己的眼睛是什麼顏色。當外鄉人說出帶有「村子裡有紅眼睛的人」之意的話時，這個紅眼睛的人立刻會想到：村子裡其他人都是藍眼睛，那唯一一個紅眼睛的人只能是自己。於是，外鄉人走後的第一天中午，這個紅眼睛的人就會在廣場上自殺。

我們繼續想：假如村子裡有兩個紅眼睛的人 A 和 B，以及和九十八個藍眼睛的人。A 和 B 都會看到九十八個藍眼睛的人和一個紅眼睛的人，但他們不知道自己的眼睛什麼顏色。當外鄉人說出帶有「村子裡有紅眼睛的人」之意的話時，A 村民就會想到：假如自己不是紅眼睛，那麼 B 村民將看到九十九個人都不是紅眼睛，於是 B 村民立刻會知道自己是紅眼睛，這個倒楣蛋明天中午就會自殺了。同樣，B 村民也會這樣想：A 村民會在明天中午自殺。

然而，到了隔天中午，A 村民和 B 村民都沒有自殺。這時他們猛然反應過來：自己的想法是錯的，村子裡不可能只有一個紅眼睛。那麼除了對方以外，另外一個紅眼睛的人一定是自己了。於是，外鄉人走後的第二天中午，兩個人都會在廣場上自殺⋯⋯

按照這種邏輯，如果村子裡有五個紅眼睛的人，從外鄉人離開那天

夜裡開始數，到了第五天中午，這五個人都會在村子的廣場上自殺。幸好，外鄉人沒有說村子裡有藍眼睛的人，否則這個村子就一個人都不剩了。

二、共有知識和公共知識

如果回過頭來思考問題本身：每一個村民的確早就知道其他人眼睛的顏色，也知道村子裡有紅眼睛的人，外鄉人沒有說出什麼新花樣。為什麼他說出了一句每個人都知道的話，卻有這麼大的殺傷力呢？

經濟學家威廉・亞瑟・路易斯（William Arthur Lewis）提出一對概念——共有知識和公共知識，恰好可以解釋這個問題。

共有知識是說：每個人都知道的知識，但不確定別人是否知道，也不確定別人是否知道自己知道。例如：一個員警抓住了一個嫌犯，員警判定嫌犯有罪，嫌犯當然知道自己有罪。但嫌犯認為：只要自己不承認，員警就不能定自己有罪。此時嫌犯有罪這件事就是共有知識。

公共知識是說：不光每個人都知道，而且每個人都知道其他人也知道，以及每個人都知道其他人知道每個人都知道。假如剛才的嫌犯招供了，在認罪書上簽字，那麼無論是員警還是嫌犯，都知道了嫌犯有罪的事實，而且還知道這個事實對方也知道了，於是共有知識就變成公共知識。

再舉一個例子：假如有一個男孩和一個女孩，彼此相愛，但羞於說出口。從兩個人的言談舉止都知道自己愛對方，對方也愛自己，但無法確定對方是否也和自己一樣知道這件事，此時相愛就是共有知識。一旦有一方表白，另一方接受，不光每個人都知道彼此相愛，而且也知道了對方也知道這件事……共有知識就變成公共知識。

實際上，一件事情要變為公共知識，嚴格定義是一個無限嵌套的過程：

1. 大家都知道這件事；

2. 大家都知道（大家都知道這件事）；

3. 大家都知道〔大家都知道（大家都知道這件事）〕；

4. ……

如果一件事情只滿足條件1，就是共有知識，只有滿足所有條件時，才能變為公共知識。

一個知識如何才能從共有知識變為公共知識呢？只需一個很簡單的步驟：公開討論。

例如：剛才的邏輯問題中，「村子裡有紅眼睛的人」這件事每個人都心知肚明，但因為沒有經過討論，只是共有知識——人們不清楚其他人是否知道這件事，也不知道其他人是否知道自己知道這件事。

當外鄉人說出帶有「村子裡有紅眼睛的人」之意的話時，每個村民都知道了：不光自己知道村子裡有紅眼睛的人，所有其他人都知道這件事了，而且其他人也知道自己知道這件事……共有知識就變成公共知識。一句簡單的話改變了整個村子的知識構成。

三 吶喊的力量

再來研究一下《國王的新衣》。當國王穿上騙子的「衣服」在街上遊行時，所有人都看到國王赤身裸體，但沒有人說出來，此時「國王沒穿衣服」就是共有知識。當小男孩說「可是國王什麼也沒穿呀」時，所有人竊竊私語的結果是每個人都知道：不光我知道「國王沒穿衣服」，所有人都知道「國王沒穿衣服」……共有知識就變成公共知識。

共有知識和公共知識的作用不一樣，從共有知識變為公共知識的方法就是公開討論。魯迅寫了一本文集《吶喊》，因為他知道：只有大家把心知肚明的事情說出來，這件事才能影響社會。

例如股票市場上有些垃圾股，雖然公司盈利能力很差，但股價長期維持在高位。每一個購買這檔股票的投資者可能都知道這是一支垃圾股，但他們不清楚別人是否也知道這件事。於是，他們期待著有更傻的人來接盤。也許有一天，一篇報導突然揭露這檔股票是垃圾股的事實，結果每個人都知道：不光自己知道它是垃圾股，所有人都知道它是垃圾

股了⋯⋯再也不會有人接盤了。於是，股價一落千丈。

再例如市場上有很多「智商稅」產品，宣稱它們有多麼大的作用，但實際上可能什麼作用都沒有。你知道，我知道，大家都知道，此時這件事就是共有知識。除非有一天，有人喊出了這句話：「這是一個垃圾產品，大家不要買！」共有知識才能變成公共知識。這時廠商會非常害怕，會想盡一切辦法讓這樣的聲音消失，不讓共有知識變成公共知識。

很多年前，尼古拉・哥白尼（Nicolaus Copernicus）小心翼翼地提出「日心說」，而焦爾達諾・布魯諾（Giordano Bruno）則大聲吶喊：「地球是圍繞太陽轉的！」只有更多「布魯諾」出現，「地球圍繞太陽轉」才能從共有知識變成公共知識，真理才能真正地深入人心。

如何公平地切蛋糕？

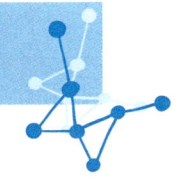

生活中會遇到各種紛爭，如小時候和兄弟姊妹爭搶一塊蛋糕，長大了和同事爭搶榮譽和獎金。世界上的許多紛爭都來源於「不公平」和「嫉妒心」。

「不公平」就是感覺自己應得的沒有得到，「嫉妒心」就是自己沒得到但其他人得到了，或者雖然自己得到了應得的，但其他人得到的更多。如果設計一種方案，讓每一個人都感覺自己拿到了最多利益，紛爭就會少很多。

如何把一個蛋糕分給幾個人，才能讓所有人都滿意呢？

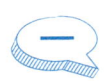

一 兩人分蛋糕：我切你選

兩個小孩分一個蛋糕，如果父母幫著切，經常會有孩子大喊：他的那一塊比我的大。甚至有時候，兩個孩子都會這樣喊。如果兩個孩子都這樣喊，父母倒可以乾脆讓兩個小孩交換蛋糕。可是如果只有一個小孩這樣喊，也就是說兩個小孩都看上同一塊蛋糕，父母就頭痛了。

這時可以這樣做：讓一個孩子決定如何把這塊蛋糕切成兩份，讓另一個孩子先選。切蛋糕的孩子為了不吃虧會盡量把蛋糕分得均勻，選蛋糕的孩子有優先選擇權，可以選擇自己認為大的一塊。所以，最終誰也不會覺得吃虧了。這就是經典的「我切你選」方法。

舉一個更生活化的例子：一位老人去世了，留下一間房產和一百萬元現金。老人有兩個兒子，但沒有留下遺囑。於是，兄弟倆決定對房產進行評估，平分包括房產和現金在內的總遺產。

不過評估房產價格時，兄弟倆產生不同意見——想要房產的哥哥把房產價格評估得很低，這樣他除了拿到房子，還可以獲得一大筆錢；不想要房產的弟弟把房產價格評估得很高，如果哥哥要房產，還要補償弟弟一筆錢。這可怎麼辦？

其實問題不難解決，採用經典的「我切你選」方法就可以了。首先，哥哥對房產價格進行評估，將總財產分成兩份：一份包含房產和一部分現金，另一份完全是現金。然後，讓弟弟先選繼承哪一份，剩下的一份留給哥哥。

對哥哥來講，他知道自己是後選，為了防止吃虧，必須將遺產分配得盡量公平。如果一邊明顯占優勢，弟弟完全可以選擇這份更優厚的遺產，讓哥哥吃虧。

如圖 4.2-1，假如哥哥剛好要結婚買房，他去市場上看了一圈，發現買相同的房子大約需要五十萬元，於是他認為老人留下的遺產總價值是一百五十萬元，就會把房子和二十五萬元現金做為一半遺產，把七十五萬元現金做為另外一半遺產。這兩份遺產對哥哥來講，效用是相等的，均為 $\frac{1}{2}$。無論弟弟如何選擇，哥哥都不會感到吃虧。

對弟弟來說，也許他在國外讀大學，以後不準備回老家工作了，所以這套房產的作用不大，更需要錢維持自己在國外的學業。於是他評估：老人的房子只值二十五萬元。這樣，第一份遺產對弟弟來講就值五十萬元，而第二份遺產為七十五萬元，效用分別是 $\frac{2}{5}$ 和 $\frac{3}{5}$。顯然，弟弟會選擇第二份遺產，把第一份遺產留給哥哥。

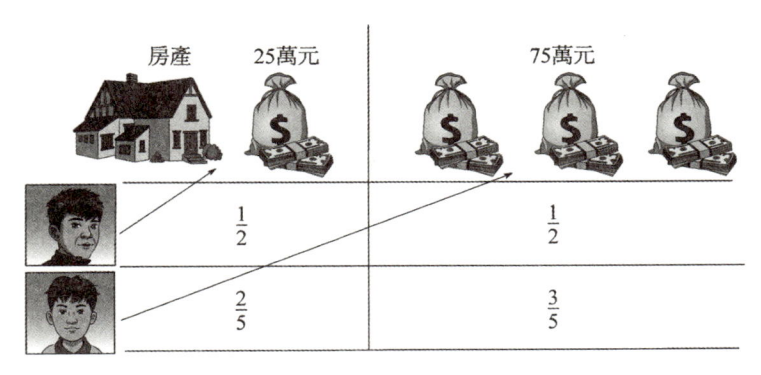

圖 4.2-1　兄弟二人對遺產價值的看法和選擇

兄弟二人都覺得自己拿到至少 $\frac{1}{2}$ 的遺產，這就是「公平」；而且，對方拿到的都不比自己更多，這就是「無嫉妒」。由於兩人對房產價值的看法不同，弟弟自覺比哥哥多拿了不少，非但不會有紛爭，反而會因為內心慚愧而讓兄弟關係變得更加和睦。

這種「我切你選」的方法，在很多故事中都被採用過。例如《聖經》有這樣的記載：亞伯拉罕與羅得分配迦南之地，為了公平，亞伯拉罕把這塊地分為東西兩塊，並讓羅得先選。

另一個應用是在《聯合國海洋法公約》裡。已開發國家具有對公海礦藏進行開採的能力，但公海礦藏應該屬於全人類。於是，聯合國設計一種方案：如果有國家申請對公海區域進行礦產開發，需要提交兩個類似區域的評估報告，聯合國將在兩個區域中選擇一個留給開發中國家，另一個允許已開發國家進行開採。為了自身利益，已開發國家必須公正地分割區域，並如實提交報告——否則，聯合國可能就會選擇礦產資源更豐富的海域留給開發中國家。

一個好的制度不光能讓人說實話，還能讓所有人都覺得自己占了便宜。現在，你應該了解如何讓兩個人分配利益了。

二　三人切蛋糕：公平但有嫉妒

我們把問題升級：假如三個人要分一塊蛋糕，又該怎麼做呢？一九六一年，數學家倫納德・杜賓斯（Leonard Dubins）和埃德溫・斯潘尼爾（Edwin Spanier）提出了一種「移動刀法」，可以讓三人「公平」地分蛋糕。

假設蛋糕是一個長條，注意，不能使用刻度尺把蛋糕按長度均分，因為可能蛋糕左側有更多草莓，而右側有更多奶油，有人喜歡草莓，有人喜歡奶油，同樣尺寸的蛋糕，效用也不一樣。

怎麼辦呢？如圖 4.2-2，你可以這樣做：讓一個人拿著刀，緩慢地從左向右移動，三個等著分蛋糕的小朋友 A、B、C 緊緊盯著刀的位置，計算自己最喜歡的蛋糕部分。

突然，小朋友 A 喊：「停！」於是，刀就在這裡切下一塊，並把它分給喊「停」的小朋友。隨後，刀口繼續移動，小朋友 B 又喊了一聲「停」，刀又會在這裡切下一塊給 B，餘下的一塊就是 C 拿到的蛋糕了。

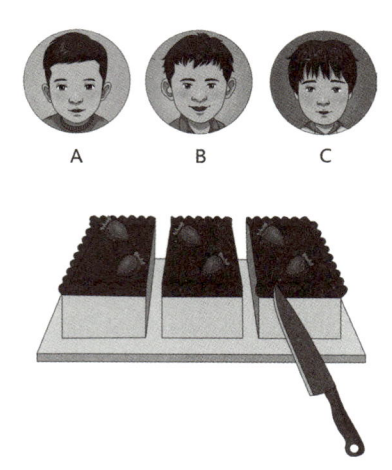

圖 4.2-2

來分析一下三個人的內心活動：每個人都希望自己拿到不少於 $\frac{1}{3}$ 的蛋糕，這才公平。

例如，A 可能特別喜歡草莓，而草莓位於蛋糕的左邊。當刀移動時，A 看到自己喜歡的部分被包含進來，內心激動萬分，當他認為這一部分蛋糕的價值已經超過 $\frac{1}{3}$ 時，就會迫不及待地喊「停」，因為他已經不吃虧了。

B 對草莓和奶油有同樣的喜好，當 A 喊停時，在 B 的眼中，這一塊蛋糕只有 $\frac{1}{4}$ 的價值，所以 B 會選擇繼續等待。餘下的蛋糕還有 $\frac{3}{4}$ 的價值，只剩下兩個人，每人一半，自己可以拿到 $\frac{3}{8}$ 價值的蛋糕。當刀口移動到餘下的蛋糕的一半位置時，B 就會喊「停」，拿走這一部分。

C 特別討厭草莓，又特別喜歡奶油，所以他認為 A 拿走的蛋糕只有 $\frac{1}{5}$ 的價值，B 拿走的蛋糕只有 $\frac{1}{4}$ 的價值，餘下的部分有 $\frac{11}{20}$，結果全都被自己拿走了，C 是最高興的（圖 4.2-3）。

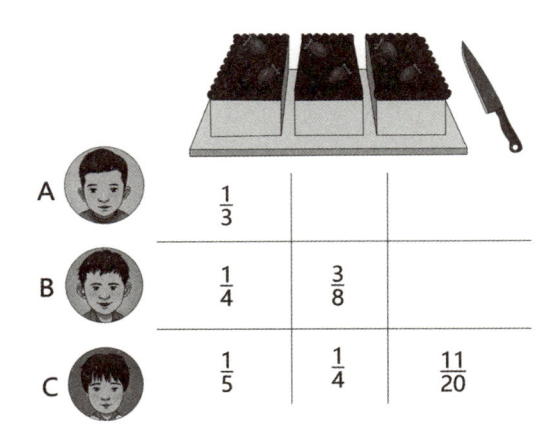

圖 4.2-3　不同的人對每部分蛋糕效用的感受不同

有人會有疑問：為什麼 A 在刀口到達 $\frac{1}{3}$ 效用的位置時一定要喊「停」呢？假如他再等一會兒，不就能拿到更多蛋糕了嗎？

他這樣做是有風險的，因為在這個時刻，對 A 來講，左側蛋糕的價值為 $\frac{1}{3}$，右側蛋糕的價值為 $\frac{2}{3}$。A 喊「停」，可以保證拿走 $\frac{1}{3}$ 的蛋糕；

如果 A 選擇等待，右側部分將會少於 $\frac{2}{3}$，假如此時 B 喊了「停」，A 將只能和 C 一起得到少於 $\frac{2}{3}$ 的蛋糕，很有可能，A 將沒有機會獲得 $\frac{1}{3}$ 的蛋糕了。

因此，A 一定會誠實地說出自己的感受，這樣才能獲得確定的、公平的蛋糕。對 B 來講，情況也是類似的。

可是如果我們繼續分析，就會發現這種方法儘管「公平」，卻不是「無嫉妒」的。如圖 4.2-4，設想：蛋糕分配完畢後，三個人重新檢視了別人拿到的部分。

①C 感覺 A 拿到 $\frac{1}{5}$，B 拿到 $\frac{1}{4}$，自己拿到 $\frac{11}{20}$，自己拿到的最多，非常開心。

②B 感覺 A 拿到 $\frac{1}{4}$，自己拿到 $\frac{3}{8}$，C 拿到 $\frac{3}{8}$，自己和 C 拿到的並列最多，心情也不錯。

③A 認為自己拿到 $\frac{1}{3}$，又看了看 B 和 C 拿到的部分，他可能會覺得 B 拿到的部分實在糟透了，價值只有 $\frac{1}{4}$，但 C 因為一直沒有喊「停」，反而拿到了最大的一塊，價值是 $\frac{5}{12}$，比自己的還要大！

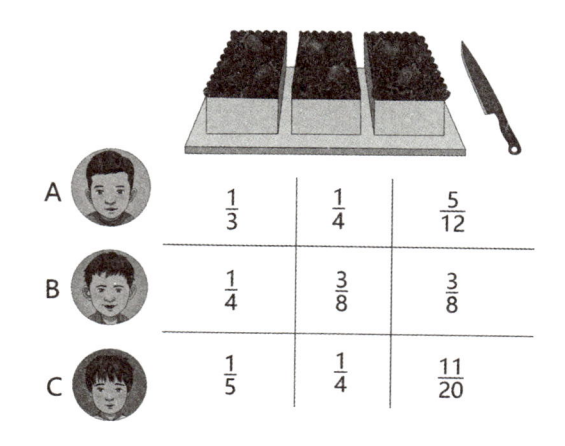

圖 4.2-4　不同的人對每部分蛋糕效用的感受不同

這時 A 的內心不平靜了，他想，雖然我拿到全部蛋糕的 $\frac{1}{3}$，並沒有吃虧，但居然有人比我拿的多，這就不行！於是，嫉妒心就產生了。這樣的情景在生活中並不少見，幾個朋友一起創業，大賺一筆，每個人都分到不少錢，遠超過自己的預期。但還是有人認為別人拿到的超過自己，於是產生內訌。

也許你在單位中是一名兢兢業業的技術工人，有一天獲得一點榮譽或獎金，立刻就有人紅著眼睛在背後議論你。你感覺到很委屈：自己明明只拿到應得的部分啊！為什麼還會被人嫉恨呢？還是那句話，因為每個人對利益的看法不同。你認為只拿到了自己應得的部分，但其他人卻可能覺得你比他拿的多得多。現在，你明白了嗎？

三 如何消滅嫉妒心？

還有更好的三個人分蛋糕的方法嗎？既要公平，還要沒有嫉妒，讓每個人都覺得自己拿到的部分最大或並列最大？

這不是一個容易的數學問題。二十世紀六〇年代，數學家約翰‧塞爾弗里奇（John Selfridge）和約翰‧何頓‧康威（John Horton Conway）提出一個方案──三個人公平且無嫉妒地分蛋糕的方法，這個方法著實有點複雜。

如圖 4.2-5，首先，讓 A 將蛋糕分成三份，並讓 B 和 C 先選，A 拿餘下的那一塊。因為 A 知道自己將會最後選擇，所以一定會盡力將三塊蛋糕分成均等價值的三份，否則吃虧的一定是自己。

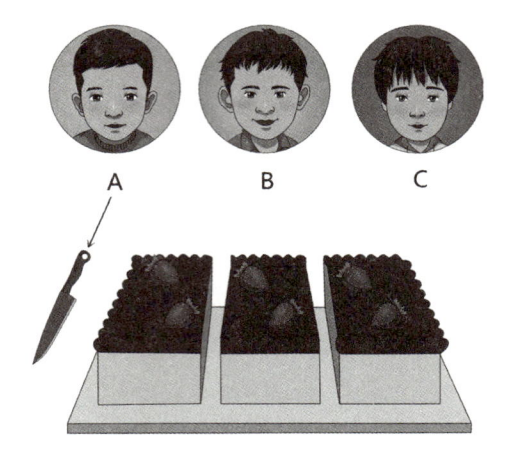

圖 4.2-5　A 切蛋糕，B 和 C 選蛋糕

由於每個人的喜好不同，在 B 和 C 眼中，三塊蛋糕的價值並不相同，他們都會選擇自己認為最大的那一塊。

如圖 4.2-6，如果 B 和 C 的選擇不同，各自拿走了自己認為價值大的一塊，A 拿餘下的一塊，問題就解決了。此時 B 和 C 都認為自己占了最大的便宜，而 A 認為三塊一樣大，也沒有人超過自己。三個人都非常開心，這種分配方案是公平且無嫉妒的。

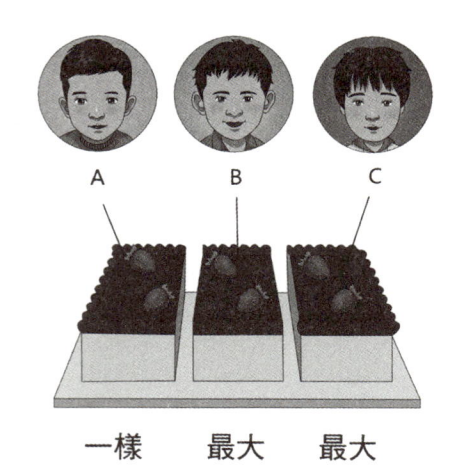

一樣　　最大　　最大

圖 4.2-6　若 B 和 C 選擇不同，每人眼中蛋糕的價值

不過，如果 B 和 C 都看上同一塊蛋糕，問題就複雜了。例如，B 和 C 都認為右邊的一塊蛋糕最大，他們就必須遵循下面的步驟分蛋糕。

①如圖 4.2-7，由 B 操刀，將最大的一塊（右側蛋糕塊）再切下來一小條，使得這塊蛋糕餘下的部分與 B 眼中第二大的蛋糕塊一樣大。

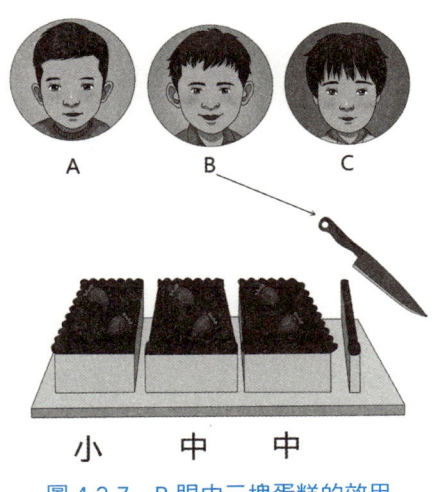

圖 4.2-7　B 眼中三塊蛋糕的效用

②不考慮切下來的小條，按照 C、B、A 的順序選擇蛋糕。

③如果 C 沒有選擇 B 切過的那一大塊蛋糕（右側蛋糕），那麼 B 必須自己拿走這一塊。

按照這個步驟，三人在第一次分配的過程中，都感覺自己是占便宜的。

①C 先選，C 一定選擇自己心目中最好的一塊，他沒有理由嫉妒別人。

②B 再選，因為經過自己操刀，三塊蛋糕中有兩塊相同且最大（比如中間的和右側的），C 不可能把兩塊都拿走，所以 B 總有機會拿走最大的兩塊中的一塊，他認為自己與 C 同樣拿到了最大的。

③A 最後選，原本他將蛋糕切成了三塊一樣大的，現在由於 B 將最右側的蛋糕又切下來一塊，最右側的蛋糕變小了，左側和中間的蛋糕

一樣大。不過好在，如果 C 沒有把最右側的蛋糕拿走，按照規則 B 就會把這一塊拿走，這塊小的蛋糕一定不會留給 A，A 也非常開心。

大塊分完了，現在開始分切下來的一小條。如果剛才 C 拿走了最右側的一塊（被 B 切過的）蛋糕，那麼就繼續由 B 將這一小條分成均勻的三塊，並且按照 C、A、B 的順序選擇這三塊，如圖 4.2-8，這樣同樣是無嫉妒的。

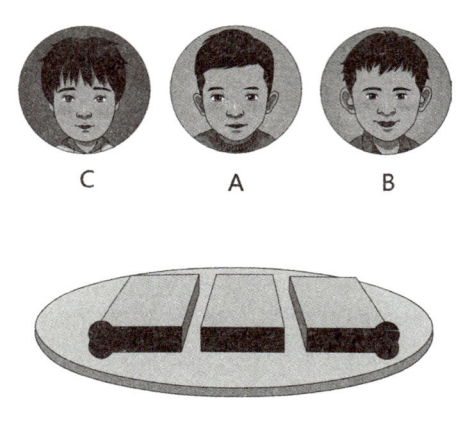

圖 4.2-8

這是因為：

①C 第一個選，所以他會選擇心目中最好的那塊，第二次分配他不會嫉妒別人。

②A 比 B 先選，所以 A 不會嫉妒 B。

③在 A 心中，現在分的這一小條，本來就是從剛剛被 C 選走的那一塊（最右側）蛋糕上分割下來的。在 A 的眼中，C 這個傻瓜上一次選了最小的，現在就算把這三個部分全都給 C，C 也只是拿到和自己一樣多的蛋糕而已。於是，A 也不會嫉妒 C。

④B 最後選，他一定會盡力將三塊分得均勻——無論自己拿到哪一塊，都不會嫉妒別人。

這樣，整個蛋糕被分配完畢。三個人都覺得自己拿到了最大的一塊，就不會有人嫉妒別人，真是一個精妙絕倫的方法！

如果剛才是 B 選擇被切過的蛋糕塊（最右側），那麼就由 C 來分配這小塊，再按照 B、A、C 的順序選擇，結論和剛才一樣（圖 4.2-9）。

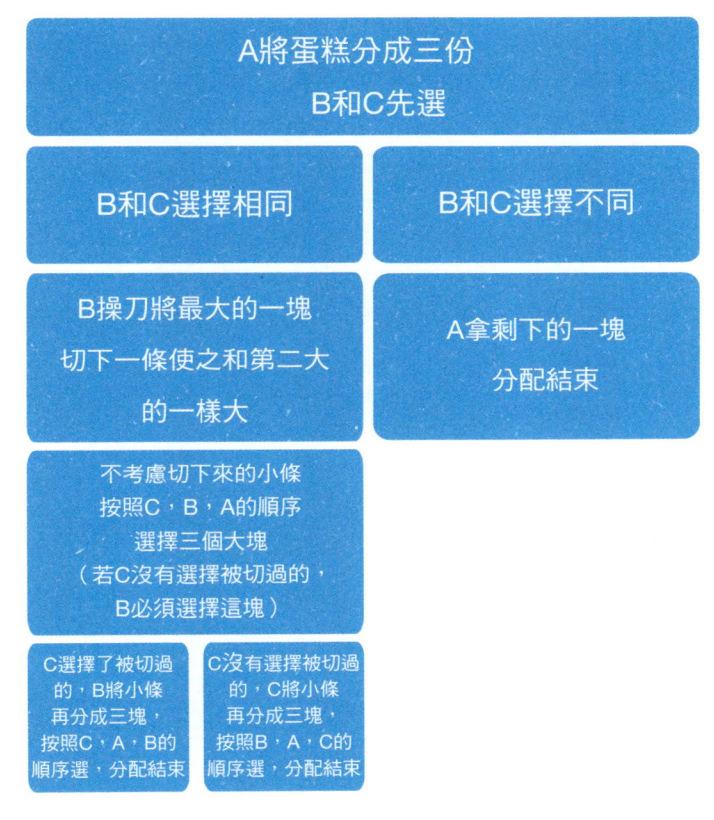

```
A將蛋糕分成三份
B和C先選
├── B和C選擇相同
│   └── B操刀將最大的一塊切下一條使之和第二大的一樣大
│       └── 不考慮切下來的小條
│           按照C，B，A的順序選擇三個大塊
│           （若C沒有選擇被切過的，B必須選擇這塊）
│           ├── C選擇了被切過的，B將小條再分成三塊，按照C，A，B的順序選，分配結束
│           └── C沒有選擇被切過的，C將小條再分成三塊，按照B，A，C的順序選，分配結束
└── B和C選擇不同
    └── A拿剩下的一塊
        分配結束
```

圖 4.2-9

如果人數比三個人還多，又該怎麼做才能公平且無嫉妒地分蛋糕呢？一九九五年，數學家史蒂文·布拉姆斯（Steven Brams）和艾倫·D·泰勒（Alan D. Taylor）證明了無論有多少人，都存在這樣的分配蛋糕方案。只是人數比較多時，這個分配方法會變得更加複雜。

到了二〇一六年，哈里斯·阿奇茲（Haris Aziz）和西蒙·麥肯奇（Simon Mackenzie）又證明了 N 個人公平且無嫉妒地分配一個蛋糕，所需要的步驟數的上界是

$$N^{N^{N^{N^{N^{N}}}}}$$

這麼多種。

儘管這個問題在數學上的解非常複雜，但依然能為我們看待社會問題帶來很多啟發。例如做為公司員工，我們會明白自己為何嫉妒別人，以及為何被別人嫉妒；做為公司管理者，我們自認為客觀公正，但員工卻覺得自己偏心。

家長們自認為客觀公正，費盡心血地設計方法分蛋糕，反而經常會落個抱怨不公平的結局。相反，設計一個合理的制度，讓孩子們參與分蛋糕的過程，說不定能獲得一個讓所有人都滿意的結果。

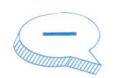

零知識證明

假如有一天，你證明一個奇難的數學猜想，例如黎曼猜想、哥德巴赫猜想等，卻沒有人相信你，你也不敢輕易地把證明過程公布出來，因為有可能被人竊取成果。有沒有這樣一種方法，既不公開你的證明過程，又讓別人相信你的確已經證明了這個猜想呢？

這樣的問題在現實中很有意義。例如，一位富翁希望別人相信自己很有錢，卻不願意向別人公布自己的任何財產；一個聰明人希望別人知道自己很有才華，卻不願意展示自己哪怕一丁點的知識。他們能成功嗎？

其實是可以的，這就是零知識證明問題。

一、零知識證明

一九八五年，麻省理工學院和多倫多大學的幾位科學家提出一個問題：能否不向他人展示任何一點技術或能力細節，卻讓別人相信自己已經掌握了這項技術或能力？

在問題中，存在一個證明者 P，他要讓其他人相信自己具有某種知識或能力。還有一個驗證者 V，透過不斷地向 P 提問來驗證 P 是否真的具備某種知識或能力。但得注意，在提問和回答的過程中，P 不能提供任何有意義的資訊，卻依舊要讓 V 相信自己。

零知識證明一般需要三個條件：完備性、合理性和零知識。完備性是指：如果證明者 P 具有某種知識或能力，就很容易回答出驗證者 V 的問題，俗稱「真的假不了」。合理性是指：如果證明者 P 不具有某種

知識或能力,他將難以準確回答出驗證者 V 的問題,俗稱「假的真不了」。零知識是指:驗證結束後,驗證者 V 除了承認 P 具有某種知識和能力外,對這種知識和能力的細節一無所知。

舉例來說:把一個數分解為幾個質數的乘積,叫做分解質因數,例如 15 = 3×5,85 = 17×5。如果要分解的數很大,這個問題就會變得異常困難,沒有辦法在很短的時間內得出結果。假如你掌握一種快速對大數進行質因數分解的方法,並不需要向別人展示這種方法的細節,只需要讓驗證者給你幾個大數,你快速進行質因數分解後,把結果告訴驗證者,驗證者就不得不相信你已經掌握這項技能了。

然而,這不是真正的「零知識」,因為此時,驗證者至少掌握了幾個大數質因數分解的結果。為了讓大家真正掌握這種方法,讓我借用一個名為《阿里巴巴與四十大盜》的童話故事,一步步帶領大家探索零知識證明的奧祕吧。

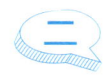

二、阿里巴巴與四十大盜

有一天,四十大盜獲得一張藏寶圖,顯示某個山洞裡藏有價值連城的寶藏。但通往寶藏的道路上有很多關卡,只有具有特殊技能的人才能破解這些關卡。於是,四十大盜抓住阿里巴巴,逼問他是否具有這種技能。

阿里巴巴心想:「如果我幫助大盜解開關卡,大盜就會因為我失去利用價值而把我殺掉;如果我不幫大盜解開關卡,大盜又會覺得我根本一無所知,也會把我殺掉。怎麼才能既不幫大盜解開關卡,又能讓他們相信我的確具有這種技能呢?」

第一關:分球問題

第一個關卡是有一堆同樣大小和材料的球,有的是紅色的,有的是綠色的,把紅色和綠色的球分開才能過關。這對色覺正常的阿里巴巴來講,是輕而易舉的事。可惜,四十大盜是同一個色盲媽媽的孩子,他們

都是紅綠色盲,所以無法區分紅球和綠球。

　　阿里巴巴為了向四十大盜證明自己能夠區分紅球和綠球,開始了零知識證明過程。如圖 4.3-1,首先,阿里巴巴選出一個紅球和一個綠球,讓一名大盜分別拿在左手和右手。然後,大盜在身後隨機交換或不交換兩個球,再拿到身前展示給阿里巴巴,並對阿里巴巴提問:「我交換了球還是沒交換?」

圖 4.3-1

　　這是什麼意思呢?

　　大家想:假如阿里巴巴色覺正常,很容易就能看出兩個球是否交換了,並做出正確的回答。大盜雖然不能區分顏色,但交換與否是大盜決定的,大盜也很容易驗證阿里巴巴說的對不對。如果阿里巴巴連續回答正確十次,說明他極有可能能夠區分兩個球的顏色。否則,阿里巴巴採取「瞎矇」的方法,每次只有 50％的可能性答對,連續答對十次的機率就低於 0.1％了。可是,除了以極大機率確定阿里巴巴能夠區分球的顏色外,大盜的確對兩個球的顏色一無所知。大盜不知道哪個球是紅色,哪個球是綠色,這就是零知識證明的魅力。

　　前面談過《國王的新衣》這則童話。兩個騙子說自己能造出一件華

麗的衣服，只有聰明人才能看見它。國王要想辨別騙子說的是真是假，就可以採用零知識證明的方法：把兩個騙子分在兩個房間裡，找來兩個侍衛，讓其中一個騙子把衣服穿在某個侍衛身上。然後，讓侍衛們來到另一個房間，讓另一個騙子指出衣服在誰的身上。如果騙子連續幾次都指對了，就說明衣服真的存在。如果指錯了，就說明衣服根本不存在。

第二關：開門的咒語

第二關是從山洞裡的一扇石門通過，而只有念出正確的咒語才能打開石門。阿里巴巴知道咒語，但不能告訴四十大盜，他應該怎麼做？

這座山洞是環形的，有 A 和 B 兩個入口，裡面隔著石門。如圖 4.3-2，首先，阿里巴巴先隨機進入一個洞口，並且藏起來，這個過程不讓大盜看到。然後，大盜隨機指定一個洞口，讓阿里巴巴從這個洞口出來。

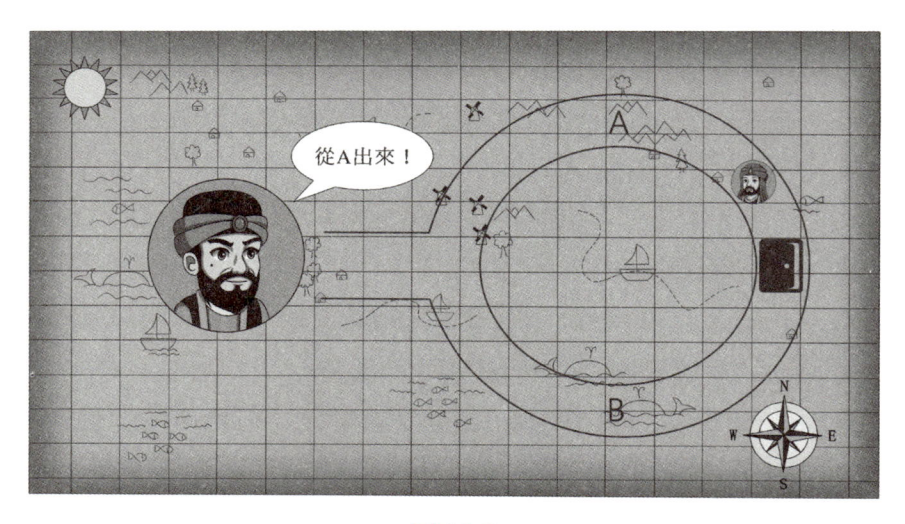

圖 4.3-2

例如：阿里巴巴進了 A 洞口，大盜讓他從 A 出來，阿里巴巴無須打開石門，就能從 A 出來。可是如果阿里巴巴進了 B 洞口，大盜讓他從 A 出來，阿里巴巴便只需念咒語，打開石門，就能從 B 洞進入 A 洞，

然後從 A 出來。顯然，阿里巴巴藏身的洞口不可能每次都和大盜指定的洞口相同。如果連續十幾次，阿里巴巴都能從大盜指定的洞口出來，就說明他知道打開石門的咒語。

也許有同學說：為何要這麼複雜呢？乾脆讓阿里巴巴和大盜一起站在洞口，阿里巴巴從 A 進去，再從 B 出來，不就證明阿里巴巴能夠打開石門嗎？

的確如此，這樣做「確鑿無疑」地證明了阿里巴巴知道咒語。可是「確鑿無疑」與「零知識」是矛盾的。阿里巴巴只能向大盜證明自己具有這種本領，讓四十大盜獲得「阿里巴巴知道咒語」的觀點，卻不能讓這種觀點變為四十大盜可以向其他人證明的事實。

你看：採用剛才說的隨機進入的方法，四十大盜的確相信阿里巴巴知道咒語，但其他人不一定相信，因為其他人可能認為四十大盜和阿里巴巴是串通好的。如果真的讓四十大盜監督阿里巴巴從 A 進，從 B 出，那麼不光四十大盜，世界上所有人都知道阿里巴巴「確鑿無疑」地知道咒語，它就成為事實。零知識證明最神奇的地方就在於：這種信任只在證明者和驗證者之間。

第三關：數獨遊戲

來到第三關，關卡是一個 9×9 的方格，如圖 4.3-3，上面已經有了一些數字，通關要求是把 1～9 這九個數字填到剩餘的格子裡，讓每一行、每一列，以及九個 3×3 的格子裡，數字都是 1～9。這樣的遊戲叫做數獨遊戲。

圖 4.3-3

聰明的阿里巴巴自然知道這個數獨遊戲該怎麼填，但他不想給四十大盜透露一點點資訊，於是他可以這麼操作。

如圖 4.3-4，首先把 1～9 這九個數字寫到卡片上，按照數獨遊戲的解，把卡片放在對應的格子裡，但是要注意扣著放，這樣四十大盜就不知道每個格子裡是什麼數字了。

圖 4.3-4

　　然後，如圖 4.3-5，讓四十大盜隨機選定是要按行、列還是九宮格進行檢查。如果四十大盜選擇行，就把每一行的九張卡片收到一個袋子裡，抖落一下再拿出來看。四十大盜會發現：每個袋子裡都剛好有 1～9 這九個數字，滿足數獨的要求。

圖 4.3-5

　　當然，一次檢查不能證明阿里巴巴真的會數獨遊戲，因為有可能他的操作只滿足每行的要求。阿里巴巴要重新把牌扣好，讓四十大盜重新選擇檢查行、列或九宮格。如果四十大盜選擇列，就把每一列都放在一個袋子裡，然後拿出來供四十大盜檢查；如果選擇九宮格，方法也是一樣的。

　　因為阿里巴巴不可能每次都猜中四十大盜檢查的方式，所以只有他真的會數獨遊戲，才能通過一輪又一輪的檢查。然而，在這個過程中，

四十大盜除了相信阿里巴巴知道數獨遊戲的解法之外，又對具體的解法一無所知，實現了零知識證明。同樣的，在外人看來，阿里巴巴和四十大盜可能是在表演雙簧，外人不可能相信阿里巴巴真的知道數獨遊戲的解法。

第四關：三染色問題

大家也許聽過四色問題：是否可以用四種顏色填滿一張世界地圖，每個國家一種顏色，且相鄰的國家顏色不同。數學家們已經在電腦的說明下解決了這個問題，證明任何一張世界地圖都可以四染色。

但能否用三種顏色填滿一張地圖，讓相鄰的國家顏色不同呢？這就是三染色問題。顯然，有些地圖是可以三染色的，也有一些是不能的。例如在圖 4.3-6 中，左圖就可以三染色，右圖就不能。

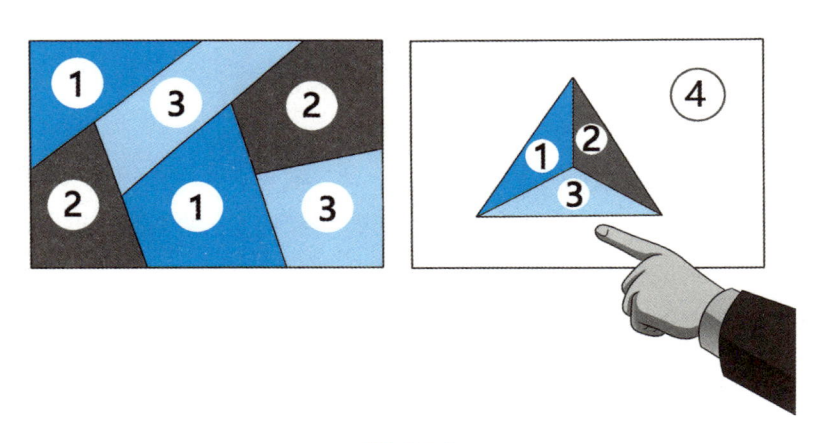

圖 4.3-6

假如寶藏的最後一關是一個三染色問題，阿里巴巴要向四十大盜證明自己能夠成功三染色，卻不透露具體的方法，他可以這樣做。

首先，把三種顏色的卡片裝到不透明的袋子裡，然後把每個袋子放在不同的格子裡，完成三染色。

然後，讓四十大盜檢查任何兩個相鄰的格子，拿出顏色卡，檢查這兩張卡片的顏色是否不同。

檢查完畢後，阿里巴巴需要把所有袋子收回，隨機調換三種顏色卡，再重新鋪滿整個圖，例如將第一次的深藍色卡換成淺藍色卡，淺藍色卡換成灰色卡，灰色卡換成深藍色卡，一樣能滿足「相鄰不同色」的要求（圖 4.3-7）。然後，讓四十大盜再進行一次檢查。

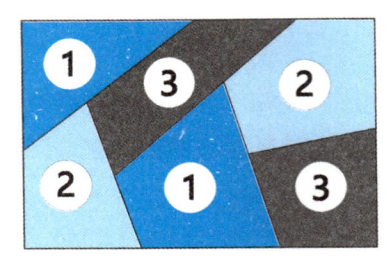

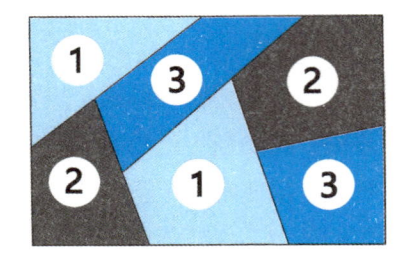

圖 4.3-7

經過許多次檢查，四十大盜會發現：阿里巴巴總是能做到相鄰的格子顏色不同，所以四十大盜相信阿里巴巴真的能夠三染色。但因為顏色不停地隨機調換，四十大盜對地圖的具體塗法依然是一無所知的。於是，零知識證明過程便完成了。

數學家阿維‧威格森（Avi Wigderson）證明了任何一個數學命題都可以轉化為一個 NP 完全問題（大家暫時可以把 NP 完全問題理解成一類非常困難的數學問題），而所有的 NP 完全問題都是等價的。三染色問題就是一個 NP 完全問題。所以，一個複雜的數學問題，例如哥德巴赫猜想、費馬大定理或黎曼猜想，都可以轉化為不同形狀地圖的三染色問題。只要你能解決這個三染色問題，就能解決對應的數學猜想了。

所以，理論上講，如果有一天你證明了一個奇難的數學猜想，既想讓別人承認自己，又不想透露這個猜想的具體證明過程，就可以把它轉化成一張地圖，然後進行三染色，再透過零知識證明的方法展示給其他人——如果你「不嫌麻煩」的話。

最後給大家留一個思考題吧！童話中阿里巴巴後來殺死了四十大盜，獨享了財寶，變得非常富有，阿里巴巴的哥哥也非常富有。假如有一天，他們倆想比較一下誰的財富更多，但都不想告訴對方自己的財富狀況，有什麼方法嗎？

一百名囚犯問題

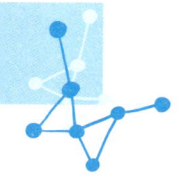

　　有一百名囚犯，編號分別是 1～100。監獄長想處死他們，但又苦於沒有藉口，於是想出一個主意。

　　他對囚犯們說：「我給你們一個獲得赦免的機會。首先我會準備一百個盒子，盒子的編號是 1～100。每個盒子裡有一個號碼牌，號碼牌的編號也是 1～100，但它們之間顯然不存在對應關係。」（圖 4.4-1）

圖 4.4-1

　　如圖 4.4-2，每一個囚犯單獨進入儲存盒子的房間，檢查五十個盒子中的號牌。如果在這五十個盒子中找到了與囚犯自身編號相同的號碼牌，就算成功。

第四章　邏輯問題

圖 4.4-2

如果一百名囚犯都成功了，所有人都將得到釋放。但哪怕只有一個囚犯沒有找到自己的號碼牌，所有囚犯都將被處死。

現在，囚犯可以一起商量策略。但一旦程式啟動，囚犯就不能相互交流了。請問，囚犯有什麼方法能夠提高自己生存的希望嗎？

這個問題其實是由法國科學家菲力普・弗拉若萊（Philippe Flajolet）和美國科學家羅伯特・塞奇威克（Robert Sedgewick）提出的，他們也給出了相應的解答。我們一起來了解一下這個有趣的一百個囚犯問題。

一、囚犯的策略

如果囚犯完全不採取任何策略，每個囚犯都隨機地打開五十個盒子，他們得到赦免的機率有多大呢？

一共有一百個盒子，囚犯只能打開五十個，所以每個囚犯只有 $\frac{1}{2}$ 的可能性會成功。只有一百個囚犯都成功了，所有人才能得到豁免，機率為

$$P = \left(\frac{1}{2}\right)^{100} \approx 8 \times 10^{-31}$$

這個機率實在太低了,大約相當於一個人連續買了四期雙色球,每次都中了頭獎,所以囚犯基本上都要被處死。

可是囚犯如果懂一點數學,就能大大提高自己生存的機率。他們可以採用這樣的策略:

1. 進入房間後,打開自己編號對應的盒子;

2. 如果盒子裡的號碼牌等於自己的編號,就成功地退出房間;

3. 如果盒子裡的號碼不等於自己的編號,就繼續打開盒子裡的號碼牌對應的盒子;

4. 重複第 2～3 步。

舉個例子,如圖 4.4-3,如果囚犯的號碼是 3 號,他進入房間後就打開 3 號盒子。結果他發現 3 號盒子裡的號碼牌是 5 號,不是自己的編號。

然後他打開 5 號盒子,發現 5 號盒子裡的號碼牌是 16 號。他繼續打開 16 號盒子,結果發現 16 號盒子裡的號碼牌是 3 號,他就成功了。

圖 4.4-3

當然,如果他連續開五十個盒子都沒有找到自己的號碼,他就失敗了,所有囚犯都會被處死。

儘管存在失敗的可能,但這種策略會讓所有囚犯成功被赦免的機率

提高到 31.2％，相比於隨機選擇，機率幾乎提高了三十九萬億億倍。你知道這是為什麼嗎？

二 閉環

為了討論這種策略為什麼優秀，首先要指出：採用這種策略時，開多少個盒子能夠成功，取決於你的號碼牌在一個多長的環之內。

以八個盒子為例，每個盒子的編號寫在盒子表面，裡面裝有 1～8 號的某個號碼牌。如果按照剛才的策略，把開盒子的順序用箭頭連接起來，就有可能形成圖 4.4-4：

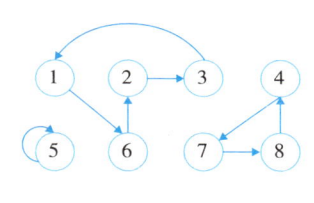

圖 4.4-4

這表示：如果打開 1 號盒子，會發現 6 號號碼牌；打開 6 號盒子，會發現 2 號號碼牌；打開 2 號盒子，會發現 3 號號碼牌，打開 3 號盒子，會發現 1 號號碼牌，從而完成閉環，在這個閉環中有四個盒子。同樣，4、7、8 也構成一個閉環，有三個盒子。而 5 號盒子中裝有自己的號碼牌，所以它的閉環只有一個盒子。

利用這種策略需要打開多少個盒子，其實取決於自己的號碼在一個多長的閉環內。如果囚犯希望被赦免，在這一百個盒子中，不能出現長度大於 50 的環，否則囚犯都無法在五十次機會內找到自己的號碼。反之，如果在一百個盒子中，所有的環長度都不超過 50，那麼囚犯就能全部被赦免了。

三 這個機率有多大？

如何計算策略的成功率呢？這等價於計算所有的環長度都不大於 50 的機率。這有一點複雜，可以按照下面的步驟進行計算。

（1）計算一百個盒子中裝一百個號碼牌，一共有多少種可能。

顯然，第一個盒子有一百種可能，第二個盒子不能與第一個盒子相同，有九十九種可能，第三個盒子有九十八種可能……最後一個盒子只能裝餘下的一個號碼牌。所以，一百個盒子裝有一百個號碼牌，一共的可能數為

$$n = 100 \times 99 \times 98 \times \cdots \times 1 = 100!$$

100! 叫做 100 的階乘，表示從 1 乘到 100。

（2）計算一個環中有 m 個盒子，一共有多少種可能。

如圖 4.4-5，先從一種簡單情況開始：假如一百個盒子都在一個環中，一共有多少種可能呢？

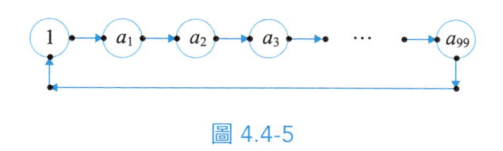

圖 4.4-5

從 1 號盒子開始，假設它連結到 a_1 號，a_1 號又連結到 a_2 號，一直連結到 a_{99} 號，那麼 a_1、a_2、…、a_{99} 一共有多少種不同的可能？

1 號盒子裡的號牌 a_1 不可能等於 1，它有九十九種可能；

a_1 號盒子裡的號牌 a_2 既不是 1，也不是 a_1，所以 a_2 有九十八種可能；

a_2 號盒子裡的號牌 a_3 既不能是 1，也不能是 a_1，a_2，所以它有九十七種可能；

…

最後，a_{99} 號盒子裡的號牌只能是 1 號，只有一種可能。於是，整個鏈條的可能數為

$$m_{100} = 99 \times 98 \times 97 \times \cdots \times 1 = 99!$$

你看，一百個盒子裝號牌一共有「100!」種可能，所有盒子成為一個大環，有「99!」種可能，所以機率是

$$P_{100} = \frac{m_{100}}{n} = \frac{99!}{100!} = \frac{1}{100}$$

組成一百個盒子的大環機率是 $\frac{1}{100}$，其實不是偶然。實際上，存在 m 個盒子的環，機率是 $\frac{1}{m}$，這個規律對五十個盒子以上的大環都適用。也就是說：要組成九十九個盒子的大環，機率是 $\frac{1}{99}$；組成九十八個盒子的大環機率是 $\frac{1}{98}$；……直到組成五十一個盒子的大環，機率是 $\frac{1}{51}$。這個證明比較繁瑣，這裡就不詳細解釋了，留給學有餘力的讀者推導。

（3）計算囚犯獲救的機率。

按照剛才的論證，如果囚犯採用我們的策略，只要每一個環裡元素的個數都不超過 50，囚犯就能全部獲救。這就不能存在長度為 51、52、53、…、100 個盒子的環。只需要在全部情況中去掉這些情況就可以了。所以，囚犯獲救的機率為

$$P = 1 - \frac{1}{51} - \frac{1}{52} - \frac{1}{53} - \cdots - \frac{1}{100} \approx 31.2\%$$

四 如果人數更多

假如囚犯不是一百個，而是一千個、一萬個……這種方法還能奏效嗎？假設囚犯有 $2n$ 個，n 是一個非常大的數。按照我們的策略執行時，只要不出現大於 n 個盒子的環，囚犯就能全部獲釋，所以獲釋的機率是

$$P = 1 - \frac{1}{n+1} - \frac{1}{n+2} - \frac{1}{n+3} - \cdots - \frac{1}{2n}$$

偉大的數學家歐拉告訴我們，自然數的倒數叫做調和級數，調和級

數是有求和公式的：不嚴格地說，在 n 很大時，有

$$1+\frac{1}{2}+\frac{1}{3}+\cdots+\frac{1}{n}\approx \ln n+\gamma$$

其中 γ 是一個無理數，叫做歐拉常數 $\gamma = 0.577\cdots\cdots$
利用這個公式就能計算在囚犯很多時採用這種策略的成功率了：

$$1+\frac{1}{2}+\frac{1}{3}+\cdots+\frac{1}{n}\approx \ln n+\gamma,$$

$$1+\frac{1}{2}+\frac{1}{3}+\cdots+\frac{1}{n}+\frac{1}{n+1}+\cdots+\frac{1}{2n}\approx \ln(2n)+\gamma$$

用上面兩個式子作差，就能得到

$$\frac{1}{n+1}+\frac{1}{n+2}+\cdots+\frac{1}{2n}\approx \ln(2n)-\ln n=\ln 2$$

採用這種策略時，囚犯全部獲釋的機率是

$$P=1-\left(\frac{1}{n+1}+\frac{1}{n+2}+\frac{1}{n+3}+\cdots+\frac{1}{2n}\right)\approx 1-\ln 2\approx 30.68\%$$

即便囚犯成千上萬，利用這種策略依然能夠獲得約 30.68％ 的成功機率！

五 還能再厲害一點嗎？

可是萬一這個策略被監獄長知道了怎麼辦？他可能會故意設計一個長度超過 50 的環，就會讓策略失敗。囚犯還有什麼應對方法嗎？

有，方法是囚犯協商一個數 x，每次打開的盒子是盒子中的號牌加上 x。

例如，$x=5$，1 號囚犯進入屋子後，打開 $1+5=6$ 號盒子；如果發現 6 號盒子裡裝的是 12 號牌子，就打開 $12+5=17$ 號盒子……如果這個過程中加 5 後的和超過 100，就減去 100。

按照這種方法，就完全打亂了盒子的鏈條順序。圖 4.4-6 中，我舉了個例子：如果八個盒子原本形成一個環，經過加 5 的策略之後，就會形成 1、7、3 和 2、8、4、5、6 兩個較小的環。當然，打亂鏈條順序並不一定能形成較小的環，所以也無法保證囚犯們一定能成功逃脫。

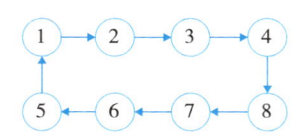

原本形成了一個大環

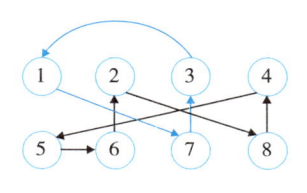

圖 4.4-6

其實關於囚犯的**數學和邏輯**問題還有很多，如果你喜歡這樣的問題，不妨再來想一個思考題。

若干個囚犯關在一個監獄裡，每個囚犯都在一個暗無天日的小房間裡，無法看到外面，也看不到其他囚犯。如果監獄長某天開心，**會隨機選擇一名囚犯到院子裡放風十分鐘**。院子裡有一盞燈，囚犯可以把燈打開，也可以把燈關閉，除了囚犯，沒有人會碰這盞燈。

有一天，監獄長對所有囚犯說：「如果哪天一名囚犯猜測出所有囚犯都已經被放過風了，而且他的猜測正確，那麼所有囚犯都將被釋放；但如果猜錯了，所有囚犯都將被處死。」

如果囚犯們可以協商出一種策略，他們究竟採用什麼方法，才能確定所有人都被放過風了呢？

找瑕疵品問題

曾有學生問我一個問題：

「在十二個小球裡有一個瑕疵品，重量與其他十一個球不同。用一個沒有砝碼的天秤，最少秤幾次才能保證找到那個瑕疵品，並且區分出瑕疵品是輕還是重呢？」

這個問題看似簡單，做起來還真不容易。

一、九個球，已知瑕疵品輕重

來研究一個簡化版本，這是在小學五年級課本上的一道題：「已知九個球中有一個瑕疵品比其他球更重，用天秤至少秤幾次才能保證找到這個瑕疵品？」

相比於原問題，簡化版本多了一個條件——我們知道瑕疵品比其他球更重。這樣問題就簡單多了，你能解出答案嗎？

也許有人會說：我可以用二分法，先把球均分成兩堆，上天秤比較，找到重的一堆，瑕疵品就在這裡。再把重的一堆均分成兩堆，上天秤比較……這樣，每次就能把球去掉一半，從而盡快找到瑕疵品啦！

其實，二分法不是步驟最少的。因為天秤秤一次，有三種狀態：左邊重、右邊重或平衡。二分法只利用了其中的兩種情況。我們應該在每一次秤量時充分利用天秤的特點，減小問題的不確定性。

以九球為例，首先將九個球編號 1～9，把它們分成均勻的三堆：1、2、3 號一堆；4、5、6 號一堆；7、8、9 號一堆。

如圖 4.5-1，第一次秤量時：把 1、2、3 號球放在天秤左盤；4、5、

第四章　邏輯問題

6號球放在天秤右盤；7、8、9號球放在天秤下。

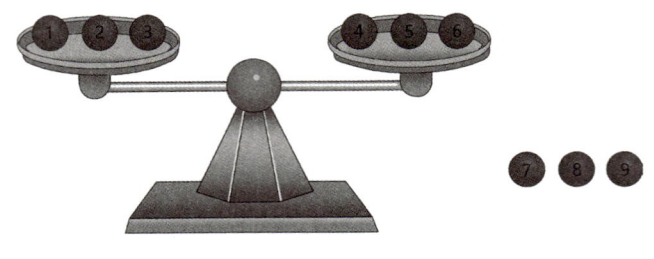

圖 4.5-1

如表 4.5-1，因為瑕疵品更重，如果天秤向左邊傾斜，說明瑕疵品在 1、2、3 號中；如果向右邊傾斜，說明瑕疵品在 4、5、6 號中；如果平衡，說明瑕疵品在 7、8、9 號中。

表 4.5-1

天秤左側重	天秤右側重	天秤平衡
1號重，2號重，3號重	4號重，5號重，6號重	7號重，8號重，9號重

無論出現哪一種結果，都把「從九個球中找瑕疵品」的問題轉化成「從三個球中找瑕疵品」的問題，不確定性大大縮小了。不妨假設瑕疵品在 1、2、3 號球中，我們就需要再把這三個球平均分成三份，每一份就只有一個球了。然後，如圖 4.5-2，把 1 號球放在天秤左盤，2 號球放在天秤右盤，3 號球放在天秤下，進行第二次秤量。

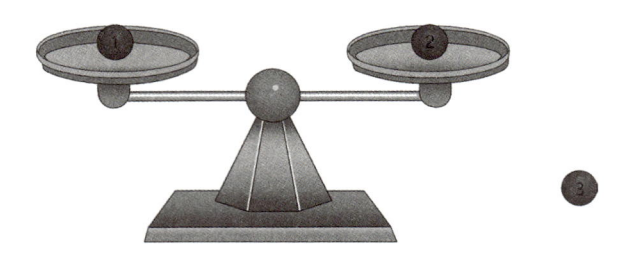

圖 4.5-2

如果天秤向左邊傾斜，1號球是瑕疵品；天秤向右邊傾斜，2號球是瑕疵品；天秤平衡，3號球是瑕疵品。第二次秤量，我們把瑕疵品的可能範圍從三個球壓縮到一個球。

利用每次均分成三份的方法，只需要兩次秤量，就能從九個球中找到那個較重的瑕疵品了。

二 N個球，已知瑕疵品輕重

根據前面的例子，我們發現：如果在已知瑕疵品輕重的前提下，想最快找到瑕疵品，應該每次將剩餘的球均分成三堆，透過天秤秤量，理想情況下可以把瑕疵品的可能性壓縮到 $\frac{1}{3}$。

假如有 N 個球，每測一次，瑕疵品可能性就被壓縮到 $\frac{1}{3}$，秤量 k 次後，瑕疵品的可能性小於等於 1，就保證找到這個瑕疵品。所以，需要滿足的條件是

$$N \times \left(\frac{1}{3}\right)^k \leq 1$$

反過來，秤量 k 次，最多能從 N 個球中找到一個已知輕重的瑕疵品，N 必須滿足條件

$$N \leq 3^k$$

表 4.5-2 可以幫助大家快速尋找答案。

表 4.5-2

秤量次數 k	1	2	3	4	…
球的總數 N	1～3	4～9	10～27	28～81	…

注：如果球的數量不能均分，只需要把不相等的數放在天秤下即可。例如有二十六個球，可以分成9、9、8三堆，兩堆9球放在天秤上，8球放在下方，結果不變。

消除不確定性，其實是資訊熵的作用。大家是否玩過一個遊戲，叫做「我想你猜」。我心裡想個人物，你問我問題，我回答是或否。例如：

問：是中國的嗎？答：是。
問：是武將嗎？答：是。
問：是三國時代的嗎？答：不是。
問：是李雲龍嗎？答：是！

每一次回答「是或者否」都能消除一半的不確定性。如果我只認識一千零二十四個人，你最多問我十個問題，就能猜到我心裡想的是誰。同樣，在天秤秤小球的問題中，因為每次有三種可能的結果，所以每次消除的不確定性更多。如果每個問題有三種回答，理論上十個問題，可以從 $3^{10} = 59049$ 個人物中找到答案。

三、六個球，不知瑕疵品輕重

如果只知道瑕疵品重量不同，但不知道瑕疵品是輕是重，至少需要秤量多少次，才能保證找到瑕疵品，並測出瑕疵品的輕重呢？

顯然，如果不知道瑕疵品的輕重，問題的不確定性就多了。我們還是從簡單的情況開始。

有六個球，從中找到一個瑕疵品，瑕疵品的可能性共有十二種：

1號球輕，2號球輕，3號球輕，4號球輕，5號球輕，6號球輕，
1號球重，2號球重，3號球重，4號球重，5號球重，6號球重。

第一次秤量，如圖4.5-3，將六個球中的1、2號放在天秤左盤，3、4號放在天秤右盤，5、6號放在天秤下。這樣分配的原則與之前相同：盡量充分利用平衡的三種可能結果。

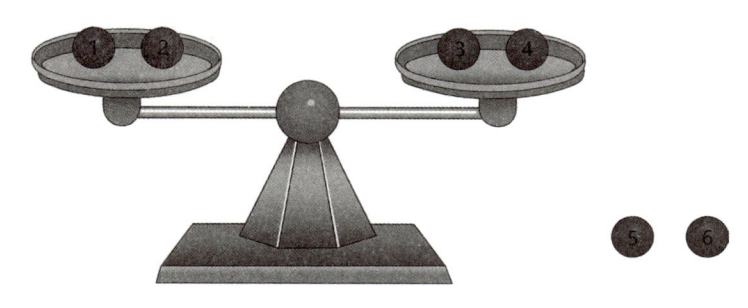

圖 4.5-3

秤量結果和可能性如表 4.5-3 所示：

表 4.5-3

天秤左側重	天秤右側重	天秤平衡
1 號球重，2 號球重	1 號球輕，2 號球輕	5 號球輕，6 號球輕
3 號球輕，4 號球輕	3 號球重，4 號球重	5 號球重，6 號球重

無論獲得什麼結果，第一次秤量後，都把十二種可能壓縮為四種了。

（1）若第一次秤量，天秤不平衡。

如果第一次秤量天秤左側重，就知道壞球在 1、2、3、4 號球之間，而 5 號和 6 號是好球。如圖 4.5-4，第二次秤量可以使用這樣的策略：1 號和 3 號球放在天秤左盤，4 號球和一個好球（如 5 號球）放在天秤右盤。

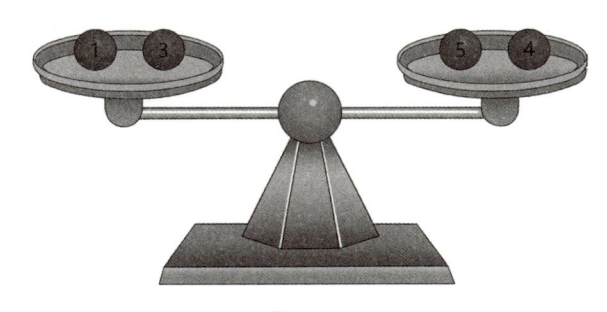

圖 4.5-4

第四章　邏輯問題

根據之前已經獲得的資訊，容易分析出這時三種結果對應的情況如表 4.5-4 所示：

表 4.5-4

天秤左側重	天秤右側重	天秤平衡
1 號球重，4 號球輕	3 號球輕	2 號球重

把四種情況又分為 2－1－1 三類，如果第一次秤量，天秤右側重，方法是類似的。

（2）若第一次秤量，天秤平衡。

如果第一次稱量天秤平衡，我們知道瑕疵品在 5、6 號球中，對應四種可能。如圖 4.5-5，此時，可以用 5 號球與一個合格球（例如 1 號）比較：

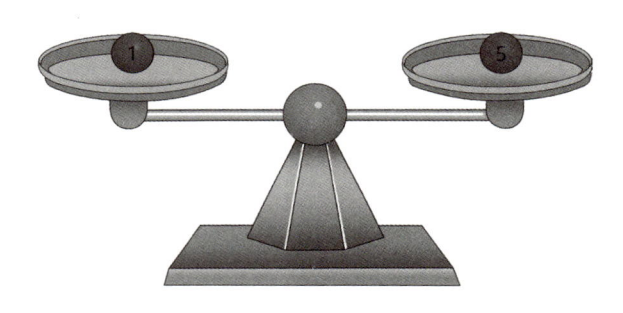

圖 4.5-5

結果如表 4.5-5 所示：

表 4.5-5

天秤左側重	天秤右側重	天秤平衡
5 號球輕	5 號球重	6 號球輕，6 號球重

按照這樣的方法，在第二次秤量結束後，把四種情況壓縮到一種或

兩種情況之中了。

如果只剩下一種情況，就找到瑕疵品，並知道瑕疵品的輕重。

如果還剩下兩種情況，只需讓它和合格球比一比，就能找到最終答案了。例如：只剩下 1 號球重和 4 號球輕兩種情況，只要拿一個合格球和 1 號球比較就可以了。

綜上所述，$N = 6$ 時，只需要秤量三次，就能保證找到瑕疵品，且知道輕重。

四、N個球，不知瑕疵品輕重

現在開始討論最一般的情況：如果 N 個球中有一個瑕疵品，不知道瑕疵品的輕重，至少需要秤幾次才能找到這個瑕疵品，並且區分它的輕重呢？這個問題有一點燒腦，準備挑戰一下自我嗎？

我們知道：瑕疵品最初的可能性有 $2N$ 種，即 1 號球重、2 號球重、3 號球重……，1 號球輕、2 號球輕、3 號球輕……。理想情況下，如果每次秤量都能將可能性壓縮為 $\frac{1}{3}$，經過 k 次秤量，找到瑕疵品並區分輕重，那麼需要滿足

$$2N \times \left(\frac{1}{3}\right)^k \leq 1$$

反過來，秤量 k 次最多能從 N 個球中選出那個不知輕重的瑕疵品並區分輕重，N 需要滿足

$$N \leq \frac{3^k}{2}$$

貌似已經得出結論，但實際上，這只是 N 的上限，而這個上限不一定能取到。接下來，進一步「壓縮」N 的上限。

假設一共有 N 個球，其中有一個瑕疵品不知輕重，秤量 k 次保證能找出這個瑕疵品。如圖 4.5-6 所示，假設第一次秤量的策略是將 N 個球分為 $N = a + a + b$，天秤兩邊各放上 a 個球比較。

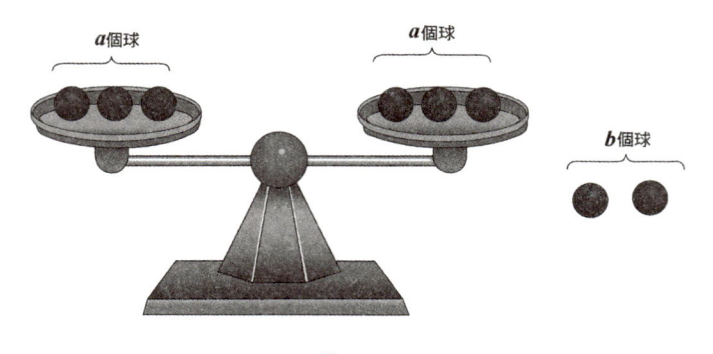

圖 4.5-6

（1）如果天秤平衡，瑕疵品一定位於天秤下方的 b 個球裡，情況有 $2b$ 種。因為再秤量 $(k-1)$ 次，必須保證找到壞球，所以有

$$2b \times \left(\frac{1}{3}\right)^{k-1} \leqslant 1$$

b 需要滿足條件

$$b \leqslant \frac{3^{k-1}}{2}$$

大家注意，右邊 3^{k-1} 是一個奇數，除以 2 不能得到整數，但 b 必須是整數。所以，

$$b \leqslant \frac{3^{k-1}-1}{2}$$

這樣，右邊是個整數，上面兩個運算式其實沒有區別。

（2）如果天秤不平衡，左邊重，說明左側的 a 個球中有一個比較重的瑕疵品，或者右側的 a 個球中有一個比較輕的瑕疵品，情況有 $2a$ 種。再經過 $(k-1)$ 次秤量，必須找到壞球，所以與剛剛的推導類似，我們依然有

$$2a \times \left(\frac{1}{3}\right)^{k-1} \leqslant 1 ,$$

$$a \leqslant \frac{3^{k-1}}{2},$$

$$a \leqslant \frac{3^{k-1}-1}{2}$$

現在已經知道 a 和 b 滿足的條件，因為 $N = 2a + b$，所以

$$N = 2a + b \leqslant \frac{3^k - 3}{2}$$

這就是秤量 k 次最多能從多少個球中找到那個不知道輕重的瑕疵品的方法，可以從表 4.5-6 中快速找到這個問題的答案：

表 4.5-6

秤量次數 k	2	3	4	5	…
球的總數 N	1～3	4～12	13～39	40～120	…

從表 4.5-6 中很容易找到，如果有十二個球，那麼三次秤量就能找到瑕疵品，並區分出瑕疵品的輕重。

五 課後討論

對於這個問題，其實還有許多值得討論的地方。

首先，我們在討論出 N 個不知輕重的球找瑕疵品的公式時，進行了一步縮小。為什麼只進行一次縮小，而不是秤量幾次就進行幾次縮小呢？

其次，現在的問題是：找到瑕疵品並區分它的輕重。如果只想找到這個瑕疵品，而不關心它是輕是重，結論又應該是怎樣呢？

還有一個更直接的問題：十二個不知道輕重的小球，秤量三次就保證找到瑕疵品，並區分輕重。可是具體透過什麼步驟，才能找到這個瑕疵品呢？這個問題依然需要耗費一點腦細胞。

雙蛋問題

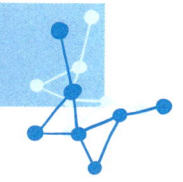

有這樣一個有趣的問題：

你手裡有兩個雞蛋，這兩個雞蛋從低處掉落都不會碎，從高處掉落都一定會碎。但你不知道到底從多高開始掉落才會碎掉。如圖 4.6-1，現在有一座一百層高的樓，你希望知道雞蛋從多少層樓掉下剛好碎掉（或者從一百層樓掉下都不會碎掉），請問你最少需要扔幾次雞蛋呢？請注意，你設計的演算法必須保證在最不利的情況下，也能找到臨界樓層（剛好摔碎雞蛋的樓層）。

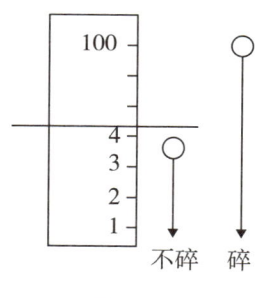

圖 4.6-1

這個問題其實是一個有趣的遞迴問題，讓我們一步步來探究它。

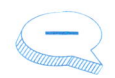

一、雙蛋問題

如果你手裡只有一個雞蛋，一定不會第一次就從五十層樓向下扔，因為雞蛋一旦碎了，就不能再用了，你只能知道蛋碎的樓層在一～五十

之間，卻不知道具體是從哪一層開始。

　　雞蛋可能會恰好在一、二、⋯、一百層碎，或者一百層都不碎，總共一百零一種可能性。而你只有一種保險的方法：從一層開始扔，如果雞蛋不碎，就從二層扔；如果還不碎，就從三層扔⋯⋯最不利的情況下，雞蛋到了九十九層都不碎，我們還要再驗證從一百層扔是否會碎。也就是說，總共需要扔雞蛋一百次，才能從這一百零一種可能性中找到正確答案。

　　如果你只有一個雞蛋，那麼有幾層樓，最不利的情況下就需要扔幾次。如果你有兩個雞蛋，有沒有更好的方法呢？

　　這時，第一個雞蛋可以先從十層向下扔，如果碎了，就說明臨界樓層在一～十層之間。再把第二個雞蛋從一、二、三、⋯、九層扔下，就能找到臨界樓層了。最不利的情況下，一共需要扔 1 + 9 = 10（次）雞蛋。

　　如果第一個雞蛋從十層扔下沒碎，就把它繼續從二十層扔下，如果這回碎了，說明臨界樓層在十一～二十層之間。把第二個雞蛋從十一、十二、十三、⋯、十九層樓扔下，就能找到臨界樓層了。最不利的情況下，一共需要扔 2 + 9 = 11（次）雞蛋。

　　就按照這樣的方法，第一個雞蛋分別從十、二十、三十、⋯、一百層扔下，找到大致範圍後，再用第二個雞蛋去做仔細的檢查。最不利的情況下，如果雞蛋到九十九層都不碎，還要再驗證從一百層扔是否會碎，兩個雞蛋一共需要扔 10 + 9 = 19（次），如表 4.6-1 所示。

表 4.6-1

第一個雞蛋碎的樓層	第一個雞蛋扔的次數	最不利時第二個雞蛋扔的次數	最不利時一共扔的次數
10	1	9	10
20	2	9	11
30	3	9	12
40	4	9	13

（續下表）

（接上表）

第一個雞蛋碎的樓層	第一個雞蛋扔的次數	最不利時第二個雞蛋扔的次數	最不利時一共扔的次數
50	5	9	14
60	6	9	15
70	7	9	16
80	8	9	17
90	9	9	18
100	10	9	19

這個方法還能再優化嗎？

我們發現扔蛋次數的增加，主要是由於第一個雞蛋扔的次數有多有少，而第二次扔雞蛋的最不利次數不變。有沒有可能讓第一個雞蛋扔的次數多時，第二個雞蛋扔的次數變少呢？

例如第一個雞蛋第一次從 n 層樓開始向下扔，如果不碎，第二次就增加 $(n-1)$ 層；如果還不碎，第三次就增加 $(n-2)$ 層……這樣一來，樓層愈高，間隔愈小，就能保證第一個雞蛋每多扔一次，第二個雞蛋就少扔一次，總的扔蛋次數不會增加。

我們知道首項和公差均為 1 的等差數列的求和公式為

$$1+2+3+\cdots+n=\frac{1}{2}n(n+1)$$

如果這個數要大於 100，n 至少需要為 14。所以，第一個雞蛋應該從十四層開始扔，如果不碎，就讓第一個雞蛋從 14 + 13 = 27 層扔；如果還不碎，就繼續從 14 + 13 + 12 = 39 層扔……一旦某次第一個雞蛋碎了，就用第二個雞蛋檢查具體是哪個樓層。最不利的情況下，扔雞蛋的次數如表 4.6-2 所示：

表 4.6-2

第一個雞蛋碎的樓層	第一個雞蛋扔的次數	最不利時第二個雞蛋扔的次數	最不利時一共扔的次數
14	1	13	14
27	2	12	14
39	3	11	14
50	4	10	14
60	5	9	14
69	6	8	14
77	7	7	14
84	8	6	14
90	9	5	14
95	10	4	14
99	11	3	14
100	12	0	12
100 層不碎	12	0	12

經過一番操作，最不利的情況下，需要扔雞蛋的次數變成 14 次，低於之前的 19 次了。

二、還能更厲害一點嗎？

認真讀了本書的讀者應該都知道，我不會隨隨便便講一個問題，背後一定有更深刻的數學思維。

來看一個更加普遍的雙蛋問題。假如一棟樓，有 T 層高。你手中有 N 個蛋，你在最不利的情況下，檢查出臨界樓層的次數 $M(T，N)$ 是多少？為了敘述方便，當在最高層 T 層都不碎時，我們把臨界樓層計成 $T+1$。T 層高的樓臨界樓層可能是 1、2、⋯、$T+1$ 層，共 $(T+1)$ 種可能性。這個問題需要使用動態規劃思想。我們把 M 看成函數，它有兩個參數 T 和 N，就是在樓層數為 T，雞蛋個數為 N 時，最不利的情

況下檢查出臨界樓層的最佳解。下面的問題就是想辦法求出這個函數 M 的值。

大家看，無論我有多少個雞蛋，也無論有多少層樓，首先都要從某個樓層 k 扔下第一個雞蛋。

如果第一個雞蛋碎了，說明臨界樓層在 $1 \sim k$ 層之間。此時，我們剩下的問題變成：我手中剩下 $(N-1)$ 個雞蛋，雞蛋可能在 1、2、……、$k-1$ 層碎，或 k 層碎（$k-1$ 層不碎），共 k 種可能性。這相當於「共有 $(k-1)$ 層樓、$(N-1)$ 個雞蛋」的一個子問題。此時，查出臨界樓層的次數是 $M(k-1, N-1)$。如果第一個雞蛋沒碎，說明臨界樓層在 $(k+1)$ 層到 $(T+1)$ 層之間。

此時樓層變為了 $(T-k)$ 層，我手中仍然有 N 個雞蛋，最不利的情況下，查出臨界樓層的次數是 $M(T-k, N)$，如圖 4.6-2 所示：

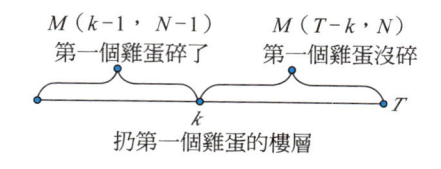

圖 4.6-2

扔完了第一個雞蛋，還需要扔多少次呢？因為有兩種情況，分別是 $M(k-1, N-1)$ 次和 $M(T-k, N)$ 次，哪個次數多，哪個就是更不利的情況。所以，這時在最不利的情況下還需要扔的次數是

$$\max[M(k-1, N-1), M(T-k, N)]$$

式子中的 k 取多少呢？它可以取 1、2、3、4、……、T 之間的任何一個數，只要能夠讓後續扔蛋的次數最小就好。所以，最不利的情況下，後續扔蛋次數的最佳解應該寫成

$$\min_{k=1,2,3,\cdots,T} \{\max[M(k-1, N-1), M(T-k, N)]\}$$

表示要讓 k 遍取 1、2、3、4、……、T，直到找到上面運算式的最佳解，即所有最大值中的最小值。別忘了最初扔的一個雞蛋，所以 T 層樓，N 個雞蛋所需要的扔蛋次數是

$$M(T,N)=1+\min_{k=1,2,3,\cdots,T}\{\max[M(k-1,N-1),M(T-k,N)]\}$$

我們還需要寫出一些初始項，例如只有一個雞蛋時，有多少層樓，就需要扔多少次，所以 $M(T,1)=T$；如果只有一層樓，無論有多少個雞蛋，都只需要扔一次，所以 $T(1,N)=1$。這樣再加上剛才的遞推關係，就能列出一份完整的表格（表 4.6-3）。

表 4.6-3

樓層高度	雞蛋數量									
	1	2	3	4	5	6	7	8	9	10
1	1	1	1	1	1	1	1	1	1	1
2	2	2	2	2	2	2	2	2	2	2
3	3	2	2	2	2	2	2	2	2	2
4	4	3	3	3	3	3	3	3	3	3
5	5	3	3	3	3	3	3	3	3	3
6	6	3	3	3	3	3	3	3	3	3
7	7	4	3	3	3	3	3	3	3	3
8	8	4	4	4	4	4	4	4	4	4
9	9	4	4	4	4	4	4	4	4	4
10	10	4	4	4	4	4	4	4	4	4
11	11	5	4	4	4	4	4	4	4	4
12	12	5	4	4	4	4	4	4	4	4
13	13	5	4	4	4	4	4	4	4	4
14	14	5	4	4	4	4	4	4	4	4
15	15	5	5	4	4	4	4	4	4	4
16	16	6	5	5	5	5	5	5	5	5

（續下表）

（接上表）

樓層高度	雞蛋數量									
	1	2	3	4	5	6	7	8	9	10
17	17	6	5	5	5	5	5	5	5	5
18	18	6	5	5	5	5	5	5	5	5
19	19	6	5	5	5	5	5	5	5	5
20	20	6	5	5	5	5	5	5	5	5
21	21	6	5	5	5	5	5	5	5	5
22	22	7	5	5	5	5	5	5	5	5
23	23	7	5	5	5	5	5	5	5	5
24	24	7	5	5	5	5	5	5	5	5
25	25	7	5	5	5	5	5	5	5	5
30	30	8	6	5	5	5	5	5	5	5

看上去簡單的雙蛋問題，居然衍生出這麼複雜的關係，這就是數學的魅力所在。

雙蛋問題其實是許多大廠面試的考題，主要考察工程師的動態規劃思想。說到面試題，不妨再給大家留一個思考題當作業。你站在一個圓形的小島上，一隻鱷魚在小島周圍游弋，鱷魚游泳的速度是你跑步速度的四倍。因為鱷魚想吃人，所以牠總是希望待在離你最近的位置。請問，你是否有方法能夠比鱷魚更早到達小島的邊緣呢？

約瑟夫環問題

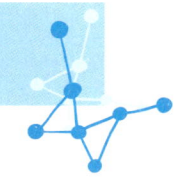

假如一百個囚犯站成一排從 1 開始報數，奇數就槍斃，偶數就留下，一輪之後剩下的人重新站成一排報數，奇數就槍斃，偶數就留下……最後餘下一個人可以獲得赦免。最後活下來的人，最初是站在幾號位置呢？真是一個殘忍的問題！我想，這個問題許多讀者都能輕易回答出來：

64 號。因為每一次都槍斃奇數，留下偶數，其實就是讓每個人的編號除以 2。例如第一輪槍斃之後，2 號變為了 1 號，4 號變為了 2 號，6 號變為了 3 號……100 號變為 50 號。如果除以 2 後仍是偶數，這個人就能在下一輪中活下來；如果是奇數，就會被槍斃。所以，100 以內能夠整除 2 次數最多的數，就是最終活下來的人的編號。表 4.7-1 是十個人進行報數得出的情況。

4.7-1 十個人報數，最終 8 號活下來

第一輪	第二輪	第三輪	第四輪
1			
2	1		
3			
4	2	1	
5			
6	3		
7			
8	4	2	1
9			
10	5		

第四章　邏輯問題

我們知道 $64 = 2^6$，是 100 以內最大的 2 的冪次，可以被 2 整除六次，所以能夠支撐住六輪遊戲，足以把其他獄友都熬死。

這樣的問題在現實中發生過嗎？

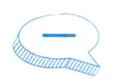

一 約瑟夫環問題

二〇〇〇年前，有一名猶太歷史學家約瑟夫（Josephus），他曾帶領猶太人反抗羅馬人的統治。有一次，他和四十個戰友被羅馬軍隊包圍在洞中，士兵們決定寧死也不向羅馬人投降。但自殺不符合猶太人的傳統，所以他們決定圍成一個環，用相互殘殺的方式結束彼此的生命。

具體來說：四十一個人圍成一個環，1 號殺掉 2 號，3 號殺掉 4 號⋯⋯直到 39 號殺掉 40 號，然後 41 號就會殺掉身邊的 1 號，這樣一輪一輪下去，直到剩下最後一個人，他再自殺。

可是最終剩下約瑟夫和另一位士兵時，約瑟夫突然改主意，他說服了另一個人，一起向羅馬軍隊投降。

約瑟夫把自己能夠活下來歸為天意，但實際上，他可能一開始就已經計算好了位置。你知道約瑟夫在哪個位置能保證自己活下來嗎？這個問題就被稱為「約瑟夫環問題」（圖 4.7-1）。

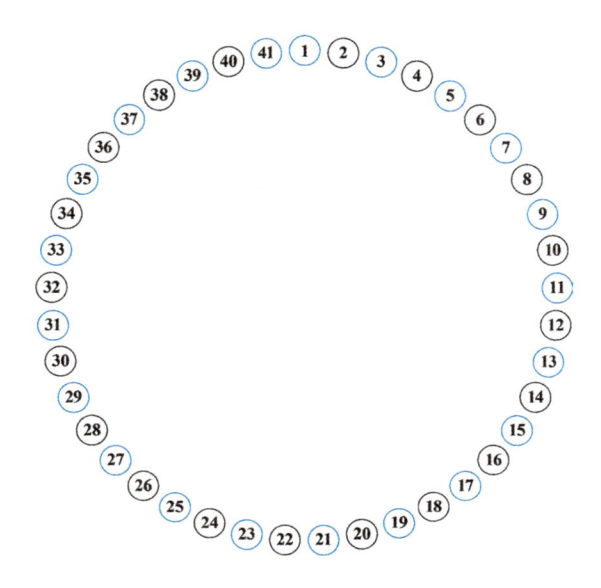

圖 4.7-1　約瑟夫環

如果數學化一些，可以把約瑟夫環問題描述如下：

有 N 個士兵站成一個環，從某人開始順時針編號，每兩個人殺一人，請問最後剩下的人編號 f 是幾？

從最簡單的情況開始討論（圖 4.7-2）：

如果只有一名士兵，$N = 1$，最後剩下的也就是他，所以勝利者編號 $f = 1$；

如果有兩名士兵，$N = 2$，1 號殺掉了 2 號，勝利者編號還是 $f = 1$；

如果有三名士兵，$N = 3$，1 號殺掉了 2 號，3 號殺掉了 1 號，勝利者編號 $f = 3$；

如果有四名士兵，$N = 4$，1 號殺掉了 2 號，3 號殺掉了 4 號，1 號殺掉了 3 號，勝利者編號 $f = 1$；

……

第四章　邏輯問題

共二個士兵，
每二個人殺一個

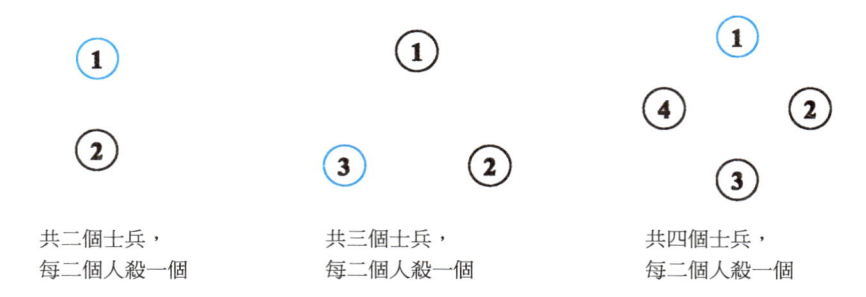

共三個士兵，
每二個人殺一個

共四個士兵，
每二個人殺一個

圖 4.7-2

按照這樣的方法，我計算了 1～16 名士兵時，最後勝利者的編號，情況如表 4.7-2 所示：

表 4.7-2

N	1	2	3	4	5	6	7	8
f	1	1	3	1	3	5	7	1
N	9	10	11	12	13	14	15	16
f	3	5	7	9	11	13	15	1

大家能發現什麼規律嗎？

首先，無論有多少人，勝利者的編號都是奇數。原因是顯而易見的：第一輪中偶數都被消滅了。

其次，很多種情況下，最後勝利者的編號都是 1 號。例如當有 $N = 1、2、4、8、16$ 名士兵時，勝利者的編號都是 1 號。而且，1、2、4、8、16 這些數都有一個共同特點：都是 2 的正整數次冪。推而廣之，可以猜測：當士兵人數 $N = 2^a$，且 a 是一個正整數時，最後的勝利者就是 1 號。

我們還可以對表格進行仔細觀察，你會發現：勝利者的編號 f 有一定的規律，總是按照 1、3、5、7、9、…的順序排列。具體來說：

$N = 1$ 時，$f = 1$；
$N = 2、3$ 時，$f = 1、3$；

$N=4$、5、6、7 時，$f=1$、3、5、7；

$N=8$、9、10、11、12、13、14、15 時，$f=1$、3、5、7、9、11、13、15…

按照這個規律，當士兵人數 $N=2^a+b(b<2^a)$ 時，最終勝利者的編號是

$$f=2b+1$$

透過探討簡單情況，猜測出一般性的規律。讓我們來看最初的問題，約瑟夫和四十名士兵一共四十一人組成一個環，即

$$N=41=32+9=2^5+9，$$

最終生存者的編號是

$$f=2\times 9+1=19$$

約瑟夫只要站在第 19 號的位置，就能保證自己能活到最後，並向羅馬士兵投降。要是不信，你就在紙上畫一畫，看看是不是這個結果。

二 證明約瑟夫環問題的解

剛才我們猜出約瑟夫環問題的解：如果有 $N=2^a+b(b<2^a)$ 名士兵站成一個環，每兩個人殺一人，最終勝利者的編號是 $f=2b+1$。可是，我們能證明這個結論嗎？

大家想：如果士兵人數剛好是 2 的正整數次冪，也就是 $N=2^a$，那麼每一輪下來，人數都剛好減半，1 號士兵永遠是殺手，也成為最終的勝利者，所以 $f=1$，滿足我們剛才所說的規律。

如果人數不是 2 的正整數次冪，而是 $N=2^a+b$ 呢？這時可以這樣做：先讓屠殺進行 b 次，就是 1 號士兵殺掉 2 號士兵，3 號士兵殺掉 4 號士兵，5 號士兵殺掉 6 號士兵……（$2b-1$）號士兵殺掉 $2b$ 號士兵，

此時剩餘的人數就剛好是 2^a 了。

按照剛才所說的，當剩餘 2^a 個人時，最後的勝利者就是最開始的行刑者，這個人在新的序列中是 1 號，在原來序列中是 $(2b+1)$ 號，多麼漂亮的證明啊！

我上學時看過一個笑話，一名數學家應聘消防員，他和面試官有了下面的對話：

面試官：如果你發現乾草堆著火，你該怎麼辦？
數學家：接上消防水管，把火撲滅。
面試官：說得很好。那麼如果你發現乾草堆正在冒煙，你該怎麼辦？
數學家：我就把火點著。
面試官：什麼？你為什麼要這麼做？
數學家：因為這樣就把問題變成一個我研究過的問題了。

剛才我們把 $N = 2a + b$ 的問題，轉化成 $N = 2^a$ 的問題，就是把一個新的問題轉化成一個已經研究過的問題，這是一種重要的數學方法。

三、更加一般的約瑟夫環問題

我們可以讓約瑟夫環問題推廣到更加一般的情況。

假如 N 名士兵站成一個環，每 k 個士兵殺死一人，最後餘下的士兵的編號 $f(N, k)$ 是多少？

這個問題不像原始版本的約瑟夫環問題一樣簡單，但研究方法是類似的。我們依然從最簡單的情況著手。

假如士兵只有 $N = 1$ 人，無論 k 取多少，最後剩下的士兵都是 1 號，所以

$$f(1, k) = 1$$

有 N 名士兵時又該怎樣？聯想到剛才的處理方法和消防員的笑話，應該想辦法把 N 名士兵的問題轉化成已經研究過的問題。

例如：原來有九名士兵，每三個人殺一人，第一次被殺死的是 3 號士兵。此後，環中只剩下八名士兵了，這時問題不就變成八名士兵，每三人殺一人了嗎？只不過最初的九名士兵中的 4、5、6、7、8、9、1、2 號，變成新遊戲中的 1、2、3、4、5、6、7、8 號，如表 4.7-3 所示：

表 4.7-3

九名士兵的編號	4	5	6	7	8	9	1	2	3
八名士兵的編號	1	2	3	4	5	6	7	8	X

你能發現 3 號士兵死亡前後，軍隊編號之間的規律嗎？3 號士兵死掉後，重新編號的八名士兵每個人的編號加上 3，就變回了原來九名士兵時的編號。如果這個數超過 9，就會減掉 9。仔細觀察表格中的編號，可以很容易地發現這個規律。

把這個規律推廣到一般情況：當有 N 名士兵，每 k 名殺死一人時，總可以轉化成一個 $(N-1)$ 名士兵的問題，而這之間存在遞推關係

$$f(N,k) = \begin{cases} f(N-1,k)+k \text{（當結果小於等於}N\text{）}, \\ f(N-1,k)+k-N \text{（當結果大於}N\text{）} \end{cases}$$

這又是一個「點燃乾草堆」的操作。從這個遞推式，加上 $f(1,k)=1$，就能推導出任意情況下最後的勝利者了。例如，一共有 $N=9$ 名士兵，每 $k=3$ 人殺一人，最後生存的士兵編號是多少？按照遞推式，有

$$f(1,3)=1;$$
$$f(2,3)=f(1,3)+3-2=2;$$
$$f(3,3)=f(2,3)+3-3=2;$$
$$f(4,3)=f(3,3)+3-4=1;$$
$$f(5,3)=f(4,3)+3=4;$$
$$f(6,3)=f(5,3)+3-6=1;$$

$$f(7,3) = f(6,3)+3 = 4 \text{ ；}$$
$$f(8,3) = f(7,3)+3 = 7 \text{ ；}$$
$$f(9,3) = f(8,3)+3-9 = 1$$

九名士兵每三個人殺一人，最後活下來的人編號是 1 號！

其實這樣的問題不僅在西方有，東方也有。例如在日本，這個問題被稱為「繼子立問題」，說的是一個富豪有三十個兒子，富豪無法決定由誰來繼承家產，於是決定讓三十個人圍成一個圈，每十個人去掉一人，直到最後剩下一個人繼承家產。你知道最後繼承家產的人編號是多少嗎？日本數學家方孝和曾對這個問題進行過一般性討論。顯然，這就是我們剛才討論的問題，但問題的描述要比約瑟夫環問題「善良」得多。

中國數學家方中通也曾討論過類似的問題：有二十個棋子圍成一圈，其中有兩個黑子是挨在一起的，其餘的十八個都是白子，從某一個棋子開始，每九個去掉一個，直到最後發現剩下的是兩個黑子。請問，他是從哪個棋子開始去掉的？

這個問題留給讀者自己思考。如果想不出來，拿出圍棋擺一擺，也是很好的方法喲！

第五章
博弈論問題

- ▲ 策梅洛定理
- ▲ 囚徒困境
- ▲ 膽小鬼賽局
- ▲ 海盜分金幣問題
- ▲ 田忌賽馬
- ▲ 三個火槍手問題

策梅洛定理

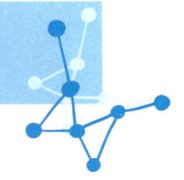

「弈」這個字原本意思是下棋，下棋要講究策略，不光要考慮自己的局面，還要考慮對方會怎麼走，這就是「博弈」。現在，博弈論已經成為獨立的數學分支。後面幾篇內容，就讓我們一起簡單了解博弈論吧。

一 遊戲的結局是一定的

假設有一個非常簡單的遊戲，先手 A 和後手 B 各做一次決策——選擇上路或下路，根據二人決策的結果，遊戲的勝負如圖 5.1-1 所示。透過這張圖，你能知道遊戲的結果是誰獲勝嗎？

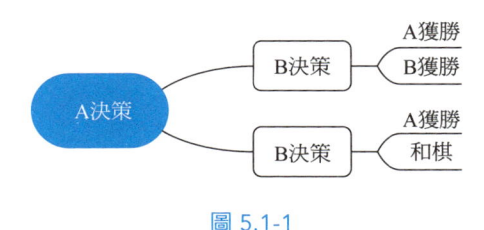

圖 5.1-1

也許有讀者認為：A 的贏面大一些，因為 A 有兩種可能會贏，而 B 只有一種可能會贏。事實並非如此。這盤棋的結果一定是和棋——除非有一方實在腦子不太好用，才會輸掉。

我們看：如果先手 A 選擇上路，遊戲進入一個由 B 進行決策的分支，這叫做子遊戲。在這個子遊戲中，B 選上路，A 獲勝；B 選下路，B 獲勝。B 要選擇對自己有利的，所以一定選下路。這個子遊戲的結局是固定的，

就是 B 獲勝。

如果先手 A 選擇下路，遊戲進入另一個由 B 做決策的子遊戲中，這時 B 選上路，A 獲勝；B 選下路，就和棋，B 要選擇對自己有利的，所以這個子遊戲的結局一定是和棋（圖 5.1-2）。

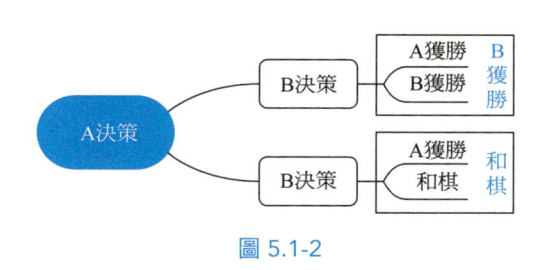

圖 5.1-2

再來考慮 A 的決策：若 A 選上路，就會進入子遊戲 1，結局剛剛討論過──B 一定獲勝；A 選下路，就會進入子遊戲 2，結局一定和棋。A 也要選擇對自己有利的，所以 A 一定選下路。

這樣，A 會選下路，B 也會選下路，最終的遊戲結局就是和棋。如果遊戲複雜一些，也不過是分支變多，長度變長。但只要從最後端的子遊戲開始，一層層倒推，就一定能推算出在最佳策略下，遊戲到底是先手勝，還是後手勝，抑或和棋。在遊戲雙方都不犯錯的情況下，這種勝負是不可避免的。

二 井字遊戲

一個典型的實際例子是井字遊戲。

井字遊戲非常簡單。首先畫一個井字，在九個格子中輪流畫子，先手畫叉，後手畫圈。誰的三個子橫豎斜連成一條線，誰就贏了。如果畫滿時雙方都沒有贏，就是和棋。圖 5.1-3 就是一局井字棋，最後叉贏了。

圖 5.1-3

第五章　博弈論問題　229

這個遊戲的規則雖然簡單，但可玩性還是很高，因為也有不少變化。遊戲可能出現的局面總數叫做遊戲的狀態複雜度。一般來講，我們沒辦法準確算出一個遊戲的狀態複雜度，很多時候也沒必要準確算出來，只要估算一個上限，或者一個數量級就可以了。

例如井字遊戲，一共有九個格子，每一個格子都有叉、圈、空白三種可能，所以最多能夠出現的局面不會超過 $3^9 = 19683$ 種。但裡面有許多不符合規則的情況，例如叉的數量不是和圈相同，就是多一個，其他情況都不符合規則。還有一些對稱的情況，其實應該算成一種情況。如果把這些不符合規則和重複的情況都去掉，最終餘下的狀態數是七百六十五種。井字遊戲是少數能夠精確求解出狀態數的遊戲之一。

狀態數不是衡量遊戲複雜程度的唯一方式，因為同一個局面狀態，也可以從不同的路徑得出。要考察遊戲玩法總數，得計算遊戲樹的大小。

什麼是遊戲樹呢？以井字遊戲為例：先手畫第一個叉時，去掉對稱性，其實只有三種畫法：中間、邊中點和角。如果先手畫在中間，去掉對稱性，後手只有兩種畫法；如果先手畫在邊中點上或角上，後手分別將會有五種畫法。之後，對於每一種狀態，先手又有不同畫法，直到最後有一方獲勝或和棋，這就叫做遊戲樹（圖 5.1-4）。

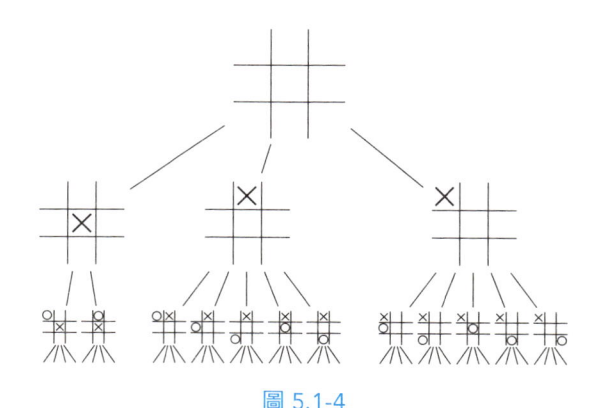

圖 5.1-4

遊戲樹有多少分支，就表示遊戲一共有多少種可能的變化。在井字遊戲中，也可以估算遊戲樹的複雜度。先手先選位置，有九種可能；後手只剩下八種可能，先手又剩下七種可能……直到最後填滿九個格子，所以遊戲樹複雜度不超過 9! = 362880 種。這裡面有許多不符合規則的還需要去掉，如旋轉或翻轉後重複的，最終的遊戲樹複雜度為 26830。也就是說，如果兩個人下棋下 26831 局，就一定會出現一模一樣的兩局棋。

人們已經考察了井字遊戲的 26830 條路經，發現：如果雙方都採用最佳策略，那麼井字遊戲一定是和棋。像這樣能完整畫出遊戲樹，找出最佳策略的遊戲叫已解決遊戲。

但大部分情況下，井字遊戲會出現輸贏，這是因為有些人對遊戲樹掌握得好，有些人掌握得不好。一旦對方出現失誤，對遊戲樹掌握資訊好的人就能迅速抓住這個漏洞，讓不會玩的人陷入必敗的遊戲樹分支之中。這就是所謂玩得好和玩得不好的區別。

三、圍棋

其實象棋也好，圍棋也罷，它們與我剛才舉的例子本質沒有不同。由於制定了一些勝負與和棋規則，下棋的步驟也有限。只不過，它們的複雜度要高得多。

理論上，我們可以畫出圍棋的遊戲樹，如果遍歷了所有情況，就能知道圍棋結局到底是先手必勝，還是後手必勝，或者一定是和棋了。只是這個過程過於複雜。

以圍棋為例。在 19×19 = 361 個格點上輪流放棋子，每個格子有黑、白、空三種可能，整個圍棋棋盤上的狀態數上限是 $3^{361} \approx 1.7 \times 10^{172}$，去掉一些重複和對稱，圍棋的狀態複雜度大約是 10^{171} 量級。

要知道：宇宙中的原子個數只有大約 10^{80} 個，就算用宇宙中的一個原子代表一個圍棋局面，窮盡宇宙中所有的原子，也不能表示出圍棋所有的棋局局面。

圍棋的遊戲樹就更難畫了。因為圍棋可以提子，有了空白的地方可以繼續下，所以不一定是填滿了棋盤就結束。不過，可以估計遊戲樹的總層數和每一層的平均分支。如圖 5.1-5，根據統計和計算：一盤圍棋的平均手數是一百五十手，每一手的平均分支數是二百五十種，所以整個圍棋的遊戲樹複雜度大約是 $250^{150} \approx 10^{360}$。

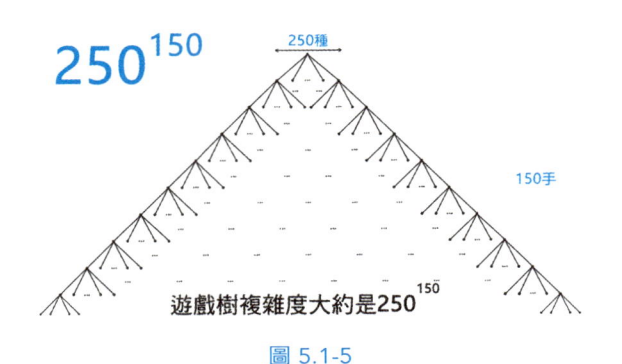

$$250^{150}$$

250種

150手

遊戲樹複雜度大約是250^{150}

圖 5.1-5

理論上，如果遍歷所有 10^{360} 種情況，就能知道圍棋結局到底是先手必勝，還是後手必勝，或者一定是和棋。但這個計算量實在太大了。之前世界上最快的超級電腦「富岳」每秒最高可以計算一百億億次浮點運算，假如一次浮點運算就能算出一條路徑，那麼算完所有圍棋遊戲的可能情況，需要 10^{342} 秒，而宇宙的年齡只有約一百三十八億年，大約只等於 10^{17} 秒。

雖然我們無法計算出圍棋的最佳策略，但顯然這個最佳策略一定是存在的。不僅是圍棋，所有的明棋都是這樣，只不過複雜度不同而已（表 5.1-1）。

表 5.1-1

	狀態空間複雜度	遊戲樹複雜度
井字遊戲	10^3	10^5
五子棋	10^{105}	10^{70}
國際象棋	10^{47}	10^{123}
中國象棋	10^{40}	10^{150}
圍棋	10^{171}	10^{360}

一九一三年，數學家恩斯特・策梅洛（Ernst Zermelo）證明：對於任何一種兩人的完全資訊遊戲，一定存在一個策略，不是先手一定獲勝，就是後手一定獲勝，或是雙方一定平局，這就是策梅洛定理。

策梅洛定理告訴我們：假設雙方都是擁有無限算力的棋類大師，對遊戲樹瞭若指掌，這時他們一定會採用統一的策略，讓遊戲向固定的方向發展，最終的結局也是固定的。

因為，任何一個人單方面的改變決策，都會對自己不利。正如最初舉例的那個小遊戲，如果 A 改變決策，將會讓 B 獲勝；如果 B 改變決策，將會讓 A 獲勝，雙方都為了自己的利益考慮，一定會出現 A 選擇下路，B 也選擇下路的情況，最後遊戲就一定是和棋。

實際上，許多博弈過程都和下棋很像，參與博弈的幾方能採取的策略都是有限的。一九五〇年，著名的數學家約翰・富比士・納許（John Forbes Nash）證明了一個更加普遍的結論：只要參與博弈的各方策略集合都是有限的，那麼就一定存在一種平衡狀態，大家都會採用這種平衡策略，而沒有單方面改變策略的動力。這種平衡狀態就叫納許均衡，這個規律就叫納許定理。

剛才舉的下棋的例子，最佳策略就是納許均衡，策梅洛定理其實是納許定理的一個例子。在我們所處的世界中，無論是政治還是經濟，都充滿了博弈論和納許均衡的例子。你想了解更多嗎？

囚徒困境

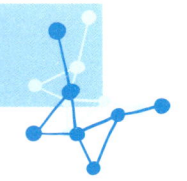

大家聽說過囚徒困境嗎？

有兩個小偷集體作案，然後被員警捉住。員警為了讓他們坦白贓物的去向，對兩個人分別審訊，並告訴他們政策：

- 如果兩個人都坦白作案過程和贓物去向，就可以定罪，兩個人各判三年。
- 如果一個人坦白，另一個人堅決不交代，一樣可以定罪。但交代的人從寬處罰，批判教育後就釋放。不交代的人從嚴處罰，判五年。
- 如果兩個人都不交代，都無法定罪，只能各判一年。

如果兩個囚徒都是理性的，你知道他們會做出怎樣的決定嗎？這就是囚徒困境問題。

把兩個人的決策和刑期寫在一個表格之中，這個表格叫做「收益矩陣」（表 5.2-1）。由於判刑是不好的，所以收益要寫成負的。

表 5.2-1

	B 坦白	B 抗拒
A 坦白	－3，－3	0，－5
A 抗拒	－5，0	－1，－1

首先考慮 A 的決策。A 會想：我如何才能獲得更大收益呢？

如果 B 坦白了，我坦白就會判三年，抗拒就會判五年，為了讓自己收益更大，我應該坦白（表 5.2-2）。

表 5.2-2

	B 坦白	B 抗拒
A 坦白	−3，−3	0，−5
A 抗拒	−5，0	−1，−1

如果 B 抗拒，我坦白就會直接釋放，抗拒會判一年，我還是應該坦白（表 5.2-3）。

表 5.2-3

	B 坦白	B 抗拒
A 坦白	−3，−3	0，−5
A 抗拒	−5，0	−1，−1

無論 B 如何做，A 都應該選擇坦白，自己的收益最大。同樣，B 也會這樣想：無論 A 如何做，B 都應該坦白，收益才最大。

因此，如果兩個人都是理性的，最終都會坦白，各判三年。而且此時，沒有任何一方願意單方面改變決策，因為一旦單方面改變決策，就會造成自己的收益下降（表 5.2-4）。這個都坦白的策略就稱為「納許均衡點」。

表 5.2-4

	B 坦白	B 抗拒
A 坦白	−3，−3	0，−5
A 抗拒	−5，0	−1，−1

第五章　博弈論問題

奇怪的是：如果兩個人都坦白，需要各判三年，但假如兩個人都抗拒，只會各判一年，集體最佳解顯然是兩個人都抗拒，為什麼他們不採用這個策略呢？

這是因為：兩個人都抗拒不是納許均衡點，兩人都坦白才是。說明個人理性產生的納許均衡結果未必是集體最佳解。

囚徒困境與開車插隊的例子很像。如果大家都不插隊是整體的最佳解，但按照納許均衡理論，任何一個司機都會考慮：無論別人是否插隊，我插隊都可以使自己的收益變大。於是最終大家都會插隊，加劇壅堵，反而不如大家都不插隊走得快。

經濟學上講市場的供給和需求是平衡的，而且平衡時，商品的價格往往會等於商家的成本。這是為什麼呢？其實也是一種囚徒困境。

假如一件商品的成本是一百元，其他廠商都賣一百五十元，我賣一百四十九元就能獨占全部市場，對我是有利的。可是其他廠商也會這麼想，他們會賣一百四十八元，於是在囚徒困境中，大家都會以成本價一百元銷售，每一個廠商都只能獲得自己勞動所對應的利潤，而無法獲得超額利潤。

有沒有辦法使個人最佳解變成集體最佳解呢？方法就是共謀。

兩個小偷在作案之前可以說好，我們如果進去了，一定都抗拒。如果你這一次敢反悔，就是不守規矩，出來之後道上的人一定會加倍「償還」你。如果這個小偷還想以後繼續作案，一定不敢與行規作對，他會死不招供。多次博弈過程中，共謀是可能的。但如果這個小偷想幹完這一票就走，共謀就不可靠。

在商業領域，也可以依靠共謀完成價格鎖定。例如上游廠家供貨給經銷商時，有可能會簽署最低價格協議，避免價格戰，但這種方法有時候無法阻止經銷商偷偷降價。

於是有時看到某些大型商場有這樣的廣告：如果在我們商場買的東西比別家貴，無條件退差價。這句話的意思看起來好像是讓利給消費者。但實際上，這是告訴其他商家：不要想著依靠價格戰贏我，你要是敢降價，我也跟著降，你降多少，我也降多少，大家兩敗俱傷，何必呢？

這種情況下，對手往往不會做這種吃力不討好的事，而是會按照同樣的價格出售商品，這就形成共謀。

在社會領域，共謀是靠法律完成的。大家約定的共謀結論就是法律，如果有人不按照約定做，就會受到法律的懲罰。透過這種方式保證最終決策從做為個人最佳解的納許均衡點變為集體最佳解。執法部門經常說「執法必嚴，違法必究」，目的就是震懾所有人，讓大家形成共謀。讓大家知道如果不按規矩做事，雖然可以獲得短期利益，但最終必定會受到懲罰，只有這樣才能躲避無效的納許均衡點。

有時抓住一個小偷的成本可能比小偷偷的錢還要多，為什麼一定要抓住小偷呢？因為假如有人發現破壞規矩也沒事，整個社會就將會奔向囚徒困境之中，這時再想重塑秩序，就非常困難了。

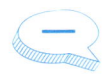

膽小鬼賽局

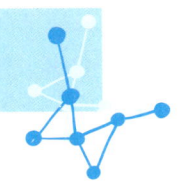

現在世界正處於百年未有的變革中,博弈論能幫助我們理解國際形勢的變化嗎?

其實,國家之間無論是政治、經濟、軍事還是外交,經常能看到博弈論和納許均衡的影子。這回舉一個著名的例子——膽小鬼賽局和古巴導彈危機。

冷戰時,美、蘇兩個超級大國進行軍備競賽,核戰爭有一觸即發的風險。一九五九年,英國數學家、哲學家伯特蘭・羅素(Bertrand Russell)提出了膽小鬼賽局問題。

一 膽小鬼賽局

羅素說,兩個人在一條車道上相對著開車,每個人都可以隨時打方向盤駛出車道,最先駛出車道的人就會被對方嘲笑為膽小鬼,而一直在車道上狂飆的人就被稱為英雄(圖 5.3-1)。

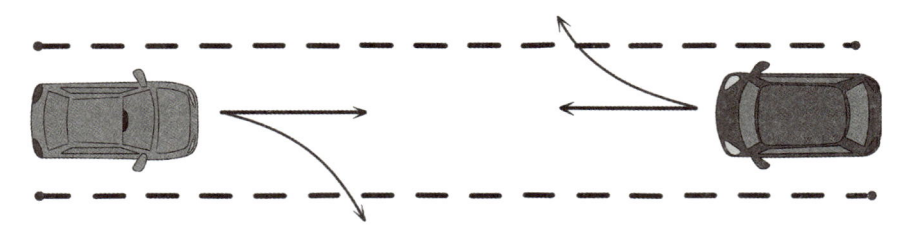

圖 5.3-1

但如果兩輛車都不駛出車道,最終會撞在一起,同歸於盡。那麼,

雙方會採取什麼策略呢？

可以把兩個人記成 A 和 B，他們可以選擇示弱轉向或硬撐到底。分析一下不同選擇下二者的收益情況。

假如 A 和 B 都示弱，打方向讓自己的車離開車道，這樣大家打成平手，還都保住了命，把收益寫成 2 和 2。

假如 A 硬撐到底，而 B 示弱打方向離開車道，A 成為勝利者，收益為 3，而 B 被嘲笑為膽小鬼，但至少保住了命，收益為 1。反過來，如果 B 硬撐而 A 示弱，B 的收益就是 3，A 的收益就是 1。

如果 A 和 B 都選擇硬撐到底，最後撞在一起，大家都得死，收益則都是 − 10（表 5.3-1）。顯而易見，這是最壞的結果，每個人都不希望出現這種局面。

表 5.3-1

	B 示弱	B 硬撐
A 示弱	2，2	1，3
A 硬撐	3，1	− 10，− 10

這樣的情況下，雙方會採用什麼樣的策略呢？

不妨先假設：A 已經決定硬撐到底，且這個消息被 B 獲知，這時如果 B 選擇示弱轉向，A 獲得勝利，收益為 3，B 成為膽小鬼，收益為 1；

假如 B 也選擇硬撐，最終 A、B 同歸於盡，收益都是 − 10（表 5.3-2）。

表 5.3-2

	B 示弱	B 硬撐
A 示弱	2，2	1，3
A 硬撐	3，1	− 10，− 10

第五章　博弈論問題

如果 B 是理性的，為了讓自己收益更高，一定會選擇示弱，於是 A 硬撐而 B 示弱，收益為（3，1）就是一個納許均衡點，雙方都沒有動力改變自己的決策（表 5.3-3）。

表 5.3-3

	B 示弱	B 硬撐
A 示弱	2，2	1，3
A 硬撐	3，1	－10，－10

反過來說，假如 B 選擇硬撐到底，而 A 已獲悉，A 也一定會示弱轉向，於是 B 硬撐而 A 示弱，收益為（1，3），也是一個納許均衡點（表 5.3-4）。

表 5.3-4

	B 示弱	B 硬撐
A 示弱	2，2	1，3
A 硬撐	3，1	－10，－10

也就是說，任何一方決定硬撐到底時，另一方的理性選擇都是示弱轉向。在膽小鬼賽局中，納許均衡點至少有兩個，一個對 A 有利，一個對 B 有利。A 和 B 都希望讓局面向有利於自己的方向發展，希望對方退讓而自己獲勝。在這樣的前提下，雙方必然都會選擇一個策略：偽裝硬撐到底。例如，A 上車之後，先把方向盤拔掉扔出車窗，然後開始踩油門。拔掉方向盤就不能轉向了，A 實際上是對 B 進行威脅，他告訴 B：自己決定硬撐到底了。根據博弈模型，B 一定會轉向，因此 A 會獲得勝利，B 成為膽小鬼，沒有人會死。

在國際上，經常能看到兩個國家劍拔弩張，宛如下一刻就要爆發全面戰爭似的，但最後真打起來的情況並不多，其實這往往是膽小鬼賽局

過程。不過，進行偽裝時一定要考慮到對方獲得的資訊和理智程度。如果對方是個瘋子，他看到你把方向盤拔掉了，他也把方向盤拔掉了，最後只能同歸於盡了。

不要命的最大，這就是膽小鬼賽局。

二、古巴導彈危機

羅素用這個博弈比喻冷戰的雙方——美國和蘇聯。兩個超級大國都具有毀滅世界的核戰能力，冷戰過程就像是兩個少年開著車撞向對方。最典型的例子就是一九六二年，古巴導彈危機爆發——這也許是有史以來人類最接近毀滅的危機。

回憶一下古巴導彈危機的產生過程。古巴革命之後，斐代爾・卡斯楚（Fidel Castro）上臺，美國扶植一些反對派武裝試圖推翻卡斯楚政權，製造了著名的豬玀灣事件。美國策劃的軍事行動失敗後，卡斯楚不得已倒向蘇聯的懷抱。

古巴正是蘇聯夢寐以求的前哨基地。當時美國在歐洲的土耳其部署一大批針對蘇聯的導彈，對蘇聯進行武力威懾，這些導彈在半個小時內就能打到莫斯科。蘇聯覺得有必要以牙還牙，在美國的後門也安裝幾枚導彈。

一九六二年五月，蘇聯制定阿納德爾計畫，決定在古巴部署核彈頭導彈，偷偷向古巴運送材料。結果這一行動被美國偵察發現，美國總統約翰・甘迺迪（John F. Kennedy）當即對蘇聯提出抗議，表示受不了，決定採取反制措施：對古巴實行封鎖，禁止任何船隻靠近古巴。

蘇聯最高領導人尼基塔・赫魯雪夫（Nikita Khrushchev）對美國的態度強硬回擊，他表示：如果蘇聯的船隻受到美國阻攔，就要進行最激烈的回擊。

當時的蘇聯和美國都具有二次核武攻擊能力，先發制人的戰爭已經沒有意義了。就算摧毀對方大部分城市和核設施，對方依然可以利用第二次核武攻擊和你同歸於盡。

事件從一九六二年十月十六日正式開始，到十月二十七日發展到最高峰。那一天，美國「科尼號」驅逐艦對盤踞在古巴周圍的一艘蘇聯狐步級潛艇使用訓練用深水炸彈，逼迫潛艇上浮。但蘇聯和美國對上浮這個指令的用法不太一樣，造成蘇聯潛艇沒有聽懂信號。當被炸彈炸得暈頭轉向時，蘇聯潛艇上的士兵都覺得戰爭已經開始了。可怕的是，這艘潛艇攜帶著核彈頭魚雷。

　　當時蘇聯軍隊有這樣一條規定：如果聯繫不上莫斯科而戰爭已經開始，可以自行決定是否使用核彈頭，但需要艦上三名最高指揮官的同意。這三名指揮官分別是艦長、政委和副艦長。當時，艦長和政委都同意使用核彈頭，但副艦長死活不同意，他知道一旦使用核彈頭，必然引發全面核戰爭。他說寧可讓潛艇沉沒，也不能拉上全人類陪葬，這個人的名字叫瓦西里・阿爾希波夫（Vasily Arkhipov）。

　　在阿爾希波夫的強烈反對下，潛艇決定上浮，把人類從死亡邊緣拉了回來。

　　不僅是美國表現強硬，蘇聯的表現也毫不遜色。同一日，蘇聯在古巴使用防空導彈打下了美國的U-2偵察機，美國飛行員陣亡。針對這個消息，美國軍方非常憤怒，要求甘迺迪下令對古巴進行空襲。可是對古巴進行空襲，就是對蘇聯的核設施進行打擊，也會引發核戰爭。甘迺迪考慮再三，放棄了空襲。

　　美國和蘇聯就像兩個開著車朝著對方狂飆的少年，都希望對方讓步，自己獲得最大的利益，所以都努力偽裝成要和對方硬撐到底的樣子。但無論是赫魯雪夫還是甘迺迪，都承受不了同歸於盡的後果。危機發生時，雖然表面上兩個超級大國劍拔弩張，但暗地裡赫魯雪夫和甘迺迪不停地通訊，終於達成一致協議。甘迺迪口頭同意不再入侵古巴，撤除歐洲部署針對蘇聯的導彈。

　　赫魯雪夫得到消息後高興得不得了。一九六二年十月二十八日，赫魯雪夫直接在莫斯科電臺宣布：鑑於美國的保證，蘇聯同意撤回部署的導彈。幾個月後，美國也從土耳其撤回針對蘇聯的導彈，事件解決。

　　從一九六二年十月十六日到一九六二年十月二十八日，事件一共只

持續十三天，但這十三天全人類都走在第三次世界大戰的邊緣，全面核戰爭幾乎一觸即發。美國前國務卿約翰・福斯特・杜勒斯（John Foster Dulles）曾說：「我們不怕走到戰爭邊緣，但必須學會走到戰爭邊緣又不掉入戰爭的藝術。」顯而易見，這種藝術是每一個領導人都必須具備的，而赫魯雪夫和甘迺迪在這方面表現得不錯。

生活中，開車搶道發生口角，員工和老闆談判，夫妻之間吵架，其實都是膽小鬼賽局。在這些博弈過程中，我們要學會「偽裝硬撐到底，但又在關鍵時刻變成一個膽小鬼」的藝術。畢竟做膽小鬼比做死鬼強得多。

如今，強大的蘇聯已經土崩瓦解，俄羅斯取代蘇聯成為北約最大的敵人。俄、烏衝突硝煙未散，甚至有人聲稱第三次世界大戰已經開始。複習一下膽小鬼博弈，也許能給當代人的決策提供一些啟示。

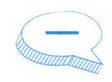

海盜分金幣問題

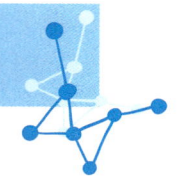

之前的兩個問題「囚徒困境」和「膽小鬼賽局」都是兩個人的博弈問題，而納許定理告訴我們，即使是多人博弈，也一定存在納許均衡。這裡最典型的例子是海盜分金幣問題。

一、海盜分金幣問題

A、B、C、D、E 五個海盜搶了一百枚金幣，但在如何分配金幣的問題上產生分歧。最終，他們同意按照下面這樣的方法分配。

如圖 5.4-1，首先，A 提出分配方案，五人投票表決是否同意該方案。只有半數或半數以上的海盜同意這個方案，方案才能通過，否則 A 將被扔入大海餵鯊魚。

如果 A 被扔進大海裡，就由 B 來提分配方案，剩下的四個人投票表決，同樣必須有半數或半數以上的人同意這個方案，方案才能通過。否則 B 也會被扔進大海餵鯊魚。

圖 5.4-1　五個海盜按順序提出方案

如此這般，直到分配方案通過為止。

假設每一個海盜都是邏輯大師，能夠充分了解自己決策的結果。每個海盜又都是自私且理性的，不在乎其他人，唯一的目的就是獲得更多金幣。那麼，最終金幣會如何分配呢？

這個問題分析難度不大，還是從最簡單的情況開始討論。

假設最後只剩 D 和 E 兩個海盜，此時由 D 提出分配方案，因為 D 就是半數，無論提出什麼樣的方案都一定能通過。D 為了讓自己的利益最大化，一定會提出 D 拿一百枚金幣，E 拿零枚金幣的方案。所以，如果 A、B、C 都被丟到大海裡了，E 將會一無所有（圖 5.4-2）。

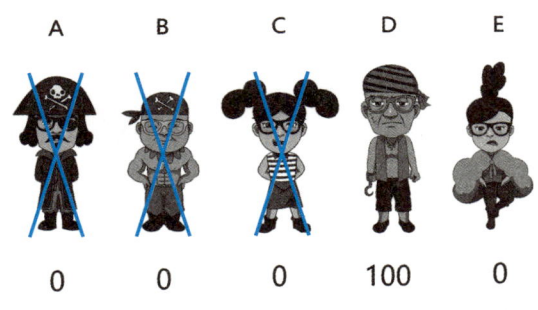

圖 5.4-2　只剩下兩個海盜時金幣的分配方案

如果剩下 C、D、E 三個海盜，情況又如何呢？C 提方案時一定會想：如果自己死了，E 將一無所有。所以只要給 E 一點點恩惠，E 就一定會支持自己的計畫。所以，C 會提出方案：自己拿九十九枚金幣，剩下的一枚金幣給 E，這樣他的方案會獲得自己和 E 的支持，D 反對已經沒有什麼意義了（圖 5.4-3）。

A　　B　　C　　D　　E

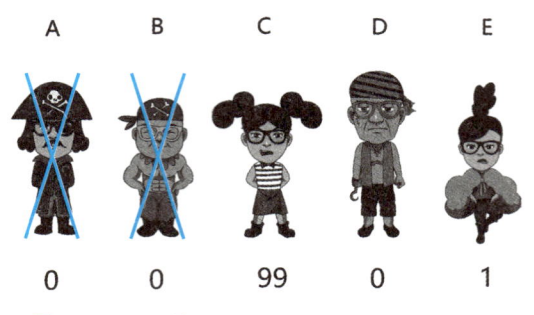

0　　0　　99　　0　　1

圖 5.4-3　只剩下三個海盜時金幣的分配方案

如果剩下 B、C、D、E 四個海盜又會怎樣？此時，B 除了自己以外還需要得到另一個海盜的支持，才能讓自己的方案通過。顯然，如果 B 死掉了，D 什麼也得不到，所以只要 B 的方案裡 D 能獲得一枚金幣，D 就會支持 B。於是，B 的方案是：自己拿九十九枚金幣，餘下一枚給 D，另外兩個海盜 C 和 E 什麼都沒有。這個方案一定能獲得 B 和 D 的支持，從而通過（圖 5.4-4）。

A　　B　　C　　D　　E

0　　99　　0　　1　　0

圖 5.4-4　剩下四個海盜時金幣的分配方案

終於可以討論最初的問題了。如果有五個海盜，由 A 提出方案，他需要爭取到除自己以外的另兩個人的支持。顯而易見：C 和 E 是最好拉攏的，因為如果 A 死了，C 和 E 就什麼也拿不到。所以，只要 A 的方案中給 C 和 E 各一枚金幣，方案就能通過。最終，A 獲得九十八枚金幣，C 和 E 各獲得一枚金幣，B 和 D 什麼都沒有（圖 5.4-5）。這就是五個海盜分金幣問題的解。

圖 5.4-5　五個海盜時金幣的分配方案

也許有讀者會對這個方案表示不解，B、C、D、E 拿得這麼少，他們為什麼不聯合起來？例如他們商量好，否定 A 的方案，然後每人拿二十五枚金幣？的確，他們有權這麼做，可是當他們否定 A 的方案，把 A 扔進大海餵鯊魚之後，誰能保證 B 不會反悔呢？假如 B 在 A 死之後反悔，提議自己拿九十九枚金幣，那麼 C 和 E 還是什麼都拿不到，還不如剛才有一枚金幣呢。當然，如果 B 反悔，C、D、E 也可以聯合起來否定 B 的方案。可是當 B 死掉之後，誰也不能保證 C 不會反悔。因為每個海盜都是自私和理性的，不會相信其他人的承諾，所以 A 海盜的方案才能通過。

按照這樣的方法，如何計算更多人分金幣的問題呢？例如：如果有一百個海盜分金幣，最終的分配方案是什麼呢？這個問題是一個經典的電腦演算法問題，留給讀者自己思考。

二　現實中的海盜分金幣問題

如果仔細觀察海盜分金幣的過程會發現一個規律：無論有多少個海盜，提出方案的人總是收益最大的，可是排在他身後的第二個海盜卻總是什麼都得不到。這是因為：提出方案的人具有先手優勢，而且拉攏底層海盜要比拉攏「老二」代價小得多。

現實生活中，這樣的例子比比皆是。第一個海盜就像是一個大公司的老闆，可以為自己謀取最大的利益。底層海盜就好像基層員工，雖然

第五章　博弈論問題　247

收益很少，但很容易成為老闆拉攏的對象，就好像很多公司老闆都對基層員工特別照顧，總是施以小恩小惠一樣。

但是第二個海盜的位置很尷尬，既沒有先手優勢，也不屬於老闆拉攏的對象。他要獲得最大利益，就必須解決掉老闆，自己成為先手。所以歷史上臣弒君、君殺臣的現象屢見不鮮。例如漢朝初期，劉邦冊封八個異姓王，後來他和呂后殺了其中七個。朱元璋靠兄弟打天下，開國之後大肆殺戮權臣，包括胡惟庸、李善長、藍玉等人，誅殺的高官數以萬計。

國家之間的關係也是一樣。美國在第二次世界大戰後全力扶植日本，對抗蘇聯，現在又全力支持烏克蘭對抗俄羅斯，都是這個道理。國際關係本質上就是利益博弈。

國際關係太複雜，還是說回到數學上吧。透過海盜分金幣問題，我們能看出：無論參與博弈的有多少人，只要規則是固定的，策略是有限的，那麼大家最終會走向一種平衡解，結局是可以預料的。只要每個人都足夠聰明和理性，就沒有人會破壞這種平衡，否則就會讓自己的利益受損，這就是多人博弈的納許均衡。

田忌賽馬

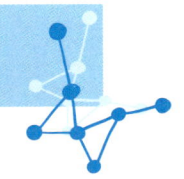

之前一直在說：如果參與博弈的幾方都足夠理性，博弈的結果一定是納許均衡點。既然如此，為什麼我們還是經常說：國際形勢瞬息萬變呢？不確定性究竟來源於哪裡？

一　田忌賽馬

前面舉的幾個例子，例如策梅洛定理、囚徒困境、膽小鬼賽局、海盜分金幣問題，其實都存在明確的納許均衡點。如果各方博弈者都是理性的，博弈的結局就是確定的。但也有一些情況，看起來博弈者沒有統一的固定策略，最典型的就是小時候常玩的「剪刀石頭布」。

例如，兩個小朋友張三和李四玩「剪刀石頭布」，張三如果出石頭，李四應該出布；這時如果張三能反悔，他應該出剪刀；這時如果李四能反悔，他應該出石頭……如此這般，雙方不可能找到一個固定的策略，那是不是納許均衡點不存在了？

再例如，《史記・孫子吳起列傳》記載了田忌賽馬的故事。齊國大將田忌常和齊威王進行跑馬比賽。比賽前，雙方各下賭注，每次比賽共設三局，勝兩次以上的為贏家。然而，每次比賽，田忌總是輸給齊威王。

孫臏說：「我看了將軍與大王的馬。其實，將軍的三等馬匹與大王的都差那麼一點點。只要讓大王先出馬，然後您用上等馬對大王的中等馬，用您的中等馬對大王的下等馬，用您的下等馬對大王的上等馬。這樣您兩勝一負，就能贏得比賽了。」

果然，用孫臏的策略，田忌贏了齊威王。

第五章　博弈論問題　249

田忌的馬　　　　　齊威王的馬

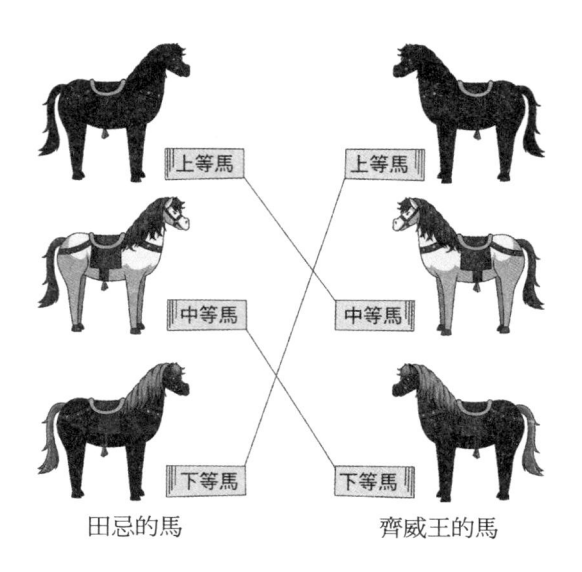

可是，顯然這種計策只能用一次。如果下次田忌再和齊威王賽馬，齊威王一定不會再告訴田忌自己的出馬策略了。當然，田忌也不會告訴齊威王，否則自己一點勝算也沒有。雙方就又陷入了一個剪刀、石頭、布的迴圈之中。是不是納許均衡不存在了？

不不不。納許定理告訴我們：只要博弈雙方的策略都有限，那麼一定存在納許均衡點。只是之前講的各方博弈者都會不約而同地走向一個固定的策略集合，這叫做純策略下的納許均衡點。但即使不存在純策略的納許均衡點，雙方為了讓自己的收益最大化，也一定會以固定的頻率在幾種策略之間切換，參與博弈的每一個人都會為每一種策略分配固定的頻率，因為只有這樣才能讓自己的收益最大化，這樣的策略集合叫做混合策略的納許均衡點。

以「剪刀石頭布」為例，如果你和朋友不停地玩，你想贏得最多，應該多出石頭，還是多出剪刀，還是多出布？你都不應該，因為你多出石頭，對方就會發現規律，從而多出布，你便會輸得多贏得少；如果你多出剪刀，對方發現之後就會多出石頭，你還是輸得多贏得少。為了讓對方沒辦法占你的便宜，你必須使石頭、剪刀、布各占 $\frac{1}{3}$ 的頻率，這樣對方才沒辦法占你的便宜。同樣，對方也會這麼想。

因此,「剪刀石頭布」的混合策略納許均衡點就是:雙方都以 $\frac{1}{3}$ 的頻率出石頭、剪刀、布,每個人的平均收益都是 0。

同樣,如果齊威王和田忌反覆賽馬,齊威王也好,田忌也好,出馬的順序都是六種,也就是上中下、上下中、中上下、中下上、下中上、下上中。雙方都採用這六種策略,對局的局面一共有三十六種,可以把所有的策略和雙方的收益寫成一個收益矩陣,在這個收益矩陣中,勝一局得 1 分,輸一局扣 1 分(表 5.5-1)。

表 5.5-1

齊威王＼田忌	上中下	中下上	下上中	上下中	中上下	下中上
上中下	3,-3	1,-1	-1,1	1,-1	1,-1	1,-1
中下上	-1,1	3,-3	1,-1	1,-1	1,-1	1,-1
下上中	1,-1	-1,1	3,-3	1,-1	1,-1	1,-1
上下中	1,-1	1,-1	1,-1	3,-3	1,-1	-1,1
中上下	1,-1	1,-1	1,-1	-1,1	3,-3	1,-1
下中上	1,-1	1,-1	1,-1	1,-1	-1,1	3,-3

如果對方知道自己採用哪一種策略,就能針對性地選擇他的策略,從而獲勝。例如齊威王按照上中下的順序出馬,田忌就按下上中的順序從而獲勝;如果齊威王按照中下上的順序,田忌就選擇上中下的順序從而獲勝。

一旦被人知道出馬順序,就必輸無疑。和膽小鬼賽局拚命顯示自己的決心不同,在田忌賽馬中,雙方都會隱藏自己每一局的具體順序方案,甚至大放煙霧彈,讓對方產生錯覺。

可是即便你在少數幾局中可以騙過對方,只要博弈次數夠多,每一種策略的頻率就可以被統計出來,這個頻率無法隱藏。如果你用某種策略次數更多,對方就可以有針對性地選擇應對的策略,獲得更多利益。

既然如此，你知道田忌賽馬的混合策略應該是怎樣的了嗎？事實上，雙方都應該隨機地選擇策略，每種策略的頻率各占 $\frac{1}{6}$，才能讓對方不能有針對性地獲利。

你會發現，如果雙方都隨機選擇策略，無論齊威王如何選擇，他都有 $\frac{5}{6}$ 的可能會獲勝，只有 $\frac{1}{6}$ 的可能會輸掉。反過來，無論田忌使用什麼策略，他都有 $\frac{5}{6}$ 的可能會輸掉，只有 $\frac{1}{6}$ 的可能會獲勝（表 5.5-2）。

表 5.5-2

齊威王＼田忌	上中下	中下上	下上中	上下中	中上下	下中上
上中下	3，-3	1，-1	-1，1	1，-1	1，-1	1，-1
中下上	-1，1	3，-3	1，-1	1，-1	1，-1	1，-1
下上中	1，-1	-1，1	3，-3	1，-1	1，-1	1，-1
上下中	1，-1	1，-1	1，-1	3，-3	1，-1	-1，1
中上下	1，-1	1，-1	1，-1	-1，1	3，-3	1，-1
下中上	1，-1	1，-1	1，-1	1，-1	-1，1	3，-3

注：淺色方框為齊威王勝的情況，深色方框為田忌勝的情況。

雖然比賽依然有不確定性，但齊威王能以更大的機率獲勝。這種不對等性就體現了雙方的實力差距。如果田忌不想著怎麼提高自己的馬的實力，就必須想盡一切辦法探聽到齊威王的出馬順序，否則大機率無法獲勝。戰爭中，諜報工作非常重要，尤其是對弱勢一方，這往往是克敵制勝的關鍵，例如官渡之戰、赤壁之戰都是如此。我們之所以總能記住那幾場以弱勝強、以少勝多的戰役，正是因為它們不太容易出現。在絕對實力面前，謀略的作用其實是有限的。

二 國家的合作與對抗

剛才討論的問題:「剪刀石頭布」和田忌賽馬,雙方都是以相等頻率選擇策略,這是由問題的對稱性導致。還可以舉一個收益矩陣不對稱的例子:兩個國家的博弈問題。

假如 A 是一個強大的國家,B 是一個較為弱小的國家,他們可以採用合作策略,也可以採用對抗策略。雙方都合作時,A 獲得 3 分收益,B 獲得 2 分收益。一方強勢對抗,另一方採用合作策略時,強勢對抗的一方收益會更大。如果雙方都強勢對抗,就會爆發戰爭。A 獲得 − 5 分收益,B 獲得 − 10 分收益,這是雙方都不願意看到的。不同策略下兩個國家的收益矩陣如表 5.5-3 所示:

表 5.5-3

	B 合作	B 對抗
A 合作	3,2	1,4
A 對抗	5,0	− 5,− 10

透過簡單分析會發現這個問題中有兩個純策略納許均衡點,就是 A 合作 B 對抗,收益(1,4);A 對抗 B 合作,收益(5,0)。雙方都希望局面向有利於自己的納許均衡點上發展,這就是以前說過的膽小鬼賽局。

數學家們證明了一個結論:絕大多數情況下,納許均衡點都是奇數個。這個問題中,除了兩個純策略納許均衡點之外,至少還有一個混合策略納許均衡點。現在來研究這個均衡點在哪裡。

如表 5.5-4,假設:在多次博弈中,A 合作的頻率是 x,對抗的頻率是 $1-x$;B 合作的頻率是 y,對抗的頻率是 $1-y$。

表 5.5-4

	B 合作的頻率 y	B 對抗的頻率 $1-y$
A 合作的頻率 x	3，2	1，4
A 對抗的頻率 $1-x$	5，0	-5，-10

分別求出 A 採用合作和對抗兩種策略時，獲得收益的期望。

如果 A 採用合作策略，B 有 y 的頻率合作，此時 A 獲得 3 分收益；B 有 $1-y$ 的頻率對抗，此時 A 獲得 1 分收益，所以 A 採用合作策略時收益的期望是

$$E_1(A) = 3y + 1 - y = 2y + 1$$

如果 A 採用對抗策略，B 有 y 的頻率合作，此時 A 獲得 5 分收益；B 有 $1-y$ 的頻率對抗，此時 A 獲得 -5 分收益，所以 A 採用對抗策略時收益的期望是

$$E_2(A) = 5y - 5(1-y) = 10y - 5$$

這兩種策略下，採用哪種策略時 A 的收益更高呢？如果 E_1 更高，那麼 A 一定會選擇合作策略，而不採用對抗策略；同樣，如果 E_2 更高，A 一定會採用對抗策略，而不合作。無論哪種情況都是純策略下的納許均衡。如果 A 以一定機率在兩種策略中切換，一定意味著 E_1 和 E_2 相等，即

$$2y + 1 = 10y - 5 \text{，} y = \frac{3}{4}$$

如果存在混合策略納許均衡點，一定是 B 會以 $\frac{3}{4}$ 的頻率選擇合作，$\frac{1}{4}$ 的頻率選擇對抗。此時，無論 A 選擇合作或對抗，它的期望收益都是

$$E(A) = 2 \times \frac{3}{4} + 1 = \frac{5}{2}$$

利用同樣的方法，可以求出 A 的策略：A 合作的頻率 $x=\dfrac{5}{6}$，A 對抗的頻率 $1-x=\dfrac{1}{6}$。此時，B 無論採取什麼策略，期望收益都是 $E(B)=\dfrac{5}{3}$。具體的證明求解過程留給讀者自己思考。

這個問題中，的確存在一個混合策略納許均衡點，就是 A 以 $\dfrac{5}{6}$ 頻率合作，$\dfrac{1}{6}$ 頻率對抗，B 以 $\dfrac{3}{4}$ 頻率合作，$\dfrac{1}{4}$ 頻率對抗。

許多號稱盟友的國家，意見也不會完全一致；許多敵對的國家，也不一定處處對抗。而且，以什麼樣的比例合作與對抗，取決於雙方的收益矩陣。當雙方的力量對比發生變化時，這個策略也必須跟著變化，否則自己的利益就會受損。一個國家不可能以一開始就定好的策略，處理變化的國際問題。有句古話「將在外，君命有所不受」，講的就是戰場上必須根據實際情況的變化調整策略。就是收益矩陣變了，策略也必須隨之調整。

國家與國家的博弈都是如此。在國際上沒有永遠的朋友，也沒有永遠的敵人，有的只是收益矩陣和博弈論而已。

三個火槍手問題

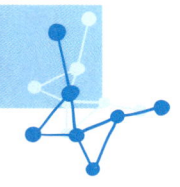

一千多年前的三國時代，諸侯割據紛爭，充滿各種計謀和背叛。

《三國演義》這部小說淋漓盡致地描述了這個過程，其中又以赤壁之戰最為精彩。大家是否想過，赤壁之戰中為什麼孫權會和劉備結盟？戰勝曹操後，諸葛亮又為何特意安排關羽守華容道，故意放走曹操呢？這裡面的權謀能否用數學解釋呢？

一、赤壁之戰

有一個經典的博弈論問題：三個火槍手問題。甲、乙、丙三個火槍手一起決鬥，彼此向對方射擊，但命中率各不相同。如圖 5.6-1，甲的命中率最高，有 80%；乙其次，命中率 60%；丙的命中率最低，只有 40%。三個同時開槍，一輪射擊後，誰的生存機率最大呢？

圖 5.6-1　三個火槍手的命中率

一般人也許會認為：甲進攻能力最強，活下來的可能性大一些。

但仔細推理後的結論卻是實力最差的丙活下來的機率最大。知道為什麼嗎？首先來分析甲的策略：對他來講，敵人有兩個——乙和丙，但乙和丙的威脅大小不同。乙的命中率高，所以對甲的威脅更大。第一輪中，甲只能向一個人開槍，自然會把子彈射向乙。

對乙和丙來講，同樣有兩個敵人。但甲的命中率高，威脅更大，因此乙和丙都會不約而同地將自己的槍口對準甲（圖 5.6-2）。

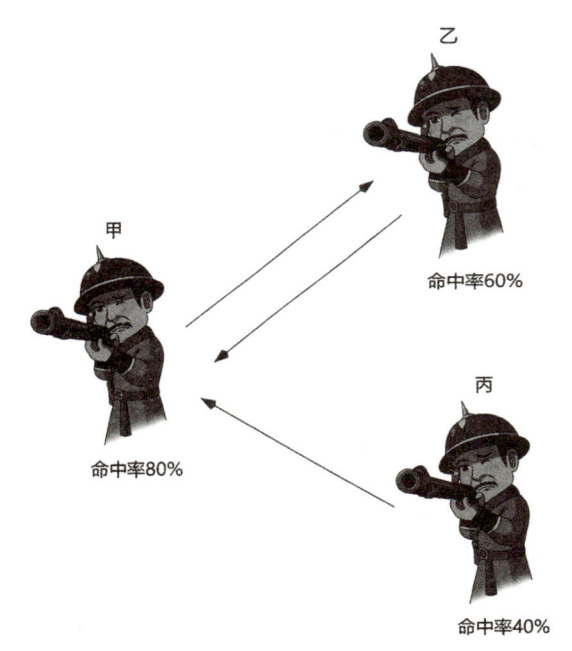

圖 5.6-2　三人的射擊選擇

這樣，我們可以計算三個人的生存機率了。

甲：乙和丙都會朝甲開槍，如果兩槍都不中，甲就能生存，機率為

$$P_1 = (1-60\%)(1-40\%) = 24\%$$

乙：甲會朝乙開槍，如果不命中，乙就能生存，機率為

$$P_2 = 1-80\% = 20\%$$

丙：沒有人進攻丙，所以丙一定會生存，機率為

$$P_3 = 100\%$$

實力弱小的乙和丙會結成聯盟，進攻實力最強的甲，最弱小的丙反而最安全，這和赤壁之戰何其相似！

孫權和劉備結成聯盟對抗曹操，而曹操一定會把孫權當成最大的敵人，卻不會去考慮「天下英雄，唯使君與操爾」的劉備。赤壁之戰中，最弱小的劉備反而是最安全的。

生活中，像曹操那樣優秀的人往往會受到其他人的嫉妒甚至詆毀，「木秀於林，風必摧之」，而能力平庸的人卻往往能在競爭中存活，讓人發出「英雄創造歷史，庸人繁衍子孫」的感慨。

二、高平陵之變

三國時代有無數的英雄，但最終天下落到司馬氏手中。司馬懿也是有雄才大略的人，為何能夠躲避其他豪傑的進攻，笑到最後呢？

剛才分析到：三個火槍手博弈裡，實力最弱的生存機率最高。現實生活中，由於資訊不對稱，每個博弈方都知道自己的實力，卻不是很清楚別人的實力。為了提高生存機率，實力最強者的最佳決策就是大放煙霧彈，讓別人覺得自己弱小，從而避免其他博弈方聯合起來針對自己。

假如三個火槍手都大放煙霧彈，沒有人清楚地了解其他人的命中率，只好採用等機率隨機進攻的策略。此時，三人的生存機率又如何呢？如表 5.6-1，每一個人有兩種進攻選擇，三人的第一輪射擊共有八種可能，我們計算出每種情況下三人的生存機率。

表 5.6-1

情況	甲進攻	乙進攻	丙進攻	甲生存	乙生存	丙生存
1	乙	甲	甲	24%	20%	100%
2	乙	甲	乙	40%	12%	100%

（續下表）

（接上表）

情況	甲進攻	乙進攻	丙進攻	甲生存	乙生存	丙生存
3	乙	丙	甲	60%	20%	40%
4	乙	丙	乙	100%	12%	40%
5	丙	甲	甲	24%	100%	20%
6	丙	甲	乙	40%	60%	20%
7	丙	丙	甲	60%	100%	8%
8	丙	丙	乙	100%	60%	8%

由於是等機率隨機進攻，每一種可能性的機率都是 $\frac{1}{8}$，因此一輪齊射後，三人的綜合生存機率分別為

$$P_1 = \frac{1}{8}(24\% + 40\% + 60\% + 100\% + 24\% + 40\% + 60\% + 100\%) = 56\%，$$
$$P_2 = \frac{1}{8}(20\% + 12\% + 20\% + 12\% + 100\% + 60\% + 100\% + 60\%) = 48\%，$$
$$P_3 = \frac{1}{8}(100\% + 100\% + 40\% + 40\% + 20\% + 20\% + 8\% + 8\%) = 42\%$$

你瞧，實力最強的甲的生存機率就變成最高了。

一個多方博弈的遊戲中，如果能壯大自己實力的同時大放煙霧彈，就能最大限度地提升自己獲勝的可能。有句俗話：悶聲發大財。現實生活中，愈有成就的人愈是非常低調，原因也在於此。

歷史上，高平陵之變恰好可以用來說明這一點。曹魏後期，皇帝曹睿臨終時，託孤皇室大臣曹爽和司馬懿輔佐幼帝曹芳。曹爽透過一些方法架空了司馬懿，把持朝政，而頗具野心的司馬懿則一直裝病不上朝。曹爽派親信去探望司馬懿時，司馬懿持衣衣落，指口言渴，婢進粥，粥皆流出沾胸，一副臨終狀態。至此，司馬懿徹底騙過了曹爽。

終於有一次，曹爽和親信陪著曹芳前往高平陵拜謁魏明帝，司馬懿趁機發動政變，控制了都城。此時，雖然都城被司馬懿控制，但皇帝在

曹爽身邊，而曹魏的兵馬依然可以聽曹爽調動。於是司馬懿再次大放煙霧彈，指洛水為誓，說自己是為了完成先王遺命，只要曹爽交出權力，一定保證曹爽的人身安全，讓他做一個大富翁。曹爽聽信了司馬懿，結果回到洛陽後，就被司馬懿滅族了。從此以後，再也沒有人能和司馬懿對抗了。

三、華容道

大國博弈的過程中，經常看到小勢力搖擺不定。《三國演義》裡，赤壁之戰後，諸葛亮刻意安排關羽把守華容道並放走曹操，就是如此。我們能用火槍手的博弈模型解釋這個現象嗎？

對剛才的數學模型稍加修改，就能解釋這個問題了。假設三個火槍手不是一起開槍，而是按照甲、乙、丙的順序依次開槍，他們又會做出怎樣的選擇呢？

甲首先開槍，他一定會瞄準對自己威脅最大的乙。如圖 5.6-3，第一槍結束後，乙有 80% 的可能被射中，還有 20% 的可能生存。

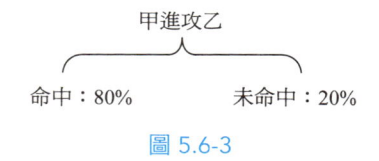

甲進攻乙
命中：80%　　未命中：20%

圖 5.6-3

如圖 5.6-4，假如乙被擊中，就輪到丙開槍了，他只有甲一個目標。開槍後，丙有 40% 的可能命中，自己生存。就算這一槍沒有把甲解決掉，在後面和甲的互射中，丙還有一定的生存機率。綜合來看，這種情況下，丙整體的生存機率超過了 40%。

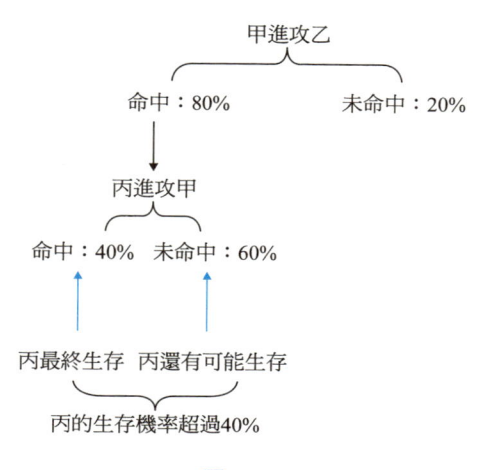

```
                        甲進攻乙
                ┌──────────┴──────────┐
            命中：80%              未命中：20%
                ↓
            丙進攻甲
        ┌───────┴───────┐
    命中：40%         未命中：60%
        ↑                ↑
        │                │
    丙最終生存      丙還有可能生存
        └────────┬───────┘
           丙的生存機率超過40%
```

圖 5.6-4

　　再回到甲的第一槍，考慮另一種情況。假如乙沒有被甲第一槍射中，接下來就由乙開槍，乙一定會對甲開槍，此時有兩種結果：乙命中，或者乙未命中（圖 5.6-5）。

　　如果乙將甲擊斃，戰場上只剩下乙和丙兩個火槍手，並且輪到丙開槍，丙面臨的局面與剛剛類似，整體生存機率超過 40％。

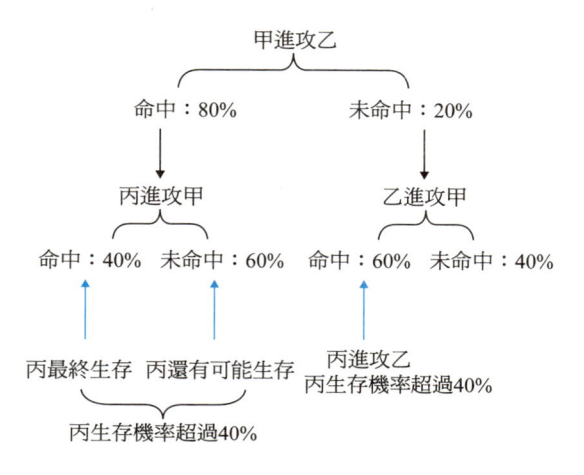

```
                            甲進攻乙
                ┌──────────────┴──────────────┐
            命中：80%                      未命中：20%
                ↓                              ↓
            丙進攻甲                        乙進攻甲
        ┌───────┴───────┐              ┌───────┴───────┐
    命中：40%       未命中：60%     命中：60%       未命中：40%
        ↑               ↑               │
        │               │               │
    丙最終生存     丙還有可能生存     丙進攻甲
        └───────┬───────┘           丙生存機率超過40%
         丙生存機率超過40%
```

圖 5.6-5

　　但假如乙第二槍沒有命中甲，此時甲、乙、丙都生存，並輪到丙開

第五章　博弈論問題

槍，丙會如何選擇呢？

如圖5.6-6，按照之前所說，丙必然和乙結合成聯盟對抗甲，丙應該把子彈射向甲，因為他對自己的威脅更大。不過，如果丙真的一不小心把甲解決掉了，就輪到乙開槍了，這時聯盟就破裂了，乙有60％的可能一槍殺掉丙，就算第一槍沒有殺掉，之後依然有殺掉丙的可能。這樣一來，丙的生存機率就不到40％了。

相反，如果丙這一槍沒有打中甲，第三槍過後，三個人都毫髮無損，進攻進入第二輪，如果第二輪中甲解決掉乙，或者乙解決掉甲，丙的生存機率都超過40％。

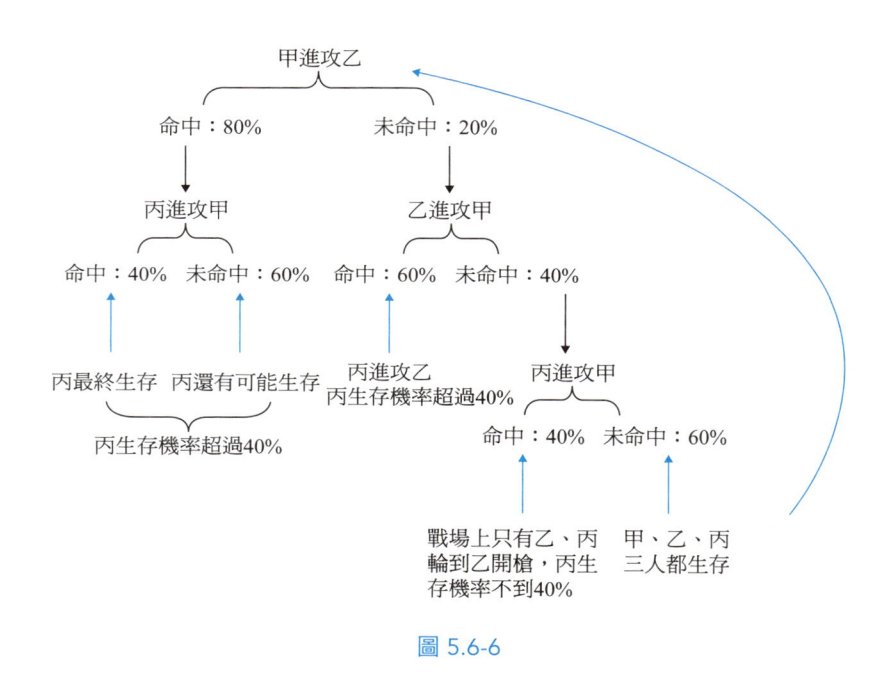

```
                    甲進攻乙
          ┌────────────┴────────────┐
      命中：80%                  未命中：20%
          ↓                          ↓
        丙進攻甲                    乙進攻甲
    ┌─────┴─────┐              ┌─────┴─────┐
命中：40%   未命中：60%      命中：60%   未命中：40%
    ↑           ↑                ↑           ↓
丙最終生存  丙還有可能生存    丙進攻乙      丙進攻甲
    └─────┬─────┘         丙生存機率超過40%  ┌───┴───┐
    丙生存機率超過40%                    命中：40% 未命中：60%
                                            ↑         ↑
                                        戰場上只有乙、丙  甲、乙、丙
                                        輪到乙開槍，丙生  三人都生存
                                        存機率不到40%
```

圖 5.6-6

綜上所述，從丙的觀點看，無論是甲解決掉乙，還是乙解決掉甲，自己的生存機率都超過40％。但如果甲和乙誰都沒解決掉誰，而丙卻把甲解決掉了，丙的生存機率就不到40％了。那麼，你明白丙應該做什麼了嗎？

為了維護同盟，實力最弱小的丙一定會進攻甲，但為了提高自己的

生存機率，丙應該故意把子彈打歪，讓甲活著。只要甲和乙都活著，他們都不會把槍口對著自己，反而會提高自己的生存機率。

三個火槍手問題中，無論甲還是乙把對方解決掉，丙都需要和另一個強大的對手直接對決。這裡的關鍵在於，直接對決時是丙先開槍，所以丙綜合生存機率高；如果丙解決掉甲，變成乙先開槍，則丙生存機率變低。我們可以把輪流開槍看成一種派兵打仗後需要一段時間的休整期，這樣類比到三國就可以說：赤壁之戰曹操戰敗後，如果劉備全力追擊曹操，可能曹操就會命喪於華容道了，而劉備的兵馬也會元氣大傷。此時，劉備還要用殘兵和第二強大的孫權對決，這是劉備集團不希望看到的。

這時，諸葛亮的智慧就顯現出來了，利用義薄雲天的關羽守華容道放走曹操，既讓曹操活了，孫權集團不敢對自己輕舉妄動，也維護了孫、劉聯盟，讓孫權啞巴吃黃連——有苦說不出。雖然這段情節是作者羅貫中的演繹，但非常合情合理，精彩玄妙，蘊含著深刻的博弈理論。

現實生活比模型和小說更加複雜，儘管如此，了解一點博弈論知識，依然能讓我們對歷史與現實中的問題有更清楚的認識。從紛繁複雜的生活、社會、經濟、國際關係中總結出最簡單、最一般的理論進行研究，從而尋找更好的策略，這就是博弈論教給我們的東西。

第六章
圖形問題

- 賽車問題
- 不走回頭路的公園
- 馬能走遍棋盤上的所有位置嗎？
- 香蕉皮和橘子皮，誰能展成平面？
- 最速降線問題
- 如何用尺規作出正十七邊形？
- 如何三等分任意角？

賽車問題

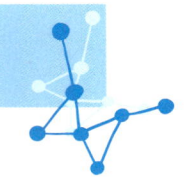

曾有學生問了我一道小學二年級的數學題，讓我百思不得其解。大家看看能不能做出來？

九輛賽車的速度各不相同，要比快慢，但沒有計時工具，只能在賽道上比誰先誰後，而且每次最多只能有三輛車比賽。最少比幾次，能保證選出最快的兩輛賽車？

顯然，比四次就能找到最快的一輛車。可是如何找出第二快的車呢？我做了好半天也沒想出答案。於是諮詢了我的學生魯泠溪，她只花了三秒就告訴了我答案：五次。

一 五次是可行的

魯泠溪的方法是這樣的：

首先每三輛車一組，分成三組進行小組賽，每個小組都能排出順序（圖 6.1-1）。

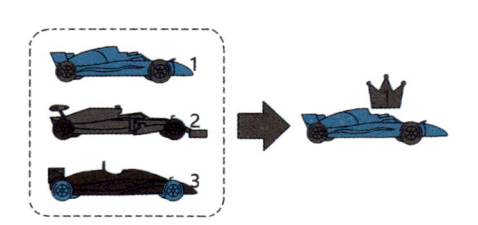

（接下圖）

圖 6.1-1

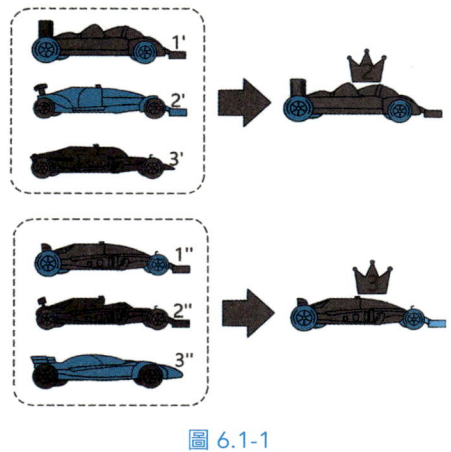

讓三個小組的第一名進行一場決賽，就能選出真正的第一名（圖 6.1-2）。

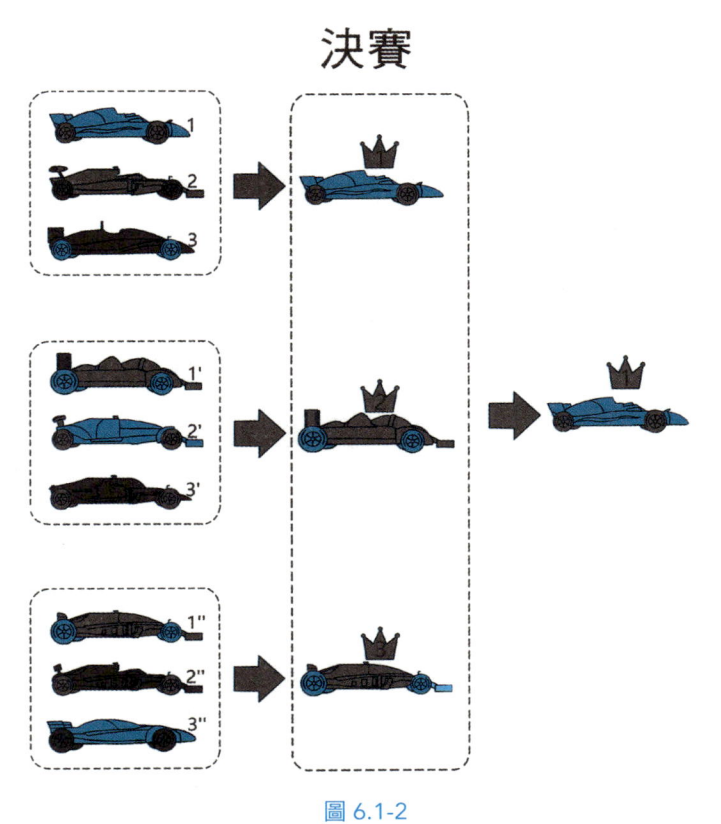

決賽

圖 6.1-2

第六章　圖形問題　267

這時，決賽中的第二名和總冠軍在小組賽時的第二名，都只輸給了總冠軍，它們誰快呢？還要比一下。誰贏了，就是真正的第二名。所以，還需要一場附加賽（圖 6.1-3）。

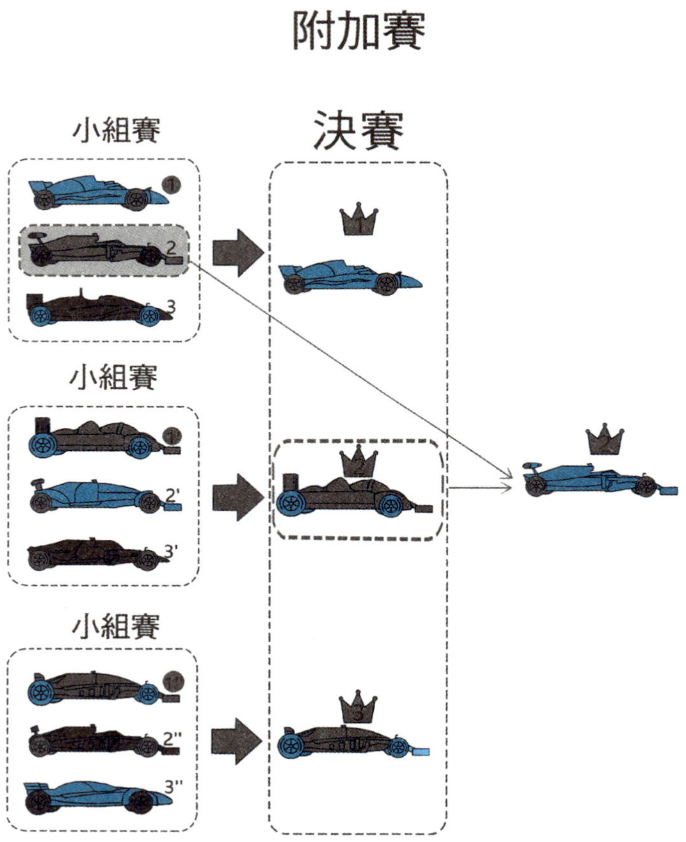

附加賽

圖 6.1-3

算起來，三場小組賽，一場總決賽，一場附加賽。一共就是五場比賽啦！

二 四次為什麼不行？

當時，我在社群發了這個問題，許多同學都很快給出五次的答案。不過有兩名獲得過國際金牌的同學，一直在討論為什麼五次就是最少的，四次就不行？

後來，魯泠溪又告訴我一種方法，的確證明了四次是不行的。她採用的是「圖論＋反證法」的方法。

首先，把問題理解為：需要從九輛車中，區分出冠軍和亞軍。我們認為這樣理解題意是合理的，而且處理起來比較方便。如果你不區分冠軍和亞軍，問題可能會稍微複雜一些。

把每一輛車看成一個點，用每一場比賽的結果進行連線，這樣就構成一個圖。具體來說：比賽的過程就是給三輛車排序，如果把相鄰成績的兩輛車用有向線段連接起來，一場比賽就會出現兩條線。例如，在一次比賽中，汽車 1 最快，汽車 2 其次，汽車 3 最慢，它們之間的圖應該是像圖 6.1-4 這樣：

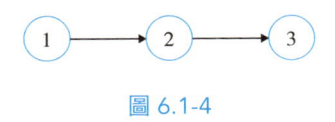

圖 6.1-4

如果舉行四場比賽，最多能夠畫出八條線。為了找到冠軍和亞軍，這八條線必須把九個點連起來，形成一個單一的、樹狀的、沒有閉環的圖，像圖 6.1-5 這個樣子：

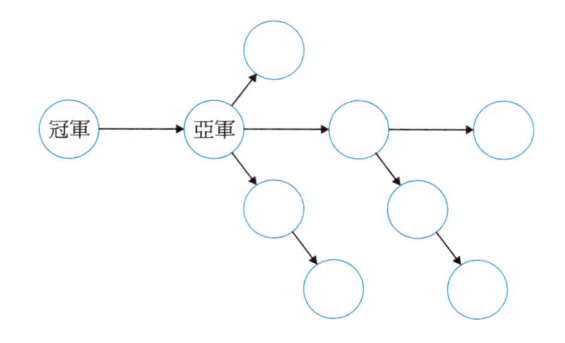

圖 6.1-5　能夠判斷誰是冠軍，誰是亞軍

大家可以想想，如果圖不是單一的，而是分成兩支，就沒辦法判斷誰才是真正的第一（圖 6.1-6）。

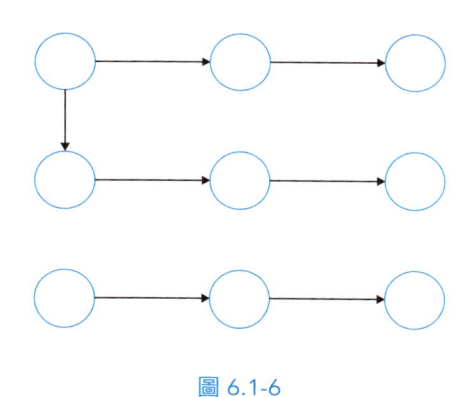

圖 6.1-6

如果圖不是樹狀，而是中間存在閉環，就浪費了一條線，八條線絕不可能把九個點連接起來（圖 6.1-7）。

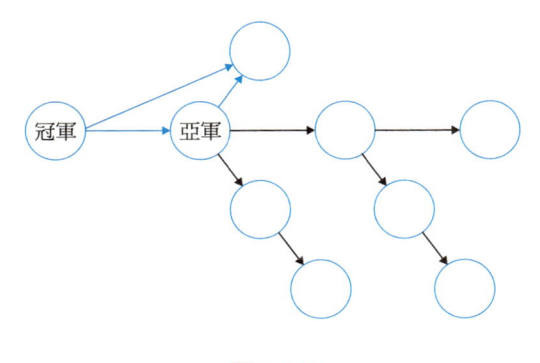

圖 6.1-7

下面要論證：用八條線不可能保證把九個點連成我們要求的圖。首先，為了找到冠軍，冠軍車和亞軍車一定同場競技過。因為它們比其他車都快，如果沒有比賽過，都會保持不敗戰績，就無法區分出誰是冠軍了。比賽時，冠軍一定第一，亞軍一定第二，所以冠軍和亞軍之間有連線。

然後，為了找到亞軍，亞軍車和季軍車一定同場競技過。因為除了冠軍車外，這兩輛車比其他車都要快。如果它們沒有比賽過，就無法區分出誰是亞軍。所以，亞軍和季軍之間有連線（圖 6.1-8）。

圖 6.1-8 冠軍與亞軍、亞軍與季軍之間，一定有連線

根據剛才所說，圖中不能形成閉環，既然冠軍和亞軍之間、亞軍和季軍之間一定有連線，冠軍和季軍之間就不可以有連線，否則會形成閉環。

可是要注意，進行第一場比賽時，隨機選擇了三輛車，如果選擇的三輛車分別是冠軍、季軍和第四名，比賽後，根據構造規則，冠軍和季軍分列小組第一和第二，它們之間會有一條連線。這樣所有比賽結束後，冠軍、亞軍、季軍就會出現一個閉環（圖 6.1-9）。

第六章　圖形問題

图 6.1-9

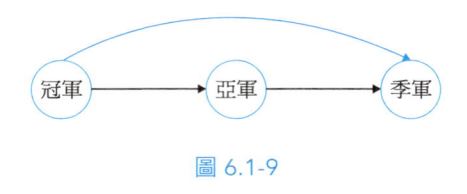

大家注意，冠軍和季軍之間的這條線不是一定存在，閉環也不一定存在。但由於最初我們缺乏資訊，**隨機選擇車輛比賽**，不能保證冠軍、季軍和第四名不會碰在一起，也無法保證避免閉環出現。而一旦出現閉環，就不可能用八條線把九個點連成一個單一的樹狀圖，也就不能判斷出冠軍和亞軍了。

如圖 6.1-10，我們把整個邏輯梳理一遍，過程是這樣的：

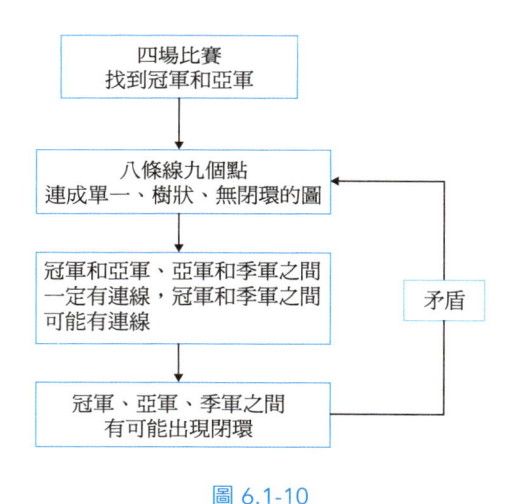

圖 6.1-10

綜上所述，八條線不能保證把九個點連成滿足條件的圖，所以四場比賽也不能保證從九輛車中找到冠軍和亞軍，五次比賽是最少的情況。

你看，一個小學二年級的問題，居然連圖論和反證法都用上了。

三 還能再厲害一點嗎？

能讓這個問題變得更加一般一些嗎？

例如：如果有 n^2 輛車，每次比賽只有 n 輛車參賽，在沒有計時工具的情況下，至少比賽多少次，才能保證找到第一名和第二名？

這個問題方法也是類似的，可以思考一下再往下看。

首先進行小組賽，每場比賽 n 輛車，共有 n 場比賽。按照剛才的構造方法，能把每一小組的賽車排序，並且進行連線（圖 6.1-11）。

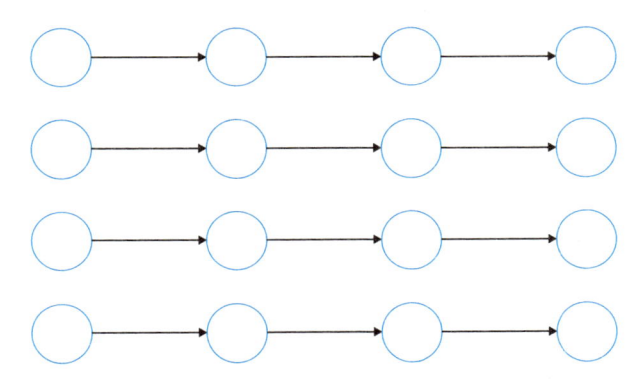

圖 6.1-11　n 場小組賽後，每一小組的順序都排好了

再讓每場小組賽的第一名集合起來，進行一場總決賽，找到冠軍（圖 6.1-12）。

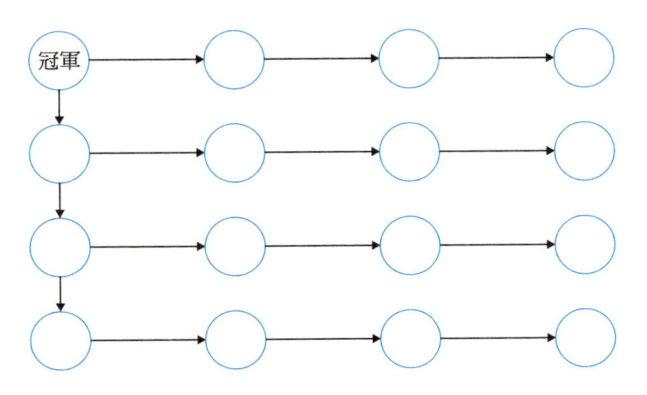

圖 6.1-12　一場決賽後，冠軍找到了

第六章　圖形問題　273

最後，冠軍小組賽時的第二名和總決賽的第二名再進行一場附加賽，便能找到亞軍了。例如圖 6.1-13 這種情況：

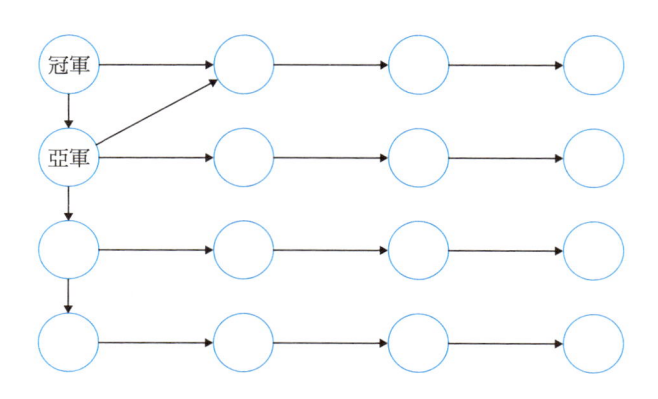

圖 6.1-13　一場附加賽後，找到亞軍

最終，透過 n 場小組賽、一場總決賽、一場附加賽，找到了冠軍和亞軍，一共需要（$n+2$）場比賽。

你能證明（$n+2$）是最少的情況嗎？方法和剛才是一樣的。

這個小學二年級數學題，可能很多同學都能想到答案。只是要證明它，的確不是一件容易的事。而且到目前為止，還沒有找到這個問題的一般答案，如果你願意，可以由淺入深地思考以下問題。

問題 1：如果有 n^n 輛車，每次比賽最多有 n 輛車，最少比賽多少次，才能保證找到冠軍和亞軍？

問題 2：如果有 n 輛車，每次比賽最多 m 輛車（$m<n$），至少比賽多少次，才能保證找到冠軍和亞軍？

問題 3：如果有 n 輛車，每次比賽最多 m 輛車（$m<n$），要確定前 k 輛車的排名（$k<n$），至少要比賽多少次？

我要說明的是，這些是非常困難的問題，除了第一個問題，後面兩個問題我至今還沒有想出答案呢。如果你都想出來了，至少達到小學三年級水準。

不走回頭路的公園

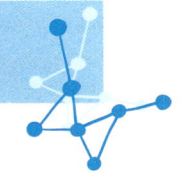

　　我的家鄉在吉林省吉林市，城市裡有一座公園，叫做北山公園，裡面有許多數百年的老建築。對吉林人來說，這座公園承載了許多童年回憶。如圖 6.2-1，公園裡有兩座門：東門和西門，你能從東門進入公園，不重複地走遍所有的遊覽道路，再從西門走出公園嗎？

圖 6.2-1　北山公園遊覽圖

　　這個問題其實是歷史上著名的哥尼斯堡七橋問題。

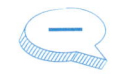

一　哥尼斯堡七橋問題

　　哥尼斯堡在歷史上曾是普魯士的領土，第二次世界大戰後併入蘇聯，現在是俄羅斯在波羅的海沿岸的飛地加里寧格勒。這是一座偉大

的城市，曾誕生伊曼努爾・康德（Immanuel Kant）、大衛・希爾伯特（David Hilbert）這樣偉大的哲學家、數學家和科學家。

十八世紀時，在哥尼斯堡有一條河穿城而過，河中間有座小島。在島和岸之間，一共有七座橋（圖 6.2-2）。週末時，當地居民經常來這些橋上散步。居民還發起一項挑戰：看誰能不重複地一次走完七座橋。

圖 6.2-2

有許多人進行嘗試，但都失敗了。當時世界上最偉大的數學家歐拉剛好在這裡，他敏銳地發現這裡蘊藏著深刻的數學內涵。歐拉把每一塊陸地或小島看成一個點，再把每一座橋畫作一條線段，這樣地圖就能轉化成一個由點和線構成的圖（圖 6.2-3）。能不能一次走完七座橋，就變成這張圖能否一筆畫出來的問題。於是，哥尼斯堡七橋問題又被稱為「一筆畫問題」。

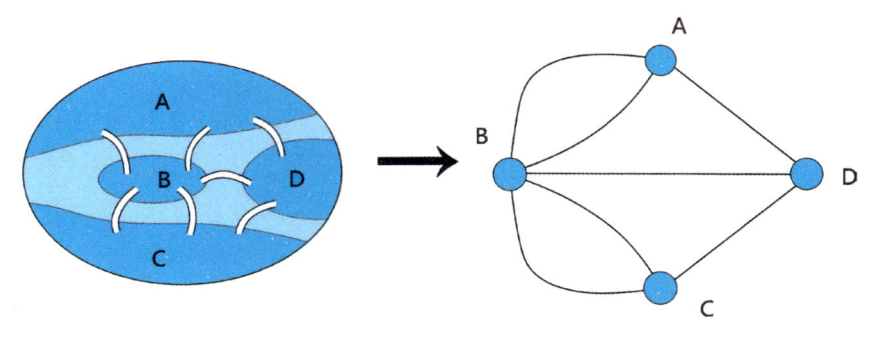

圖 6.2-3

二 奇點和偶點

什麼樣的圖形才能一筆畫呢？

首先，歐拉把圖中的點分為兩種：奇點和偶點。如果從這個點引出的線段是奇數條，就叫做奇點；如果引出的線段是偶數條，就叫做偶點。

可以在紙上隨意畫幾個一筆圖形，你會發現：如果圖形的起點和終點不在一起，那麼起點和終點都是奇點，除此之外其他的點都是偶點。這是因為如果一個點既不是起點也不是終點，那麼筆尖經過該點時必然會一進一出，線段成對出現，一定是偶點。如果筆尖在某個點只出不進，或者只進不出，線段就會是奇數條，是奇點，剛好對應了起點或終點（圖 6.2-4）。

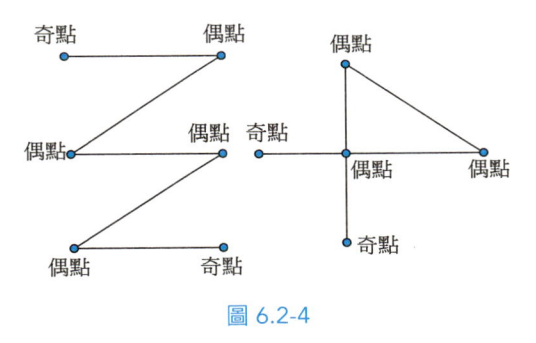

圖 6.2-4

如果起點和終點在一起呢？落筆畫出的第一條線段和抬筆前畫出的最後一條線段剛好配對，這樣一來奇點就消失了，於是整個圖形上全都是偶點（圖 6.2-5）。

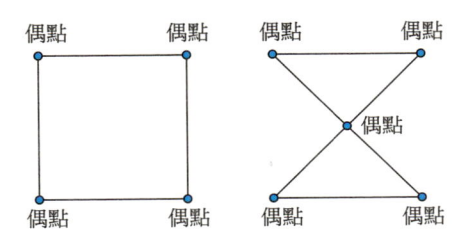

圖 6.2-5　起點和終點在一起，圖形中沒有奇點

綜上，歐拉得出結論：如果圖形能夠一筆畫，它的奇點個數只能是零個或兩個。如果奇點個數是零個，筆尖可以從任意一點出發，一筆畫完整個圖形後回到起點，這個閉合的迴路叫做歐拉迴路。如果奇點個數是兩個，筆尖只能從一個奇點畫到另一個奇點，這叫做歐拉路徑。

根據歐拉的描述，七橋問題中的 A、B、C、D 四個點都是奇點，一定不能一筆畫，所以居民也不可能一次不重複地走完七座橋。七橋問題解決了。

讀者朋友們也可以根據規則，研究一下圖 6.2-6 中的圖形，哪些可以一筆畫？哪些不能一筆畫？

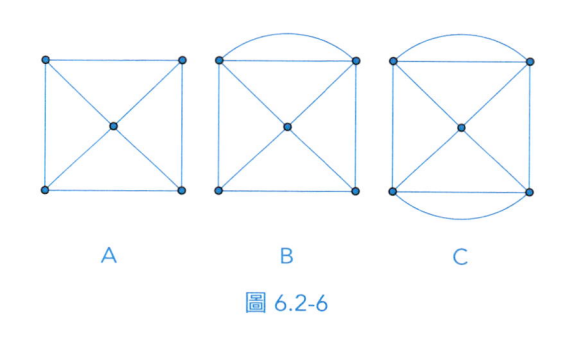

A　　　　　B　　　　　C

圖 6.2-6

顯然，A 圖有四個奇點，不能一筆畫。B 圖有兩個奇點，存在歐拉路徑，可以一筆畫。C 圖沒有奇點，存在歐拉迴路，也可以一筆畫。

而且，我們還可以輕易地知道：不能一筆畫的圖形，需要幾筆才能畫出。大家想一想：無論什麼樣的圖形，其實都可以由幾個能夠一筆畫的圖形組成，或者說由幾條歐拉路徑構成。每條歐拉路徑都有兩個奇點，所以對於不能一筆畫的圖形，只要把圖形中的奇點個數除以 2，就能知道至少需要幾筆才能將圖形畫出。例如剛才的 A 圖，它有四個奇點，因此至少需要兩筆才能畫出（圖 6.2-7）。注意：每一次落筆和提筆都必須在奇點處。

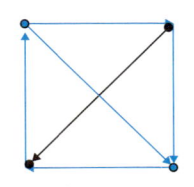

圖 6.2-7　A 圖有四個奇點，需要兩筆才能畫出

　　如果在圖上添加線條，連接奇點，每添加一條線就能減少兩個奇點。你看，B 圖相比 A 圖多了一條線，少了兩個奇點，所以可以一筆畫，但必須從一個奇點落筆，到另一個奇點抬筆。C 圖相比 A 圖多了兩條線，減少了四個奇點，不光可以一筆畫，而且可以從任意點開始畫，最終回到這個點結束（圖 6.2-8）。

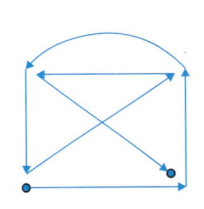

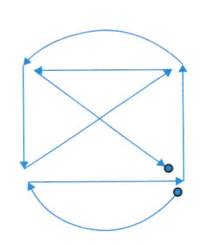

B 圖只有兩個奇點，一筆就能畫出　　C 圖沒有奇點，從任意點出發都能一筆畫出

圖 6.2-8

　　回到最初北山公園的問題。北山公園的道路上有太多奇點，所以想一次性走完是不可能的。但如果公園的管理方關注這個問題，可以在兩個奇點之間增添道路，從而消滅奇點，讓整個圖形存在歐拉路徑或歐拉迴路，那麼一次走完全部道路的想法就可以實現了（圖 6.2-9）。

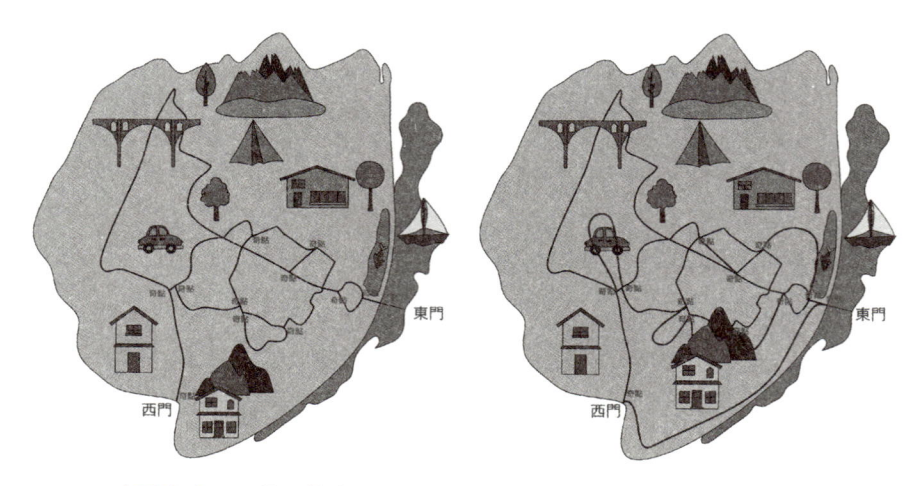

奇點太多，不能一筆畫　　　　增加道路，消滅所有奇點，可以一筆畫

圖 6.2-9

一七三六年，二十九歲的歐拉解決了哥尼斯堡七橋問題，從而開拓了一個新的數學分支——圖論。圖論研究的就是點和線的連接問題，看似簡單，但其實奧妙無窮。「賽車問題」中用的方法也是圖論的方法。此外，圖論的著名問題還包括漢米爾頓環遊世界問題、中國郵遞員問題、旅行者推銷問題、四色問題等。這些問題在現實中的晶片、道路、物流網路的設計等方面，都有很重要的應用。

最後給大家留一個思考題：五間相鄰的房間，房間之間和房間與外界之間都有門。如圖 6.2-10，能否從某個房間出發，穿越所有的門，而且每個門只走一次呢？如果可以，請你設計出這樣一條路徑來。

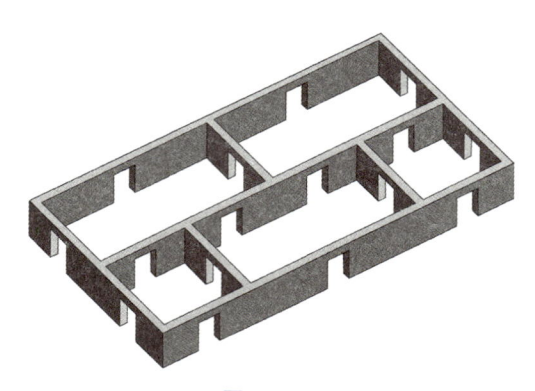

圖 6.2-10

馬能走遍棋盤上的所有位置嗎？

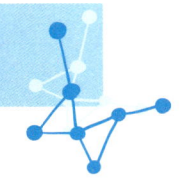

如果象棋的棋盤上只有一匹馬，按照「馬走日」的規則，這匹馬能夠走遍棋盤上的所有位置嗎？

這個問題叫做騎士巡遊問題，說得更專業一點，叫做「漢米爾頓路徑問題」。你知道這個問題的答案嗎？如果你家裡恰好有象棋，可以用馬試試看。

一、漢米爾頓路徑問題

威廉·漢米爾頓（William Hamilton）是愛爾蘭著名的數學家和物理學家。一八五七年，他提出了一個問題，我們稱為漢米爾頓周遊世界問題。

假如世界存在於一個正十二面體上，有十二個面，每個面都是一個正五邊形。假設正十二面體的二十個頂點就是二十座城市，而它的三十條稜就是三十條道路。請問：透過這些道路能否從一個城市出發，不重複地走完所有的城市，最後回到出發的城市呢？

如果有一個正十二面體，透過嘗試，很容易發現這個問題是有解的，而且解法還不只一種。還可以把正十二面體的所有頂點鋪在一個平面內，問題研究起來就更加方便了（圖 6.3-1）。

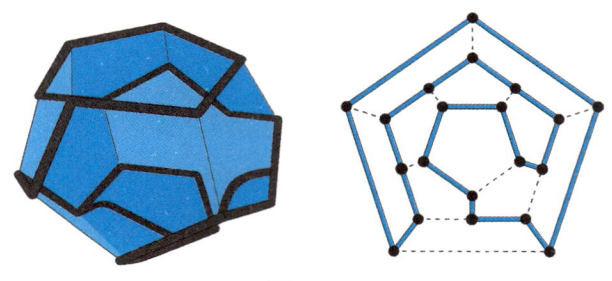

圖 6.3-1

後來，人們拓展了環遊世界問題，使之變成：對於一個給定的圖（由點和線構成）是否存在一條路徑，能夠不重複地通過每一個點？如果最後能夠回到出發點，這條路徑就叫做漢米爾頓迴路；如果最後不能回到出發點，這條路徑就叫做漢米爾頓路徑。

如圖 6.3-2，這張圖中有四個點、六條路徑，顯然存在一個漢米爾頓迴路。而且，這張圖上任何一個點都與其餘所有點連接，這樣的圖叫做完全圖。完全圖一定存在漢米爾頓迴路。

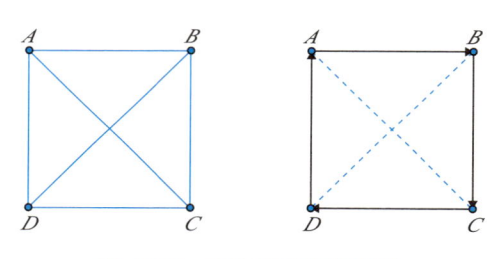

圖 6.3-2　存在漢米爾頓迴路

再例如圖 6.3-3 就只存在漢米爾頓路徑，但不存在漢米爾頓迴路。

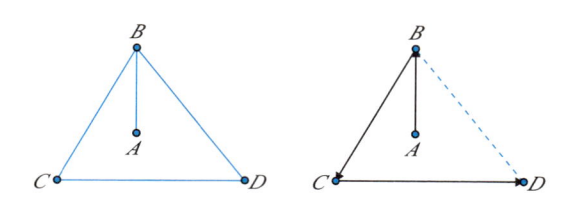

圖 6.3-3　不存在漢米爾頓迴路，但是存在漢米爾頓路徑

而有些圖如圖 6.3-4，就既沒有漢米爾頓迴路，也沒有漢米爾頓路徑，因為它不能不重複地一次性通過所有點。

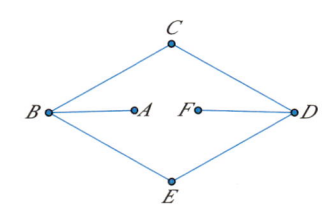

圖 6.3-4　既沒有漢米爾頓迴路，也沒有漢米爾頓路徑

漢米爾頓問題與一筆畫問題有什麼區別呢？都是圖論的問題，但一筆畫問題要求不重複地通過所有「邊」，但可以多次通過任意的「點」，而漢米爾頓問題不要求通過所有的「邊」，但要求每個「點」都只通過一次。

而且，一筆畫問題解決起來很簡單——只要奇點是零個或兩個，就能一筆畫，否則就不能一筆畫。而漢米爾頓問題則複雜得多，人們至今沒有完全解決這個問題。

不過人們在研究過程中，也獲得一些成果。例如，人們找到一些一定不存在漢米爾頓迴路的圖：如果圖中存在「懸掛」，就一定沒有漢米爾頓迴路。例如圖 6.3-4 的 AB、FD 都是「懸掛」。

人們也找到一些一定存在漢米爾頓迴路的圖。例如，任意兩個點之間都有連線的「完全圖」一定存在漢米爾頓迴路。另外，對於任意兩個點，如果與之相連的邊的條數之和都大於總共的點數，這樣的圖也一定存在漢米爾頓迴路。

大家看圖 6.3-5：A、B、C、D、E 五個頂點連接的邊數分別是 3、4、3、3、3，任意兩個點連接的邊數之和大於點的總數（五個），所以這樣的圖一定存在漢米爾頓迴路。你能把這個迴路畫出來嗎？

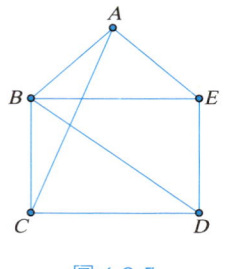

圖 6.3-5

二、吃飯排座位問題

　　現實生活中有哪些漢米爾頓問題呢？

　　例如：和朋友吃飯時，朋友又會叫他的朋友，這樣大家不一定都認識。如果不認識的人相鄰，氣氛會比較尷尬。能不能巧妙地安排座位，讓大家圍坐在一個圓桌上，相鄰的人都認識呢？

　　其實每個人可以看成一個點，「認識」的關係可以看成兩個點的連線，這樣一起吃飯的朋友的關係就形成一張圖。能否存在一種排座的方法，讓相鄰的人都認識，其實等價於圖中是否存在一條漢米爾頓迴路。

　　如圖 6.3-6，A、B、C 三個人彼此都認識，而 D 只和 C 認識，這樣一來，圖中就存在「懸掛」，因此不可能存在漢米爾頓迴路，也自然無法存在合適的安排方法。但如果再找一位朋友 E，他同時認識 A 和 D，就可以存在一條漢米爾頓迴路了。順著迴路安排座位，就能保證相鄰的人都相識。

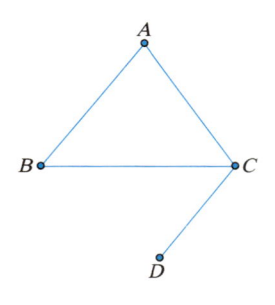

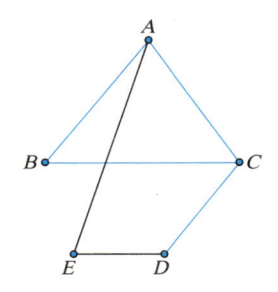

不存在漢米爾頓迴路　　　　　存在漢米爾頓迴路

圖 6.3-6

　　正如前文所說，到底什麼時候存在漢米爾頓迴路，什麼時候不存在，是個非常複雜的問題，但我們至少有一些充分條件。例如：任意兩個人都認識，這對應了一張「完全圖」，此時自然可以圍成一圈，讓相鄰的人都相識。或者，如果任意兩個人認識的人數之和超過總人數，也一定存在一種圍坐的方法。

三　騎士巡遊問題

　　西洋棋中，馬叫做「騎士」。有趣的是：無論是象棋，還是西洋棋，馬都是走「日」，這可能是因為它們都和古印度的遊戲「恰圖蘭卡」有關。騎士巡遊問題是：馬在西洋棋的棋盤上，能否不重複地走完所有的格子？

　　這個問題如何研究？西洋棋的棋盤是一張 8×8 的網格，可以把每一個格子看成一個點，再把滿足「馬走日」的兩個點用線段連接起來，這就構成了圖 6.3-7。我在這張圖中用數標出每個點連接的線段條數。騎士巡遊問題就等價於這張圖是否存在漢米爾頓迴路或漢米爾頓路徑的問題了。

圖 6.3-7

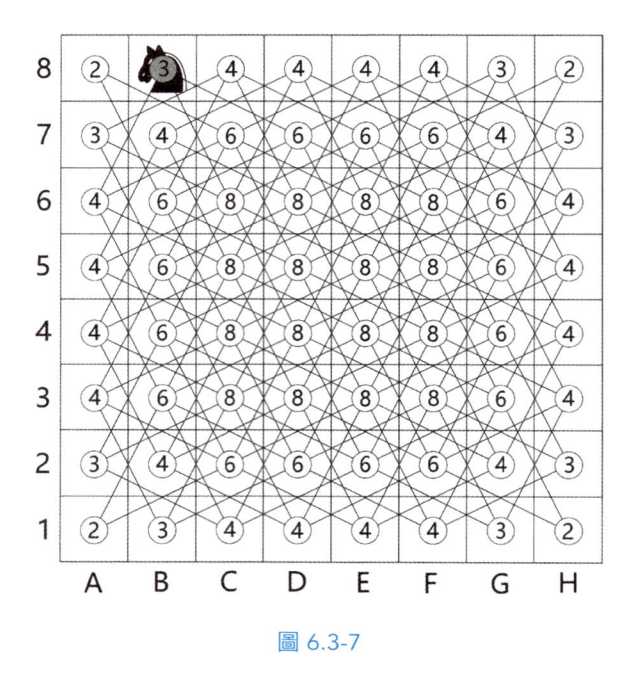

　　西洋棋的騎士巡遊問題不光是有解的，而且解的數量非常多，大約有二萬億個。這個問題經常被電腦系的老師用來考察學生的程式設計能力。例如，圖 6.3-8 就是一種騎士巡遊的路徑。

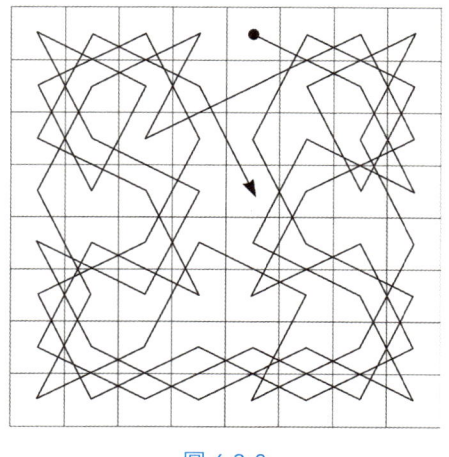

圖 6.3-8

如圖 6.3-9，象棋的棋盤是 9×10 的格點（象棋下在格點上），同樣可以轉化成一張圖，馬依然能夠不重不漏地走遍每一個角落。且這個路徑讓馬回到出發點，這是漢米爾頓迴路。

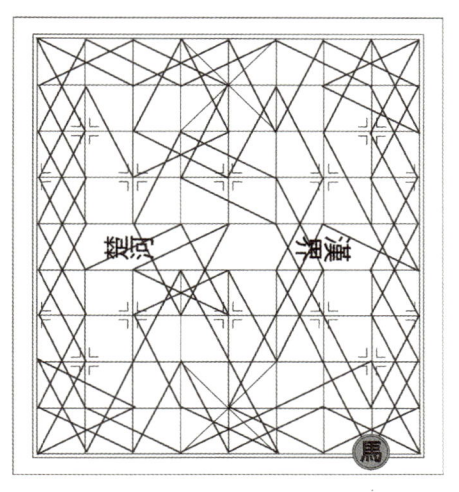

圖 6.3-9

到底什麼樣的棋盤騎士巡遊問題有解呢？這個問題依然沒有完全解決。你不妨在紙上畫一個 $m \times n$ 的格子，然後試試看，用馬能不能走遍每一個角落吧！

香蕉皮和橘子皮，誰能展成平面？

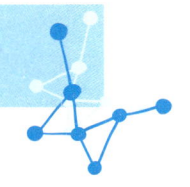

大家都吃過香蕉和橘子，吃的時候要剝皮。你有沒有仔細觀察過香蕉皮和橘子皮，它們可能攤平在一個平面上嗎？

這是個看起來很簡單的數學問題，但真的要解釋清楚，必須使用非常高級的數學知識——微分幾何。而且，這個問題有個好聽的名字：高斯絕妙定理。

一 曲率半徑和曲率

微分幾何起源於數學家們對曲線和曲面的研究，如今已成為廣義相對論的基礎，與拓撲學和理論物理密切相關。這個理論特別複雜，普通人很難理解它的全貌。不過高斯絕妙定理的內容倒沒有那麼複雜，就是告訴我們什麼樣的曲面可以展開成平面。

首先來介紹曲率半徑和曲率的概念。生活中有各式各樣的曲線，每一種曲線在每一個點上的彎曲程度都可能不同。如何衡量每個點的彎曲程度呢？

數學家們想到一個方法：用一個與曲線密切貼合的圓來代表這一小段曲線。數學上可以證明：對於一個平滑曲線，在每一個點這樣的圓都是唯一的，這樣的圓叫做曲率圓，曲率圓的半徑叫做曲率半徑。人們又把曲率半徑的倒數叫做曲率，它用來描述曲線彎曲的程度（如圖 6.4-1）。

$$k = \frac{1}{\rho}$$

其中 ρ 表示曲率半徑，k 表示曲率。

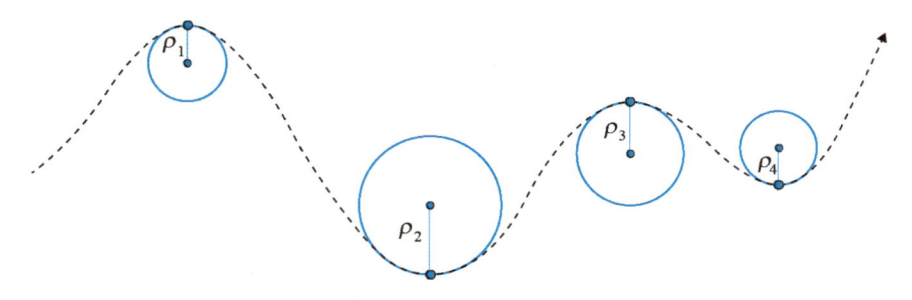

圖 6.4-1　曲率圓和曲率半徑

　　一個曲線的不同位置，曲率半徑可能不同：曲線愈平緩的地方，曲率半徑愈大，曲率愈小。對於一條直線，與它密接的圓無限大，即曲率半徑 ρ 無限大，曲率 k 就是 0。愈彎曲的地方，曲率半徑愈小，曲率愈大。如果一個地點特別彎，曲率半徑就接近 0，曲率就趨於無限大。

　　而且，我們還可以對曲線規定一個正方向，如果曲線的彎曲方向和規定的方向一致，就說曲率是正的；如果彎曲方向與規定方向相反，就說曲率是負的。例如圖 6.4-2 中曲線上的各個點，曲率就會在正、負、零之間切換。

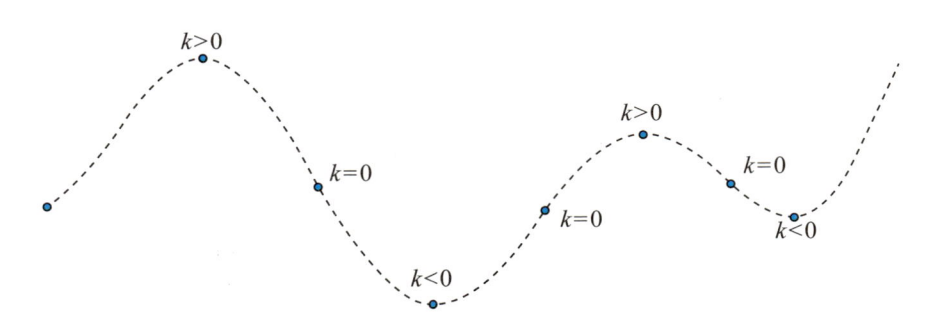

圖 6.4-2　曲率的大小、正負變化

二　主曲率

　　現在從曲線升級到曲面，對一個曲面來講，不同方向會有不同的彎

曲程度。如圖 6.4-3，我們來看一個香蕉的內側：它沿著某個方向，是突起的（曲率半徑是正的），沿著另一個方向卻是凹陷的（曲率半徑是負的），而且二者彎曲的程度也不一樣。

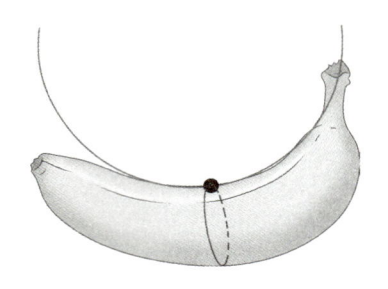

圖 6.4-3

用一個平面去切割曲面，就會得到一條相交線，這條相交線在這一點就存在曲率。當我們旋轉這個平面時，就會獲得很多條切割線。例如一根煙囪，橫著切會切出一個圓形；豎著切會切出類似於雙曲線的形狀（圖 6.4-4）。

圖 6.4-4

一七六〇年，微分幾何的奠基人之一、著名的數學家歐拉證明了

一個定理：過一個曲面上的某個點作不同的切割面，可以獲得很多條切割曲線，這些曲線中曲率最大的和曲率最小的兩條曲線的曲率叫做主曲率。主曲率對應的平面叫做主平面，主平面一定是互相垂直的，主平面的方向稱為主方向（圖 6.4-5）。

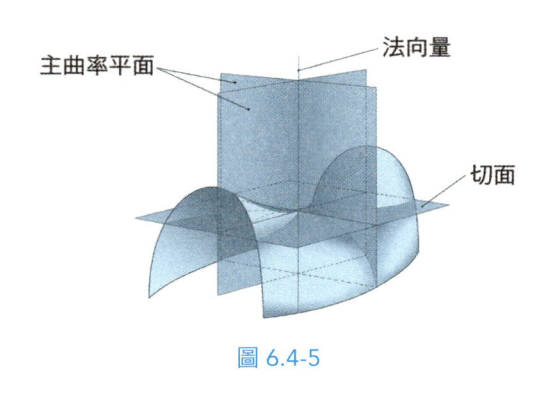

圖 6.4-5

例如剛剛的香蕉和煙囪，主曲率都是一正一負，兩個主方向也互相垂直。

大家能看出平面的主曲率有多大嗎？因為無論如何切割，用平面切割平面得到的都是直線，所以平面上的各個方向曲率都是 0。

三 高斯絕妙定理

我們繼續升級。二維平面上，直線可以彎曲成曲線。同樣，在三維空間中，平面也可以彎曲成曲面。我們會發現：在直線變成曲線，或者平面變成曲面，再或者曲面變成更彎曲的曲面時，曲率和主曲率都會發生變化。

不過，並非所有的幾何量都發生變化了。一條直的線段彎曲時，或者線段所在平面在三維空間中發生彎曲時，線段變成一條弧線，但弧線的長度卻不會發生變化。類似於彎曲這樣的變換，叫做等距變換。

有了以上的知識，就可以理解高斯絕妙定理了。一八二七年，微分幾何的奠基者之一、史上最偉大的數學家高斯發現：如果曲面上某個點

的主曲率分別是 k_1 和 k_2，當曲面在高維空間發生彎曲時，主曲率的值可能會變化，但乘積 $K = k_1 k_2$ 卻保持不變。這個不變的乘積 K 叫做高斯曲率。

用數學語言說就是：在局部等距變換下高斯曲率保持不變。

舉個例子：一個披薩放在盒子裡時是平面，主曲率處處為 0，高斯曲率也是處處為 0。當我們吃披薩時，披薩可以彎曲，兩個主曲率發生變化，但高斯曲率為 0 是不會發生變化的。也就是說：在它發生彎曲時，一定有一個曲率為 0 的方向——在這個方向上，披薩上的點構成一條直線。例如，我們可以拿著比薩的後部，披薩前方就會下垂，披薩中央這個點有兩個主方向，對應的曲線分別是藍線和黑線。你會發現：藍色的線是直線，曲率為零，於是這個點高斯曲率也為 0，與最初的平面相同（圖 6.4-6）。

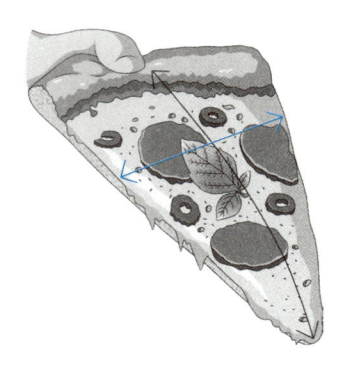

圖 6.4-6　比薩的一種拿法

我們也可以用力掐披薩後部的一點，讓披薩凹進去，剛才的曲線變成直線、直線變成曲線，但這個點的高斯曲率還是為 0，不變化（圖 6.4-7）。

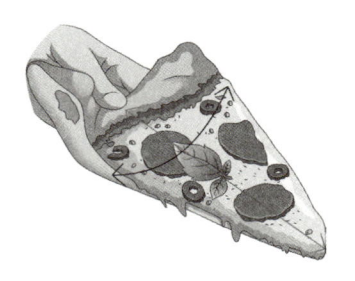

圖 6.4-7　比薩的另一種拿法

再來看看洋芋片。如圖 6.4-8，洋芋片中央的一點的兩個主曲率方向完全相反，符號相反，所以這個點的高斯曲率是負的。在三維空間中，貌似很難將洋芋片進行彎曲，因為無論如何彎曲都會造成一部分的擠壓或另一部分的斷裂。

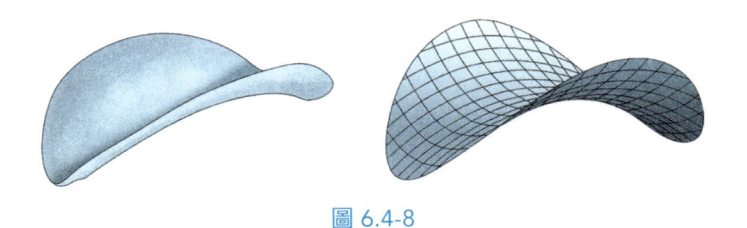

圖 6.4-8

不過數學上的曲面具有無限的韌性，可以發生意想不到的彎曲。例如螺旋曲面和懸鏈曲面看起來完全不同，但它們可以透過彎曲變換出來（圖 6.4-9）。

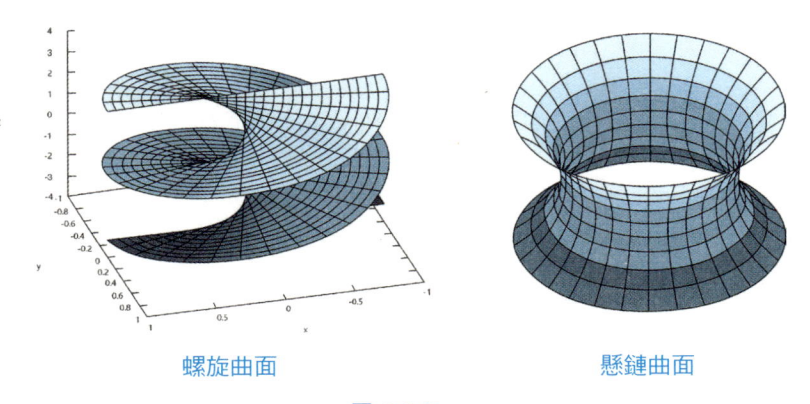

螺旋曲面　　　　　　　　懸鏈曲面

圖 6.4-9

第六章　圖形問題

假如在數學上可以將洋芋片進行彎曲變換，洋芋片的形狀可能變得面目全非，主方向和主曲率也與我們的測量不同。不過，如果我們計算這一點的高斯曲率，它的結果會和最初的一樣。簡直太神奇了！高斯當年發現這個規律時情不自禁，就自己取了「絕妙定理」的名字。多說一句：高斯的得意門生黎曼將高斯的曲面理論發揚光大，創立了黎曼幾何。愛因斯坦在創立廣義相對論的過程中，敏銳地發現我們的時空其實是彎曲的，不能用通常的歐幾里得幾何解釋，但又苦於找不到更好的工具。他向自己的同學、幾何學家格羅斯曼‧馬塞爾（Grossmann Marcell）求助，格羅斯曼把黎曼幾何介紹給愛因斯坦。利用這個數學工具，愛因斯坦終於創立了廣義相對論。愛因斯坦說沒想到宇宙的真理居然存在於數學中。

四 什麼樣的曲面才能展成平面？

高斯絕妙定理可以解釋許多有關曲面的問題。例如：最初人們發現無論如何也不能將地圖準確畫在平面上，這是為什麼呢？

原因是：平面的高斯曲率是 0。根據高斯絕妙定理，如果一個曲面可以展開成平面，曲面上任何一個點高斯曲率必須是 0。也就是說：過曲面上每個點都至少有一條直線，曲面才有可能展開成平面。

如圖 6.4-10，圓柱、圓錐的側面都可以展開成平面，因為它們的母線是直線、曲率是 0，而且母線沿著主曲率方向，所以高斯曲率也是 0。球面不能展開成平面，因為球面上任何一個點主曲率都是同號的，高斯曲率是正的。單葉雙曲面也不能展開成平面，因為儘管它的每一條母線都是直線、曲率為 0，但母線曲率卻不是它的主曲率，它的兩個主曲率其實是一正一負的，高斯曲率是負的。

（a）
不可展曲面

（b）
可展曲面

圖 6.4-10

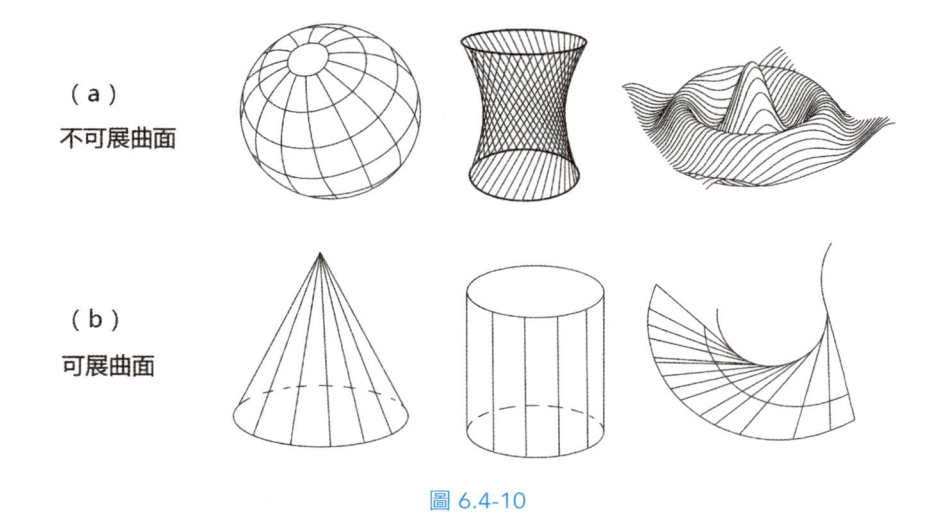

  理論上，沒有辦法在一個平面上畫出世界地圖，因為地球是球體，不能展開成平面。人們採用各式各樣的投影法畫出地圖的近似情況，例如麥卡托投影法，就是把地球投影到一個圓柱上，然後再把圓柱展開。這樣做的結果就是兩極地區的面積會變得很大，看起來格陵蘭島比非洲還要大，南極洲更是和整個亞歐大陸差不多大。

  如果觀察橘子皮和香蕉皮，就會發現任意一點都不存在直線，所以無論是橘子皮還是香蕉皮都不可能展開成平面。如果你用力把它掰成平面，在不考慮彈性時，一定會碎裂成無限多塊——就像洋芋片一樣。

最速降線問題

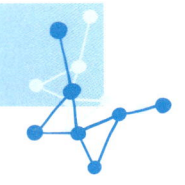

一六三〇年,「近代科學之父」伽利略(Galileo Galilei)提出一個問題:

一個小球在重力作用下,從一個給定點 A 運動到不在它垂直下方的另一點 B,如果不計摩擦力,沿著什麼曲線滑下所需時間最短?

顯然,從 A 點到 B 點的直線軌道是路程最短的,但不一定是時間最短。伽利略認為這個最短時間的路線是一個圓弧,但很快,他的觀點就被否定了。你知道這個最短的路線是什麼嗎?

一 白努利家族

科學史上,遺傳基因很重要,許多科學家的後代也是科學家,例如發現電子和電子繞射的湯木生父子,發現晶體繞射的布拉格父子,在放射性方面頗有研究的居里夫婦、小居里夫婦等。但要論史上第一科學天團,非白努利家族莫屬。

白努利家族是一個商人和學者家族,來自瑞士巴塞爾。十六世紀,萊昂・白努利(Leon Bernoulli)為避免宗教迫害,從比利時安特衛普移民到巴塞爾。很多藝術家和科學家出自白努利家族,在歷史上被人追溯的有一百二十位之多。尤其在十八世紀,白努利家族出現了數位世界頂級的數學家和科學家,又以雅各布・白努利(Jacob Burnoulli)、約翰・白努利(Johann Benoulli)和丹尼爾・白努利(Daniel Bernoulli)最為著名。

做為世界頂級數學家,約翰・白努利的一生卻過得不是那麼舒心,

他總把自己的悲慘歸咎於哥哥——雅各布・白努利。約翰自認為是當時世界第一的數學家，但風頭卻總是被哥哥雅各布・白努利壓著，他急需一個契機來證明自己的能力。

一個偶然的機會，約翰了解最速降線問題，並花了幾個星期的時間解決。他如獲至寶，決心要用這個問題樹立自己在數學界的權威地位。一六九六年，約翰在他的老師哥特弗利德・萊布尼茲（Gottfried Leibniz）主管的雜誌《教師學報》上發表了一篇文章，公開徵集最速降線問題的答案，並宣稱：

> 不要草率地做出判斷，雖然直線 AB 的確是連接 A、B 兩點的最短線路，但它卻不是所用時間最短的路線。而時間最短的曲線則是幾何學家所熟知的一條曲線。如果在年底（指一六九六年）之前還沒有其他人能夠發現這一曲線，我將公布這條曲線。

結果到了一六九七年初，他只收到一份答案，來自他的老師萊布尼茲，其他人似乎對此毫無興趣，這讓約翰感到很沒面子。

萊布尼茲安慰失望的約翰，建議他把公布答案的日期推後到當年的復活節。約翰遵從了老師的建議，為了讓這個問題不被錯過，他特意把問題寫信寄給幾個對手，包括自己的哥哥雅各布・白努利和老師萊布尼茲的死對頭——英國的艾薩克・牛頓（Isaac Newton）。

當時，牛頓和萊布尼茲正在爭奪微積分的發明權。萊布尼茲最早提出微積分，現在微積分所使用的符號也是萊布尼茲提出的。但牛頓宣稱自己早在二十年前就已經提出了「流數法」，與萊布尼茲交流的過程中，萊布尼茲竊取了自己的成果。約翰・白努利為了維護師門尊嚴，親自寫一封給牛頓，並挑釁地說：

> 很少有人能解出我們的獨特問題，即使是那些自稱有著特殊方法的人。這些人自以為他們的偉大定理無人知曉，其實早已有人將它們發表過了。

第六章　圖形問題

牛頓當年已經五十四歲，腦袋已經不像二十多歲時那麼機敏了，而且是英國皇家鑄幣院的主管。牛頓外甥女的日記記載：牛頓接到約翰的信那天，在鑄幣院忙到很晚才回家。牛頓的憤怒讓他不能上床睡覺，直到幾個小時後，牛頓解決了這個問題，當時是凌晨四點。牛頓不愧為歷史上四大數學家之一（另外三位是阿基米德、歐拉和高斯）。牛頓說：我從不喜歡在數學問題上被外國人戲弄。他把答案裝在信封裡，匿名寄給了約翰。

　　到一六九七年復活節，約翰・白努利一共接到四份答案，分別來自老師萊布尼茲、英國的牛頓、自己的學生洛必達、自己的哥哥雅各布，包括自己的答案一共有五份。一六九七年五月，這些答案被發表在《博學通報》上，雖然方法不同，但都指向一個共同的結論──擺線。

二 什麼是擺線？

　　擺線也叫旋輪線，最早是伽利略研究的曲線。例如有一個車輪在地面上滾動，車輪邊緣有一隻螞蟻，車輪滾動的過程中，**螞蟻的軌跡就是一條擺線**（圖 6.5-1）。

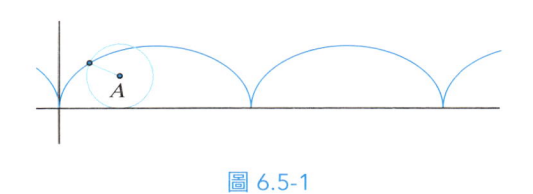

圖 6.5-1

　　伽利略不僅研究過擺線，甚至得出擺線每一個弧形下方的面積等於圓形面積三倍的結論。當時還沒有微積分，伽利略使用一種非常流氓的辦法：他用一塊圓形的鐵片在同樣厚度的鐵板上滾出一條擺線，然後用剪刀把一個「扇形」剪下來，用秤秤量了這個「扇形」的重量，發現「扇形」的重量是鐵片重量的三倍，於是得出結論：一段弧下方的面積是圓形面積的三倍。

擺線有許多神奇的性質，例如在擺線的不同位置放置小球，同時釋放，並讓小球在重力作用下下滑，這些小球將會同時到達最低點（圖 6.5-2）。

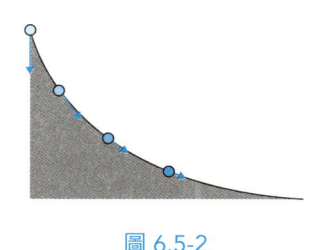

圖 6.5-2

最速降線問題中，五位數學家都得到擺線這個相同的答案，但他們的方法各不相同。萊布尼茲、牛頓和洛必達的方法都是使用微積分，約翰的方法最為巧妙，他類比了費馬原理：光總是走時間最短的路徑。當光從一種介質射入另一種介質時，因為兩種介質中的光速不同，光線就會發生折射（圖 6.5-3）。

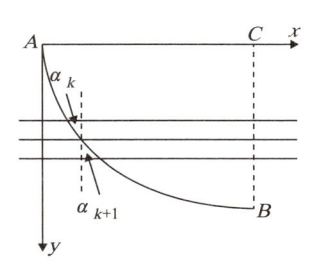

圖 6.5-3　約翰的方法

於是，約翰假設從 A 到 B 存在著一層層的連續介質，每層介質的折射率都不同，計算了光所通過的路徑，這個路徑也剛好是一條擺線。

不過，約翰的方法不是一種數學證明，因為費馬原理的一般性當時沒有得到證明。人們普遍認為雅各布的方法是最優秀和一般的：他採用了變分法的思想。

所謂變分法，就是對路徑求微小變化和極值。

第六章　圖形問題

如圖 6.5-4，首先研究走直線軌道時從點 A 到點 B 的時間，然後讓軌道變化一點點，再計算從點 A 到點 B 的時間，再讓軌道變化一點點……這樣一點點地變化下去，直到找到一個最短的時間。這種方法後來被約翰的學生——歐拉正式提出，並且成為數學和物理研究中的重要方法。

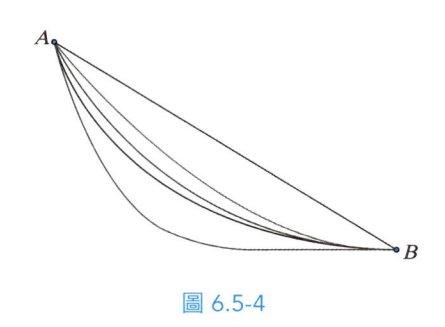

圖 6.5-4

三 悲情的約翰

約翰本來想證明自己的優秀，但卻證明了其他人更優秀。他做這種搬起石頭砸自己腳的事也不是一次、兩次了。

約翰和雅各布的爸爸叫做尼古拉·白努利（Nicolaus Bernoulli）。白努利家族非常富有，也很重視子女的教育，但他們家的家訓是孩子首選學習商科，如果不願意學商科也可以學神學或醫學，千萬不能學數學這種沒用的學科。

哥哥雅各布遵從了父親的願望，學習神學，並拿到碩士學位。隨後像其他學者一樣，騎著馬在歐洲各國遊歷。這個過程中，他愛上了數學，並迅速成為世界頂級數學家之一，並回到家鄉的巴塞爾大學，成為一名數學教授。

老尼古拉又把希望寄託在小兒子約翰身上，約翰不負所託，拿到醫學碩士學位，然後也愛上了數學。

約翰比雅各布小十三歲，當約翰在巴塞爾大學學習時，雅各布已經

是聲望很高的數學系教授。在哥哥的光環下，約翰過得很不舒服，總想找個機會證明自己比哥哥強。

他第一次向哥哥發難是透過懸鏈線問題，這個問題也是伽利略提出的：將一根質量均勻的軟繩的兩端固定在天花板上，繩子的形狀是什麼曲線？伽利略最初認為是拋物線，雅各布也這樣認為。可是約翰證明了這條曲線是雙曲餘弦曲線，可以表示成函數

$$y = \frac{e^x + e^{-x}}{2}$$

約翰藉此狠狠地嘲笑了哥哥一番，並信心滿滿地找到巴塞爾大學的長官，表達自己希望進入巴塞爾大學數學系工作的願望。不料，學校的回答是：數學系已經有雅各布，不需要其他數學教授了。

從此之後，約翰對哥哥深惡痛絕，經常透過各種方式詆毀他。

在牛頓和萊布尼茲論戰最激烈的日子裡，約翰當仁不讓地充當老師萊布尼茲的急先鋒，他設計了幾個問題，使用牛頓的流數法不好解決，但很容易用萊布尼茲的方法解決，並以此向萊布尼茲邀功。他問萊布尼茲：「這個世界上除了您以外，還有誰最懂微積分？」

萊布尼茲淡淡地說：「雅各布。」

不過，雅各布五十歲時去世了，當時約翰只有三十七歲，他本以為天下再也沒有人能和自己競爭了，不料他的兒子很快長大了。

約翰的兒子叫做丹尼爾·白努利。

丹尼爾的人生軌跡與約翰一模一樣，先拿到醫學碩士學位，然後轉讀數學和物理。最初約翰對兒子的成長很滿意，並派學生歐拉指導自己的兒子。找個家教都是大神級別，這種事只有白努利家族做得到。就好像我們看幾十年前的老電影，結果發現跑龍套的是周潤發一樣。

一七二四年，法國科學院組織一場科學論文競賽，約翰和兒子丹尼爾同時獲獎。在別人看來是一件值得慶賀的事，但約翰不這麼想，他覺得不能和兒子平起平坐，於是他做了一件事：不讓丹尼爾進家門。父子關係破裂後，丹尼爾連續九次獲得法國科學院大獎，而約翰活了八十多

歲,親眼見證了兒子一次次獲獎的過程,內心的煎熬可想而知。

晚年的約翰似乎已經承受不了這種打擊,急於找到一種方法證明自己比兒子優秀。一七三八年,丹尼爾寫成巨著《流體力學》,幾百年來,這本書成為這一領域的標準教材。這本書裡,丹尼爾提出著名的白努利原理,為帆船、飛機等交通工具的發展做出了巨大貢獻。

然而,約翰瞄準這個機會,抄襲了丹尼爾的書,並命名為《水力學》提前發表。為了證明自己的優先權,他還把成書時間改為一七三二年。

可是他的伎倆很快就被人揭穿,因為丹尼爾在寫書的過程中一直與其他科學家交流,現在約翰的這本書「橫空出世」,不能不讓人驚詫。丹尼爾的朋友紛紛拿出自己與丹尼爾的信件,證明約翰剽竊了兒子的學術成就,這恐怕是白努利家族史上最大的笑柄了。

儘管心胸狹隘,但不影響約翰依然是白努利家族最優秀的科學家之一,同時也是那個時代歐洲最偉大的數學家之一。約翰的學生有歐拉、洛必達、丹尼爾,這些光輝的名字注定讓約翰名垂青史。也許約翰只不過是過於看重白努利家族的家訓:

我樂於共用知識,但分攤榮耀卻萬萬不可。

如何用尺規做出正十七邊形？

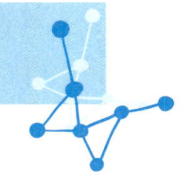

古希臘時期，數學家們認為直線和圓是最基本的圖形，利用直線和圓應該能夠畫出各式各樣的幾何圖形，這就是尺規作圖問題。在二千多年時間裡，有些尺規作圖問題卻一直困擾著數學家，直到十八、十九世紀，這些問題才一一被人們攻克。

例如其中一個問題是：如何用圓規和沒有刻度的直尺作出正十七邊形？這個問題困擾了無數數學家，直到十八世紀末，「數學王子」高斯橫空出世，在十九歲時解決了這個問題。正十七邊形的尺規作圖，成為高斯的傳奇之一。

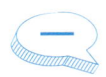

一 尺規作圖的基本操作

首先，我們來介紹尺規作圖的基本操作（圖 6.6-1），利用直尺和圓規，你可以：

- 經過兩點畫一條直線；
- 以某點為圓心，圓心和另一點之間的距離為半徑，畫一個圓；
- 取直線—直線，直線—圓，圓—圓的交點。

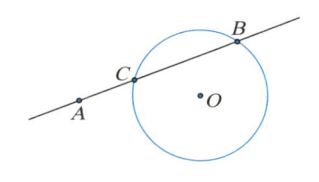

圖 6.6-1

第六章　圖形問題

當然，我們也可以在平面上任取一點，結合基本操作輔助我們作圖。

直尺是無限長，圓規的半徑也可以無限大，但要注意：直尺上不能有刻度，也不能在直尺上畫刻度，而且所有圖形的操作次數必須是有限次。

在這樣的規則下，可以很方便地畫出一些基本圖形。以下內容是尺規作圖的典型例子，如果你還記得國中學過的內容，或者你對複雜的數學操作感到抵觸，也完全可以跳過，直接閱讀第二部分就好。

可以作線段 AB 的垂直平分線：只要分別以點 A、B 為圓心，以大於 AB 一半的長度為半徑作兩個等大的圓，兩個圓相交於點 C 和點 D，再把點 C、D 連接起來即可（圖 6.6-2）。

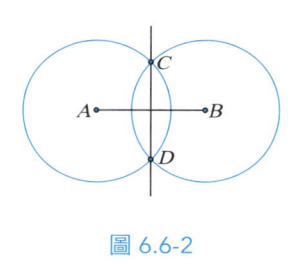

圖 6.6-2

我們可以平分任意角：只需要以角的頂點 O 為圓心，任意半徑作圓，交角的兩邊於點 A、B，再分別以點 A、B 為圓心作兩個等大的圓相交於點 C，連接點 O，C 即可（圖 6.6-3）。

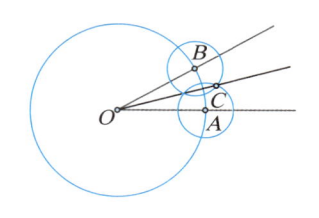

圖 6.6-3

再來說個複雜一點的情況：透過尺規作圖複製一個角。這需要利用

三角形全等的知識：當一個三角形的三條邊長度分別等於另一個三角形的三條邊時，兩個三角形全等，它們對應的角也相等。

具體步驟是：以原來的角頂點 O 為圓心，任意長度為半徑作圓，交角的兩邊於點 A、B；任作一條射線，以射線的端點 O' 為圓心，OA 為半徑作圓交射線於點 A'。再以點 A' 為圓心，AB 為半徑作圓交圓 O' 於點 B'，連接 $O'B'$，就獲得了等角（圖 6.6-4）。

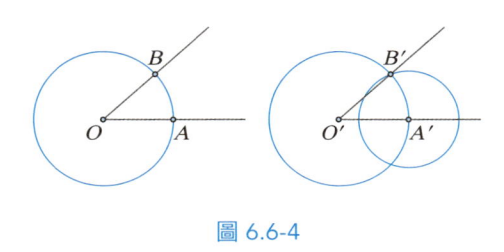

圖 6.6-4

有了等角，可以利用「同位角相等，兩直線平行」的知識作出平行線。具體來講：要過直線外一點 A 作已知直線 L 的平行線，只要過點 A 任意作一條直線 AB 交直線 L 於點 B，獲得一個角 $α$，再過點 A 作等角，就獲得了平行線 L'（圖 6.6-5）。

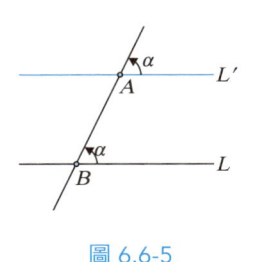

圖 6.6-5

二 尺規作圖的代數應用

也許有同學感到奇怪：能作這些有什麼了不起？為什麼要學習尺規作圖呢？其實，使用尺規作圖可以方便地計算加法、減法、乘法、除法，

甚至可以計算開平方根。這樣幾何就與代數聯繫在一起了。

首先，利用尺規作圖可以計算任意兩個數的和與差。這裡的兩個數需要用幾何方式表現為兩條線段的長度，只要把兩條線段畫在一起就可以了（圖 6.6-6）。

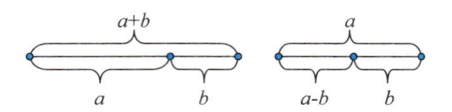

圖 6.6-6　求線段的和與差

有了和與差，從一個單位線段 1 開始，就能作出所有的整數長度。同時，尺規作圖還可以計算乘法。例如想計算兩個數 a 和 b 相乘，只需要按照圖 6.6-7 中的方法：在一個角的兩邊上分別作線段 $OA=a$，$OB=1$，$BC=b$，連接點 A、B。過 C 作 AB 的平行線交 OA 延長線於點 D。

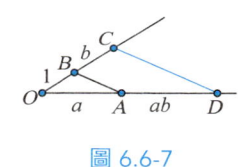

圖 6.6-7

根據平行線分線段成比例定理，

$$\frac{AD}{OA} = \frac{CB}{OB},$$

所以

$$AD = \frac{CB}{OB} \times OA = \frac{b}{1} \times a = ab$$

這就獲得了兩段長度的乘積。

如果要計算除法，只需要求出一個數的倒數，再利用乘法計算即可。取倒數的方法與乘法類似，只是各段長度略有不同，如圖 6.6-8 所

示。作出 AB//CD，則有

$$\frac{OA}{AD} = \frac{OB}{BC}, BC = \frac{AD}{OA} \times OB = \frac{1}{a} \times 1 = \frac{1}{a}$$

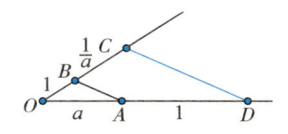

圖 6.6-8　取倒數的方法

有了加減乘除，就可以從單位長度 1 開始，獲得所有長度為有理數的線段，因為所有的有理數都能寫作兩個整數的比。

尺規作圖最神奇的地方在於：它能夠計算一個數的開平方。方法是：在直線上連續取 $AB = 1$，$BC = a$，以 AC 為直徑作圓。同時過點 B 作 AC 的垂線，與圓相交於點 D，則 BD 的長度就是 $\sqrt{a}$（圖 6.6-9）。這個證明需要使用相似形，對上過國中的讀者來說難度都不大，留給大家練習。

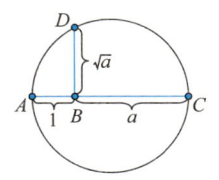

圖 6.6-9　作一個數的平方根

綜上所述，利用尺規作圖可以從一個基礎線段「1」出發，透過加、減、乘、除獲得所有有理數，還可以計算一個數的算術平方根和算術平方根的算術平方根……所以，尺規作圖不光是一個幾何問題，它也和代數有著千絲萬縷的聯繫。

三 正十七邊形的尺規作圖

關於正十七邊形的作法，有一個流傳甚廣的故事。一七九六年的一天，哥廷根大學有一名十九歲的大二學生，他在放學後拿到老師留的三道習題。前兩道題很快就做完了，第三題卻讓他百思不得其解。這個題目是：如何用尺規方法作出正十七邊形？

不過，愈困難的問題愈能激發這個年輕學生的鬥志。他反覆演算、思考，在一次次失敗之後，終於看到勝利的曙光。第二天的第一縷晨光出現時，終於完成了這道習題。

上課時，他把解答交給老師，並向老師慚愧地說：我的數學基本功不夠扎實，昨天的第三個習題花了一個晚上才做完。

老師簡直不敢相信自己的耳朵，他連忙說昨天錯把研究課題當作作業留下去了。正十七邊形的尺規作圖是流傳二千年的數學難題，柏拉圖、阿基米德、歐幾里得、牛頓都沒有解決，他不相信一個大二的學生能花一個晚上的時間解決。

可是當他看到了學生交上來的證明時，不得不接受了這令人震驚的事實：這個年輕人是一個真正的數學天才，他就是後來被譽為「數學王子」的高斯。

關於高斯的傳說還有很多，例如高斯九歲時，曾得到過 $1+2+3+\cdots+100$ 的快速演算法。這些細節到底是真是假，其實已不重要。千真萬確的是，高斯的確在十九歲時就發表了論文《正十七邊形尺規作圖之理論與方法》，成為第一個解決這一千古難題的人。

高斯的思路是：首先作一個半徑為 1 的圓，作它的內接正十七邊形。設點 A 是正十七邊形的一個頂點，只要找到相鄰的頂點 B，就可以利用點 A、B 之間的距離作出正十七邊形。

如何尋找點 B 呢？只要找到點 B 在 OA 上的投影點 C，就可以透過作垂線的方法找到點 B，問題解決了（圖 6.6-10）。

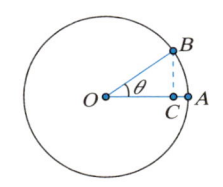

圖 6.6-10　尋找鄰點的投影

如何找到點 C 呢？要找到點 C，就要確定 OC 的長度。由於這個圓心角大小很容易得到：

$$\angle AOB = \frac{360°}{17}，$$

根據三角函數關係有

$$OC = OB \times \cos\theta = \cos\frac{360°}{17}$$

於是，問題就轉化為如何計算這個三角函數 $\cos\frac{360°}{17}$ 了。

高斯採用了十分巧妙的方法，求出了這個三角函數值。至於具體方法是什麼？由於篇幅問題，就不在這裡詳述。高斯得到了

$$\cos\frac{360°}{17} = \frac{-1+\sqrt{17}+\sqrt{34-2\sqrt{17}}+2\sqrt{17+3\sqrt{17}-\sqrt{34-2\sqrt{17}}-2\sqrt{34+2\sqrt{17}}}}{16}$$

儘管這個運算式非常地複雜，但我們會發現它都是由有理數加減乘除和開平方組成的。由於這些計算都是尺規作圖可以完成的，所以正十七邊形可作。

其實，最初高斯並沒有真的給出作圖方法，也許在高斯看來，相比於證明可行性，提出一種簡單有效的作圖方法無關緊要，這不過是一種重複性的勞動而已。高斯的工作相比於後來作出正十七邊形的數學家，就像一個偉大的建築設計師相比於一個優秀的建築工人一樣。

雖然高斯一生有許許多多偉大的成就，但他一直對正十七邊形情有獨鍾，甚至希望自己的墓碑上能夠雕刻正十七邊形的圖案。

第六章　圖形問題

四　什麼樣的正多邊形可以尺規作圖？

一八〇一年，二十四歲的高斯出版著作《算術研究》，這部書在數學史上的地位宛如牛頓的《自然哲學的數學原理》那樣崇高。這本書的最後一章，高斯隆重推出正十七邊形問題，並給出正 n 邊形可尺規作圖的條件：

如果一個正 n 邊形的邊數進行質因數分解，因數只有 2 和互不相同的費馬質數，那麼這個正 n 邊形是可尺規作圖的。

首先回顧一下什麼是費馬質數。法國數學家費馬曾提出過一個猜想，形如 $p = 2^{2^i} + 1$ 的數，在 i 取 0、1、2 等非負整數時，都是質數。而實際上，只有在 $i = 0$、1、2、3、4 這五種情況時，p 才是質數，如表 6.6-1 所示：

表 6.6-1

i	0	1	2	3	4
p	3	5	17	257	65537

可是，從 $i = 5$ 開始，費馬數連續都是合數。人們猜測也許費馬質數就只有五個。這個猜想至今沒有得到證明。

回到高斯的結論，如果正 n 邊形的邊數 n 滿足

$$n = 2^k p_1 p_2 \cdots p_m，$$

其中 k 是非負整數，p_i 是不同的費馬質數，這個正 n 邊形就是可作的。

後人完善了高斯的結論，指出這一條件是充分必要的，即不滿足這個條件的正 n 邊形一定不可作。

我們就可以判斷一個正 n 邊形是不是尺規可作的了。方法是：把邊數 n 進行質因數分解，如果因數不是 2，就是費馬質數，而且費馬質數彼此不同，那麼這個正 n 邊形就一定是可作的。如果除了 2 和費馬質

數有其他質因數，或者有相同的費馬質數因數，就是不可作的（表6.6-2）。

表 6.6-2

邊數	3	4	5	6	7	8	9
質因數	3	2^2	5	2×3	7	2^3	3^2
是否可作	可作	可作	可作	可作	不可	可作	不可

具體來說：

・正三角形是可作的，因為 $n=3$，3是費馬質數。

・正四邊形是可作的，因為 $n=4=2^2$，因數只有2。

・正六邊形是可作的，因為 $n=6=2\times 3$，一個因數是2，一個因數3是費馬質數。

・正七邊形是不可作的，因為 $n=7$，沒有因數2，7也不是費馬質數。

・正九邊形是不可作的，因為 $n=9=3^2$，因數是相同的費馬質數。

・……

高斯作出正十七邊形後，一八三二年，數學家們作出正二百五十七邊形。一八九四年，數學家們完成了正六萬五千五百三十七邊形的尺規作圖。整個草稿有二百多頁，裝滿了一個手提箱。

歷史上有許許多多數學家，例如畢達哥拉斯、歐幾里得、柏拉圖、萊布尼茲、柯西（Augustin Louis Cauchy）、勒讓德（Adrien-Marie Legendre）、希爾伯特（Daivd Hilbere）……這些數學家猶如黑夜中的繁星，點亮了人類前進的道路。但如果把以上數學家比做繁星，高斯就應該被比做皓月——他是前無古人後無來者的數學家，他的貢獻不僅在數學領域，在物理學、天文學、測地學領域都有獨特的建樹。縱觀歷史，也只有牛頓和阿基米德能與之媲美。

其實，歷史上還有一個人和高斯很像，在十幾歲時就解決了歷史上

幾千年無法解決的難題。可惜的是，他在二十一歲時就死於一場決鬥。這個人就是埃瓦里斯特・伽羅瓦（Évariste Galois）——他也許是最悲情的數學家了，這將是我們接下來要講的故事。

如何三等分任意角？

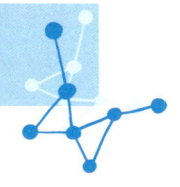

你聽說過古希臘三大幾何難題嗎？分別是：倍立方問題、化圓為方問題、三等分任意角問題（圖 6.7-1）。

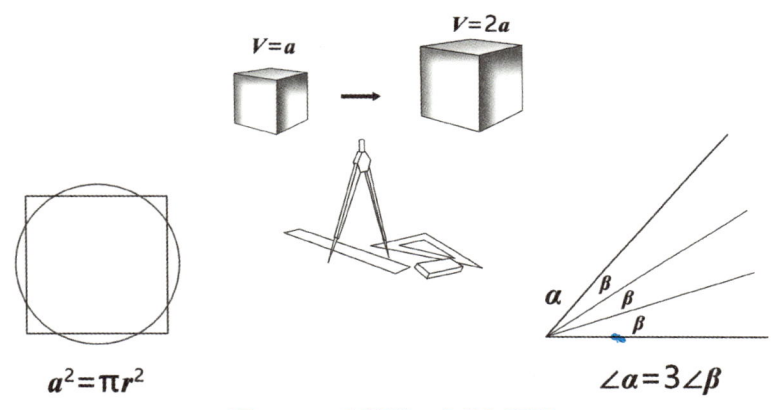

圖 6.7-1　古希臘三大幾何問題

倍立方問題是說：如何利用尺規把一個正方體的體積擴大為原來的兩倍？起源於一個傳說：有一年雅典城瘟疫肆虐，民眾來到祭壇詢問太陽神阿波羅。阿波羅說：只要你們把祭壇的體積增大為原來的兩倍，瘟疫就結束了。

祭壇是個立方體，如果邊長變為兩倍，體積會變成八倍。如果只把長變為兩倍，寬和高不變，祭壇體積是變成兩倍，可是形狀不再是正方體了。人們去請教當時希臘最偉大的智者柏拉圖，柏拉圖原本以為這是個很簡單的問題，但經過苦苦思索依然失敗了。

除此之外，還有兩個作圖難題。例如三等分任意角問題，它是說：

對於一個給定的角,如何利用尺規將它三等分。還有化圓為方問題,它是說:如何把一個圓形轉化成一個正方形,讓正方形的面積與圓形相等。這三個問題從西元前四〇〇年開始,二千餘年的時間裡一直都沒有解決。

直到十九世紀初,隨著阿貝爾(Niels Henrik Abel)和伽羅瓦這兩個超級天才的橫空出世,才終於解決這三個難題,與此同時,又誕生了全新的數學分支——域論和群論。

一 規矩數

證明一個問題可以尺規作圖,只要找到一種方法就好。證明一個問題不可尺規作圖,我們該怎麼做呢?這裡要談到一種數學工具——域。

什麼是域呢?如果一個數的集合,對加、減、乘、除四則運算封閉,就是集合中的任何兩個數進行加減乘除(除數非0),結果依然在集合中,那麼這個集合就構成一個域。

例如:有理數就構成一個域,因為有理數對加減乘除都是封閉的(除數不能為0),我們稱為有理數域Q。比有理數域更大的是實數域R,因為實數對加減乘除也是封閉的。比實數域更大的叫做複數域C,它們三者之間是包含的關係(圖6.7-2)。

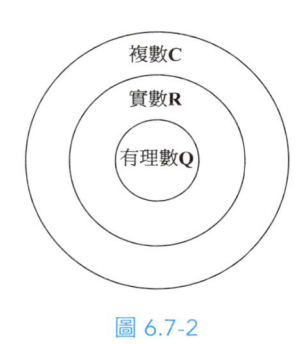

圖 6.7-2

但無理數就不構成一個數域,因為無理數經過加減乘除,可能變成

一個有理數。

大家還記得嗎？前面講過：可尺規作圖的數一定要是有理數，不然就是有理數經過數次加減乘除和開方之後得到的數，例如$1,2,\sqrt{3}$，$\sqrt{5}+1,\sqrt{\sqrt{6}+\sqrt{2}}$……

顯然，這些數比有理數更多，但沒有達到全體實數的範圍。可尺規作圖的數也可以表示成一個數域，這個數域包含所有的有理數，以及有理數經過數次加減乘除和開平方運算得到的數，我們可以叫它可作圖數域。只有可作圖數域裡的數，才是可以尺規作圖的。

也許上面的話太拗口了，有一個更加簡單的判斷方法：一個數可以尺規作圖的前提是，它可以寫作一個不可約方程式的根，即

$$a_nx^n + a_{n-1}x^{n-1} + a_{n-2}x^{n-2} + \cdots + a_0 = 0$$

其中各項的係數 a_i 都是有理數，且最高次數 n 是 2 的整數冪，即 $n=2^m$，$m \in \mathbf{Z}$。

大家注意，這是一個必要條件，就是可以尺規作圖的數必須滿足這個條件，但滿足這個條件的數也不一定可以尺規作圖。舉個例子：

$\sqrt{3}$ 是方程 $x^2-3=0$ 的根，方程式最高次是 2，事實上 $\sqrt{3}$ 可以尺規作圖；$\sqrt[3]{2}$ 是方程 $x^3-2=0$ 的根，方程式最高次是 3，所以 $\sqrt[3]{2}$ 不可能尺規作圖；

π 不是任何代數方程式 $a_nx^n + a_{n-1}x^{n-1} + a_{n-2}x^{n-2} + \cdots + a_0 = 0$ 的根（這個原因比較複雜，大家姑且接受這個結論），因此 π 不可能尺規作圖。

二、古希臘三大幾何難題

利用域論，解決古希臘三大幾何難題就易如反掌了。

例如倍立方問題，如果把原來的立方體邊長設為 1，新的立方體邊長應該為 $\sqrt[3]{2}$，根據剛才的結論，$\sqrt[3]{2}$ 不是規矩數，所以不可以尺規作圖，倍立方問題無解。持續二千多年的古希臘難題，在新的理論下只要一句話就解決了。

再例如化圓為方問題：已知一個圓形，設圓形的半徑為1，那麼圓形的面積就是π，和圓形面積相等的正方形邊長應該是$\sqrt{\pi}$。由於尺規作圖很容易開根號，所以能否化圓為方，等價於π能否尺規作圖。因為π是超越數，不可尺規作圖，所以化圓為方問題無解。

再來說說三等分任意角吧！可以把角放在一個單位圓中，按照上一回說的觀點：已知一個角α，等價於已知這個角的餘弦值$\cos\alpha$。

要把這個角三等分，等價於求作$\cos\frac{1}{3}\alpha$。如果對於任意的$\cos\alpha$，我們都能作出$\cos\frac{1}{3}\alpha$，三等分任意角就是可以尺規作圖的（圖6.7-3）。

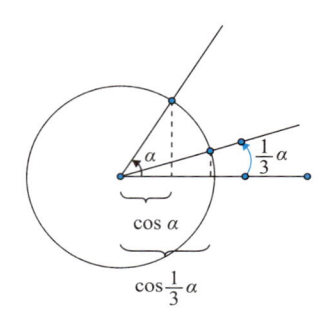

圖 6.7-3

這有可能嗎？首先根據三角函數之間的關係，很容易推導出公式

$$\cos\alpha = 4\cos^3\frac{1}{3}\alpha - 3\cos\frac{1}{3}\alpha$$

可以把$\cos\frac{1}{3}\alpha$寫作x，把$\cos\alpha$當作一個參數，方程式可以轉化為

$$4x^3 - 3x - \cos\alpha = 0$$

這個方程式中的x是規矩數嗎？這取決於$\cos\alpha$的取值。

例如：$\alpha = 90°$時，$\cos\alpha = 0$，方程式變為

$$4x^3 - 3x = 0$$

這個方程式是可約的，顯然 $x = \cos\frac{1}{3}\alpha \neq 0$，所以

$$4x^2 - 3 = 0$$

至此，我們知道：當 $\alpha = 90°$ 時，$\cos\frac{1}{3}\alpha$ 滿足代數方程式 $4x^2 - 3 = 0$，它的最高次是 2，因此是規矩數，即 90° 是可以三等分的。

但並非所有的角度都有這麼好的性質。

例如：$\alpha = 60°$ 時，$\cos\alpha = \frac{1}{2}$，方程式變為

$$8x^3 - 6x - 1 = 0$$

這已經是一個不可約方程式了，而且最高次是 3 次，不是 2 的整數次冪，因此它的根也不是規矩數。60° 是不可以尺規三等分的。

既然存在一些不可三等分的角度，我們就知道：三等分任意角的尺規作圖方法是不存在的。

三 天妒英才

也許是天妒英才，提出域論和群論的科學家阿貝爾和伽羅瓦的命運都非常悲慘。

阿貝爾在二十一歲時寫成一篇論文《為什麼五次方程式沒有求根公式》，他把論文寄給高斯，但高斯壓根沒看。也許是因為高斯每天都會收到大量信件，他的精力不足以讓他認真閱讀一個二十一歲年輕人的來信。阿貝爾又把論文寄給法國著名數學家勒讓德，勒讓德的評價是：字跡太潦草，看不懂。後來，阿貝爾又把論文寄給柯西，柯西居然在不經意間把論文弄丟了。

失望的阿貝爾只好自己印刷論文。為了節約版面費，他把論文壓縮成六頁紙，這樣一來就更沒多少人能看得懂了。

二十七歲時，阿貝爾因肺病而去世了。去世後，法國科學院終於發

現了這位天才偉大的貢獻。柯西費了好大力氣，終於從廢紙堆裡找到阿貝爾寄給自己的論文，但在印刷過程中論文再次丟失。直到一百年後，論文才在義大利重見天日。

伽羅瓦的命運比阿貝爾還要悲慘。他十二歲時進入中學，十五歲才開始正式學習數學，但他天賦異稟。他的幾何教材是勒讓德的《幾何學原理》，這是一本兩年的教材，但伽羅瓦只花了兩天就學懂。

十八歲時，伽羅瓦寫成一篇關於五次方程式求根公式的論文，寄給了法國科學院。法國科學院再次指定柯西審閱這篇論文，伽羅瓦比阿貝爾還要年輕一歲，結果也是可想而知。後來，法國科學院又指定約瑟夫·傅立葉（Joseph Fourier）審閱這篇論文，沒想到傅立葉在拿到論文後沒幾天就突然去世。科學院無奈，又把論文傳給西梅翁·卜瓦松（Siméon Poisson）。卜瓦松看了幾個月，給出評審意見：論文太難，沒看懂。伽羅瓦的貢獻因此被埋沒了。

年輕的伽羅瓦非常熱衷於政治。當時正值法國大革命，伽羅瓦站在共和派一邊，被抓進監獄裡好幾次。出獄後，為了一個心儀的女孩，伽羅瓦決定和一個軍官決鬥。伽羅瓦清楚自己根本不可能戰勝這個軍官，但年輕人的自尊心不允許臨陣脫逃。決鬥的前一天晚上，伽羅瓦一夜未眠，用一支筆寫下自己多年來對數學的思考，旁邊還夾雜著他焦慮的話：我要快一點，我沒有時間了。這就是著名的《伽羅瓦手稿》。

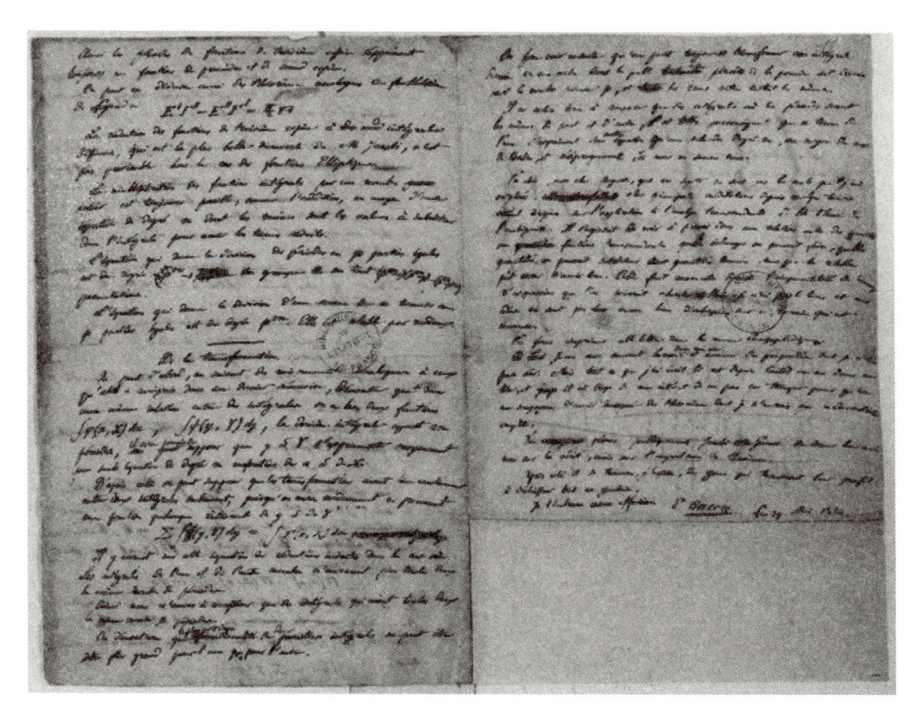

伽羅瓦手稿

　　第二天，伽羅瓦被對手打穿肚子，幾天後就去世了。多年後，法國數學家約瑟夫・萊歐維爾（Joseph Liouville）發現伽羅瓦手稿，才把這些內容公之於眾。又過了幾年，德國和法國的高等學校就開始開設伽羅瓦理論的課程。伽羅瓦去世時，還不到二十一歲。

LEARN 系列 083

李永樂的神奇數學：
簡單破解數學密碼，輕鬆建立數學邏輯

作者　李永樂

北大物理和經濟學雙學士，清華大學電子工程碩士，北京物理學會「國際物理奧賽金牌教練」。十餘年教學經歷，培養眾多學生順利考入頂尖大學，全網超三千萬粉絲達人，影片播放量超過十億次。

著有《跟著網紅老師玩科學：十分鐘搞懂數學、物理及生活科學》。

副總編輯　邱憶伶 ｜ 副主編　陳映儒 ｜ 封面設計　兒日 ｜ 內頁設計　黃雅藍 ｜
董事長　趙政岷 ｜ 出版者　時報文化出版企業股份有限公司　108019 臺北市和平西路三段 240 號 3 樓 ｜ 發行專線—(02)2306-6842 ｜ 讀者服務專線—0800-231-705、(02)2304-7103
讀者服務傳真—(02)2304-6858 ｜ 郵撥—19344724 時報文化出版公司 ｜
信箱—10899 臺北華江橋郵局第 99 信箱 ｜ 時報悅讀網—http://www.readingtimes.com.tw ｜
電子郵件信箱—newstudy@readingtimes.com.tw ｜
時報悅讀俱樂部—https://www.facebook.com/readingtimes.2
法律顧問　理律法律事務所　陳長文律師、李念祖律師 ｜ 印刷　綋億印刷有限公司 ｜
初版一刷　2025 年 7 月 18 日 ｜ 定價　新臺幣 480 元 ｜
（缺頁或破損的書，請寄回更換）

李永樂的神奇數學：簡單破解數學密碼，輕鬆建立數學邏輯 / 李永樂著 . -- 初版 . -- 臺北市：時報文化出版企業股份有限公司, 2025.07；320 面；17×23 公分 . -- (Learn 系列；083)
ISBN 978-626-419-650-5（平裝）
1. CST：數學　2. CST：通俗作品
310　　　　　　　　　　　　　　　　　　　　　　　　　　　114008899

ISBN 978-626-419-650-5
Printed in Taiwan

本作品中文繁體版透過成都天鳶文化傳播有限公司代理，經中南博集天卷文化傳媒有限公司授予時報文化出版企業股份有限公司獨家出版發行，非經書面同意，不得以任何形式，任意重製轉載。

時報文化出版公司成立於 1975 年，並於 1999 年股票上櫃公開發行，
於 2008 年脫離中時集團非屬旺中，以「尊重智慧與創意的文化事業」為信念。